本著作受"移动学习"教育部－中国移动联合实验室资助，
为《"和教育"产品专业性评价及用户体验》项目系列成果之一

翻转课堂
教学实践及教育价值

FANZHUAN KETANG
JIAOXUE SHIJIAN JI JIAOYU JIAZHI

马秀麟 ⊙著

北京师范大学出版集团
BEIJING NORMAL UNIVERSITY PUBLISHING GROUP
北京师范大学出版社

图书在版编目（CIP）数据

翻转课堂教学实践及教育价值/马秀麟著. —北京：北京师范大学出版社，2019.5

ISBN 978-7-303-24649-6

I. ①翻… II. ①马… III. ①课堂教学—教学研究 IV. ①G424.21

中国版本图书馆 CIP 数据核字（2019）第 070420 号

营 销 中 心 电 话 010-62978190　62979006
北师大出版社科技与经管分社网　www.jswsbook.com
电 子 信 箱　jswsbook@163.com

出版发行：北京师范大学出版社　www.bnupg.com
　　　　　北京市海淀区新街口外大街 19 号
　　　　　邮政编码：100875

印　　刷：北京玺诚印务有限公司
经　　销：全国新华书店
开　　本：184 mm×260 mm　1/16
印　　张：16
字　　数：321 千字
版　　次：2019 年 5 月第 1 版
印　　次：2019 年 5 月第 1 次印刷
定　　价：38.50 元

策划编辑：赵洛育　　　　责任编辑：赵洛育
美术编辑：刘　超　　　　装帧设计：刘　超
责任校对：何士如　赵非非　责任印制：赵非非

内 容 提 要

  翻转课堂是近几年教改的热点之一，本书从翻转课堂的概念入手，对翻转课堂的理论基础、教学实践、教学活动组织策略、教育价值和误区进行了分析。从翻转课堂本身特征来看，翻转课堂仅仅是一种外在的课程组织方式，其教学活动的组织离不开信息化的学习支持系统的建设以及更加微观的具体教学策略的支撑，因此本书重点讨论了协作学习理论、任务驱动策略、项目教学法在翻转课堂教学中的应用，并对学习支持系统中的知识管理技术、学习资源重组技术、学习进度可视化技术进行了研究，提供了有效的技术支持方案。最后，笔者还系统地介绍了北京师范大学计算机公共课翻转课堂教研项目，并把笔者在翻转课堂领域的 4 个重要教研成果以学术论文的方式呈现给读者。

  本书可作为各类院校教师专业发展的指导材料，也可作为教育技术学专业各类硕士、博士生的参考读物。

前　言

　　翻转课堂，是一种新型的教学模式，它把传统的教学过程翻转了过来，要求把学生学习新知的过程置于课前，而课内时间用于讨论、分享和质疑。翻转课堂教学模式能够为每个学生提供更多自主发言、自主表达的机会，还鼓励学生在课外自主地控制学习进程，有助于学习者实现深度学习，提升自主探究意识、协作能力和时间管理能力。因此，翻转课堂概念一经提出，就受到众多教育工作者的重视。

　　然而，以翻转课堂模式开展的教学实践却证实，国内的很多翻转课堂教学实践正处于一种比较尴尬的境地：① 以翻转课堂开展的教学活动，副科课程多，主科课程少；② 部分翻转课堂教学活动沦落为"放羊"状态，其学习活动缺乏有效的管理，学习支持缺乏足量的线上资源，导致整个学习过程无序而混乱；③ 部分翻转课堂教学实践受到家长和学生的质疑：认为以翻转课堂开展教学是教师"没备课""不负责任"的表现。

　　2013—2017 年，笔者在全国各地大概做了 30 余场关于翻转课堂的大型讲座，尽管讲座内容深受一线教师欢迎，并产生了很好的社会反响，然而，通过与一线教师的现场交流，笔者深切地感受到信息化教学环境冲击下一线教师所面临的困惑和无奈。首先，他们深感自己理论基础薄弱。据教师们反馈：尽管几乎每年都会参加省里、市里组织的讲座，但学到的东西总是不够系统，而且随学随忘，在撰写课题申报材料或教研论文时，总感觉无话可说，没有理论深度；其次，虽然深知翻转课堂、微课教学、MOOC 教学等新的教学模式很好，但不论在自己的课堂中，还是在同行的班级里，都难以开展起来，总感到既缺乏技术和学习资源的支持，又缺乏翻转课堂等新型教学模式的理论指导；第三，虽然深知教研论文撰写对自己的个人成长非常重要，不仅有助于提升自己的教研能力、提高教学质量，而且还有助于职称晋升。然而，自己撰写的论文总是被学术期刊拒稿，对于论文写作有很强的挫折感，导致害怕写教研论文。

　　基于上述问题，教师们呼吁：希望能够听到比较"落地"的教学实践和教学研究，而且希望能够系统地掌握翻转课堂的理念、策略、技术支持和流程控制技巧，希望能够在自己的教学中复制笔者的教学模式。基于一线教师的期望和认可，笔者决定以近八年主持翻转课堂教学活动的实践经验为基础，结合近两年在教研领域的一些研究成果，组织出版《翻转课堂教学实践及教育价值》一书，力图从翻转课堂的基本原理、理论基础、组织策略、学习支持系统建设、教学活动控制等诸多方面尽可能详细地向大家呈现翻转课堂的全貌。

在整理材料的过程中，参考了有关专家、学者的资料。其中何克抗教授关于e-Learning 教学设计的系列理论、建构主义学习理论以及他在教学策略、教学模式方面的研究成果对笔者的启发很大；黄荣怀教授关于计算机支持的协作学习理论、衷克定教授在信息技术课教学与方法论培养方面的探索，也对我们的教学研究产生了重要影响，在此向几位教授表示衷心的感谢和诚挚的敬意！另外，在本书的案例部分，参考了笔者指导的硕士研究生兰绍芳、宋士俊、岳超群、吴丽娜的学位论文，是他们的研究，使本书获得了丰富的实证性案例和数据。为此，向 4 位同学表示感谢！

本书得到了"移动学习"教育部—中国移动联合实验室的出版资助，硕士研究生梁静、苏幼园和刘静静为本书的素材整理、案例设计和教研推行提供了重要支持，《"和教育"产品专业化及用户体验》项目组参与了案例设计与文字整理。北京师范大学出版社赵洛育老师对本书的出版给予了自始至终的关心和指导，并提出了许多中肯的意见。在此，对教育部—中国移动联合实验室、北京师范大学出版社及赵洛育老师表示衷心地感谢！

作为一本探索教学模式的学术书籍，书中表述的观点和方法肯定存在着这样或那样的不足，不同的学者也会有不同的看法。在此诚恳地希望与各位同行探讨、分享。

对于本书，虽然编者尽了很大的努力，尽量避免出现问题，但由于诸多因素的制约，仍难免有疏漏和错误之处，诚恳地接受各位老师和同学的批评指正。

编者的 Email：maxl@bnu.edu.cn。

马秀麟

2018.08.30

目　　录

第 1 章　翻转课堂的概念及发展 1
1.1　翻转课堂概述 1
1.1.1　翻转课堂的概念 1
1.1.2　翻转课堂模式的起源 2
1.1.3　实施翻转课堂模式的基本条件 2
1.2　翻转课堂的教学实践及发展 3
1.2.1　翻转课堂在国外的教学实践及发展 3
1.2.2　翻转课堂在中国的教学实践及发展 6
1.3　翻转课堂的特征及教育价值 7
1.3.1　以教为主的教学模式及其不足 7
1.3.2　由"钱学森之问"到教育的四大支柱 8
1.3.3　翻转课堂的特征 9
1.3.4　翻转课堂的教育价值 10
1.4　翻转课堂教学的适应性及挑战 13
1.4.1　翻转课堂教学模式的适应性分析 13
1.4.2　翻转课堂教学面临的困难与挑战 17
1.4.3　翻转课堂教学中的误区及分析 18
1.5　翻转课堂模式的研究视角及现状 21
1.5.1　国外对翻转课堂的研究 21
1.5.2　国内对翻转课堂教学模式的研究 22

第 2 章　翻转课堂教学的理论基础 26
2.1　信息化时代的学与教的基础理论 26
2.1.1　信息获取渠道实验及双通道假设 26
2.1.2　记忆持久性实验与双重编码理论 27
2.1.3　动机理论 29
2.2　行为主义—建构主义—生成主义的学习观 32
2.2.1　从行为主义到生成主义学习观的变革 32
2.2.2　行为主义的基本思想及学习观 32
2.2.3　建构主义的基本思想及学习观 33
2.2.4　生成主义的基本思想及学习观 36

2.3 信息化时代的教学策略与教学模式 39

　2.3.1 教学策略与教学模式的概念 39

　2.3.2 常见的教学策略与教学模式 40

　2.3.3 微观层次的几个教学策略 44

　2.3.4 信息化环境下的常见教学模式及关键操作 48

2.4 线上协作学习的理论与策略 53

　2.4.1 基于计算机技术的协作学习的概念 53

　2.4.2 开展 CSCL 教学活动的必要准备 54

　2.4.3 对学习活动进行必要的监控与管理 55

　2.4.4 组织有效的评价策略，促进组员主动学习 57

　2.4.5 组织协作学习时应该注意的问题 60

2.5 项目学习法的理论与策略 61

　2.5.1 项目教学概念 62

　2.5.2 项目教学的设计策略 63

　2.5.3 项目教学法的教学流程 66

　2.5.4 项目教学中的关键技术 67

第 3 章　翻转课堂的教学设计综述 69

3.1 教学设计的概念及流程 69

　3.1.1 教学设计的概念 69

　3.1.2 以学为中心的教学设计 70

　3.1.3 教学过程设计 71

3.2 翻转课堂教学设计思路及流程 73

　3.2.1 教学设计的思路及关键问题 73

　3.2.2 翻转课堂教学活动的工作流程 74

3.3 翻转课堂教学活动的组织 76

　3.3.1 以翻转课堂组织教学活动的工作要点 76

　3.3.2 翻转课堂教学中对自主学习的监控与管理 78

　3.3.3 翻转课堂模式中常见的问题及其解决策略 82

3.4 教学效果评价的设计 83

第 4 章　翻转课堂学习支持系统的建设 85

4.1 翻转课堂教学模式对学习支持系统的要求 85

　4.1.1 翻转课堂学习支持系统的结构模型 85

　4.1.2 翻转课堂对学习支持系统的要求 86

4.2 建构以微视频为核心的教学资源库 88

4.2.1　视频资源的概念及类型 88

4.2.2　不同类型的视频资源在学习支持过程中的表现 89

4.2.3　对在线学习系统中视频资源建设的建议 90

4.2.4　建构以微视频为核心的翻转课堂学习支持系统 92

4.3　学习资源的管理与学习支持系统建设 94

4.3.1　基于知识管理与共建共享理念的学习资源开发 94

4.3.2　大数据时代网络学习资源组织策略的探索 98

4.3.3　面向一线教师的学习资源重组 102

4.3.4　学习论坛资源的重组与再利用 109

4.3.5　翻转课堂模式下微课资源包的应然结构 117

4.4　翻转课堂中学习行为监控、反馈以及分析 124

4.4.1　面向学习行为的学习进度可视化 124

4.4.2　建构有效的线上学习行为记录、反馈与监控体系 127

4.5　建构面向学习者的学习资源推荐系统 135

4.5.1　个性化学习资源推荐研究现状 135

4.5.2　个性化学习资源推荐面临的问题 136

4.5.3　基于知识结构的个性化学习资源推荐的价值 137

4.5.4　基于知识结构的个性化资源推荐的定位 138

4.5.5　个性化学习资源推荐模型研究设计 141

4.5.6　面向知识结构和学习状态的总体模型 143

第 5 章　北京师范大学计算机公共课翻转课堂项目 144

5.1　计算机公共课翻转课堂项目简介 144

5.1.1　北京师范大学计算机公共课简介 144

5.1.2　计算机公共课教学策略探索 148

5.2　计算机公共课线上学习支持体系建设 149

5.2.1　计算机基础课教学服务平台 149

5.2.2　计算机公共课测评系统建设 156

5.3　计算机公共课翻转课堂教学设计及组织方式 158

5.3.1　翻转课堂对学习支持及教学活动组织的要求 159

5.3.2　教学内容设计 160

5.3.3　教学活动的组织 164

5.3.4　教学评价设计 166

5.4　面向技能培养的翻转课堂控制模型的设计 167

5.4.1　对翻转课堂模式教学活动进行组织与控制的主导思想 167

5.4.2 翻转课堂模式教学活动组织策略的设计 ……………………… 169

5.4.3 翻转课堂模式控制模型的优化 ……………………………… 170

5.4.4 新型控制模型的结构及教学效果 …………………………… 173

5.5 基于翻转课堂模式开展的系列教研活动 ……………………… 174

第6章 基于翻转课堂教学模式的实证研究 ……………………………… 176

6.1 从群体感知效应的视角促进线上协作学习的发生 …………… 176

6.1.1 研究问题及背景 …………………………………………… 176

6.1.2 研究设计及实施 …………………………………………… 179

6.1.3 数据分析及讨论 …………………………………………… 182

6.1.4 结论及展望 ………………………………………………… 191

6.2 翻转课堂线上学习行为控制模型及学习成效的探索 ………… 191

6.2.1 研究目标及研究设计 ……………………………………… 192

6.2.2 教学流程及其过程控制 …………………………………… 193

6.2.3 分析及思考 ………………………………………………… 202

6.3 翻转课堂提升大学计算机公共课教学成效的实证研究 ……… 203

6.3.1 研究问题及背景 …………………………………………… 203

6.3.2 研究设计 …………………………………………………… 207

6.3.3 效果分析与评价 …………………………………………… 212

6.3.4 结论与反思 ………………………………………………… 217

6.3.5 总结 ………………………………………………………… 219

6.4 翻转课堂促进大学生自主学习能力发展的实证研究 ………… 220

6.4.1 研究问题及其背景 ………………………………………… 220

6.4.2 翻转课堂模式的概念及其研究现状 ……………………… 222

6.4.3 研究方案设计 ……………………………………………… 223

6.4.4 利用量表采集数据并开展数据分析 ……………………… 226

6.4.5 讨论与思考 ………………………………………………… 231

6.4.6 研究结论 …………………………………………………… 234

附录A LASSI量表 …………………………………………………… 235

附录B 自我效能感量表（一般性） ………………………………… 238

附录C 计算机公共课学习力调查问卷（面向网页设计模块） ……… 239

参考文献 ………………………………………………………………… 245

后记 ……………………………………………………………………… 246

第 1 章　翻转课堂的概念及发展

翻转课堂，是一种教学模式，在近几年深受重视。现代化的翻转课堂模式，需要以信息化环境为依托，鼓励学习者对新知识的自主学习，让课堂变成学生分享知识、实现社会性建构的场所。在此过程中，教师起着课程组织者、引导者的作用，为高水平的知识建构和深度学习提供支持。

1.1　翻转课堂概述

1.1.1　翻转课堂的概念

1. 翻转课堂的定义

翻转课堂是从英语 Flipped Class Model"（或 Inverted Classroom）翻译过来的术语（简称为翻转课堂模式），通常被翻译为"翻转课堂"、"反转课堂"或"颠倒课堂"，或者称为"翻转课堂式教学模式"。其基本思路是：把传统的学习过程翻转过来，让学习者在课外时间完成针对知识点和概念的自主学习，课堂则变为教师与学生之间互动的场所，主要用于解答疑惑、汇报讨论，从而达到更好的教学效果[①]。

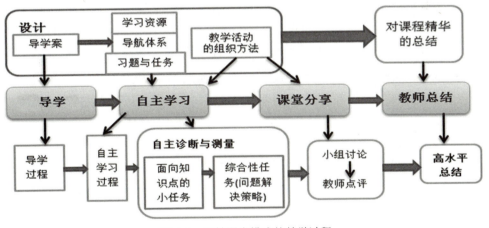

图 1-1　翻转课堂模式的教学过程

与传统的"先讲后练"相比，翻转课堂模式强调"先自学后分享再练习"。因

---

① 金陵. "翻转课堂"，翻转了什么?[J]. 中国信息技术教育，2012（9）：18.

此，在翻转课堂模式下，课堂不再是"教师主讲、学生听讲"的场所，而是教师与学生之间互动的场所，主要用于解答疑惑、汇报讨论[①]。

2．翻转课堂的教学流程

翻转课堂模式的教学过程可以分为 4 个阶段：导学阶段、自主学习阶段、课堂分享阶段和教师总结阶段[②]，如图 1-1 所示。

1.1.2　翻转课堂模式的起源

自 21 世纪初，翻转课堂模式的概念被提出以来，翻转课堂模式就不断地应用在美国课堂中，并产生了一系列的研究成果。翻转课堂模式的实践者之一——美国林地公园高中（Woodland Park High School）科学教师乔纳森·伯格曼（Jonathan Bergmann）和亚伦·萨姆斯（Aaron Sams）在 2006 年观察到，对于学习者来讲，很多概念性的知识点或操作方法并不需要老师在课内喋喋不休地讲解，学习者可以根据自己的个体经验开展学习。真正需要教师在身边提供帮助的是在他们做作业或设计案例并被卡住时。然而，这个时候教师往往并不在现场。为此，乔纳森和亚伦认为：如果把课堂传授知识和课外内化知识的结构翻转过来，形成"学习知识在课外，内化知识在课堂"的新教学结构，学习的有效性也随之改变[③]。

从翻转课堂模式的最初创意来看，结构和模式的翻转源于"以学生为中心"的基本思考。其结果不仅创新了教学方式，而且翻转了传统的教学结构、教学方式和教学模式，建立起比较彻底的"以学生为中心"的教学方式。在这种模式下，教师真正地上升为学生学习的组织者、帮助者和指导者。当然，如果没有高技术素养的教师和学生，也就不可能有"翻转"教学结构、教学方式和教学模式的重大变革[④]。

翻转课堂模式，是一种以学生为中心的教学模式，符合建构主义关于"主动建构"和"有意义建构"的学习理论，能够充分地发挥学生的主体性。其最核心的特征是：对新知识的学习放在课外，由学生自学；课堂则是讨论与分享、解决问题并提升的环节。

1.1.3　实施翻转课堂模式的基本条件

首先，翻转课堂模式把知识的学习过程放在课外，由学习者自主学习、自主探

① 马秀麟，吴丽娜，毛荷. 翻转课堂教学活动的组织及其教学策略的研究[J]. 中国教育信息化，2015（11）：3-7.
② 马秀麟，赵国庆，邬彤. 翻转课堂促进大学生自主学习能力发展的实证研究——基于大学计算机公共课的实践[J]. 中国电化教育，2016（7）：99-106.
③ 马秀麟，赵国庆，邬彤. 大学信息技术公共课翻转课堂教学的实证研究[J]. 远程教育杂志，2013（1）：79-85.
④ Gannod，Gerald C. ；Burge，Janet E. ；Helmick，Michael T. Using the Inverted Classroom to Teach Software Engineering[J]. ICSE'08 PROCEEDINGS OF THE THIRTIETH INTERNATIONAL CONFERENCE ON SOFTWARE ENGINEERING，2008：777-786.

究。因此，对学习者的自主学习能力、自我管理能力有较高的要求。

其次，由于翻转课堂模式把知识的学习过程放在课外，因此对学习支持系统有极高的要求，教师必须认真设计、管理学习资源，并以恰当的方式提供给学习者，以便学习者开展自主学习。

第三，随着信息技术的发展，e-Learning 的方法和策略日益成熟，基于 Internet 的网络学习平台得到了快速发展，大多数学习资源都借助了信息技术的手段。因此，学习者应具备基本的信息技术能力，能够熟练地操作和应用各类网络教学平台，使用各种类型的多媒体资源[1]。

美国部分院校开展翻转课堂模式教学的经验证实：翻转课堂模式之所以获得成功，得益于他们一直采用探究性学习和基于项目的学习，让学生主动学习。从技术促进教育变革的角度来看，翻转课堂模式得益于经常在课堂教学中运用视频教学等信息技术手段，在形成"熟练运用信息技术的学生（tech-savvy students）"的基础上，把学生灵活地运用数字化设备作为学习过程的组成部分，鼓励学生利用数字化设备、根据自己的学习步调进行个性化学习。在此过程中，信息技术已经远远突破"辅助教学"的概念而成为教学过程中不可或缺的工具和要素[2]。

1.2　翻转课堂的教学实践及发展

1.2.1　翻转课堂在国外的教学实践及发展

若追根溯源，"翻转课堂"这种教学形式并不是近几年才出现的新事物。学生课前通过视频、文本等材料自学，课上师生一起讨论，完成知识内化的教学形式在高等教育阶段并不鲜见。

1. 林地公园高中的伟大开端

翻转课堂在 K-12 阶段的应用首次出现在美国林地公园高中两位化学老师的一次偶然尝试中。他们的初衷只是为了帮助因生病或者家校距离太远无法按时上课的学生补习功课，没想到这些教学视频却备受学生欢迎。随后，两位老师意识到视频学习方式可以让全部学生获益，他们让学生在家观看视频讲解，利用节省下来的课堂时间为学习有困难的学生提供辅导。这种开创性实践最终促成了翻转课堂的流行。2012 年 1 月 30 日，为了向更多教师介绍翻转课堂，林地公园高中举办了第一个"翻转课堂开放日"[3]。于是"翻转课堂"被推广到全州。

---

① Lage，MJ；Platt，G. The Internet and the inverted classroom[J]. JOURNAL OF ECONOMIC EDUCATION，2000（31）：11.
② 金陵. "翻转课堂"，翻转了什么?[J]. 中国信息技术教育，2012（9）：18.
③ 张跃国，张渝江. 透视"翻转课堂"[J]. 中小学信息技术教育，2012（03）：9-10.

在翻转课堂作为独立的教学模式提出后，除了美国林地公园高中科学教师乔纳森·伯格曼和亚伦·萨姆斯在 2006 年前后开展的教学实践外，随着信息技术的普及，以学为主的教学模式日益受到重视，许多教育家、学者都在这一领域进行了尝试和探索。

2. Marco Ronchetti 的 VOLARE

意大利学者 Marco Ronchetti 基于"技术可以改变传统教学模式，为教学提供更好的策略和模式"的理念，重点探索了"在线视频代替传统模式的教学实践"（Video On-Line As Replacement of old tEaching practice，即 VOLARE）所应采取的方法、策略，以及产生的效果。在他的研究中，探讨了教学视频在学生的知识建构中的作用，分析了基于在线视频的翻转课堂模式对学习者自主学习、发现学习的价值，并为翻转课堂模式的开展提供了一定的有效方法与实践经验[①]。

3. 埃里克·马祖尔的同侪互助

20 世纪 90 年代，埃里克·马祖尔（Eric Mazur）教授在哈佛大学的物理课堂上采用的同侪互助（Peer Instruction）教学法也是一种翻转教学的尝试：学生在课前自主预习，阅读书籍文章，回顾已有知识并思考新问题；教师在课前收集学生的问题并有针对性地重新设计教学；课堂上教师首先通过"概念测试题"测试学生对知识的掌握情况，然后根据测试结果采用同伴互助、师生讨论等不同方式来解决难题[②]。再如 Platt Glen 和 Michael Tregra 在他们的论文《颠倒课堂：建立一个包容性学习环境途径》中论述了他们在课堂上采用的颠倒教学模式，并重点讨论了怎样利用颠倒课堂实现个性化教学，以适应学生的不同学习风格[③]。"先自学后练习"的翻转思想在很多高等教育课堂和教育家的著作中都偶有涉及。

4. 可汗学院对翻转课堂教学的强力支持与探索

翻转课堂的兴起中另一个不可忽略的名字是萨尔曼·可汗。他创办的可汗学院将"翻转课堂"概念推向了大众视野。可汗学院的创立同样是无心之举。萨尔曼·可汗为远方侄子录制的辅导视频使他成为全美所有中小学生的"网上家庭教师"。随后可汗辞掉了工作，投入到教育改革事业中。可汗学院网站上每段视频的长度约 10 分钟，有明确的知识学习路径，网站还配有练习系统，能搜集学生在学习过程中的所有练习数据，使教师准确了解学生对每个知识点的掌握程度。可汗学院随后与美国多所学校进行了合作，推进了翻转课堂在更大范围内的实践。

---

① Marco Renchetti. The VOLARE Methodology: Using Technology to Help Changing the Traditional Lecture Model[J]. TECH-EDUCATION，2010: 134-140.
② E. Mazur. Peer Instruction: A User's Manual [M]. NJ: Prentice Hall，1997: 10，16.
③ 张渝江. 翻转课堂变革[J]. 中国信息技术教育，2012（10）: 118-121.

5．石桥小学数学翻转课堂

2011 年，美国明尼苏达州斯蒂尔沃特市石桥小学针对数学课程进行了翻转课堂的探讨。该学校选择了五年级的学生来进行试点，要求这些学生在家学习 15 分钟左右的教学视频，然后再完成几项测试。教师依据监测工具的特点进行跟踪学习，并且对学生的测试结果予以反馈。如此一来，教师能够及时了解哪些学生在学习上遇到了困难，遇到了什么样的困难，从而在课堂上进行有针对性的教学，给予学生有针对性的帮助。这样的学习和教学方式，能够让学生的学习需求得到满足，从而让学生更加积极主动地参与到学习中来。

6．高地村的"星巴克教室"

美国高地村小学非常重视学生将技术带进课堂，例如，学生可以带智能手机、平板电脑等进入课堂，这和我国国内的课堂是相反的。这所学校还配备了"星巴克教室"，在这个教室里面，传统的课桌不见了，取而代之的是圆桌和沙发，除此之外，还有一排电脑终端。该学校在教学过程中不断借助于新科技，使得教学效果得到了很大的提高，学生们对于这样的教学氛围非常喜爱，他们学习的积极性也得到了很大的提高。

7．克林顿戴尔高中的全校翻转

克林顿戴尔高中首先选择了两个班级开展翻转课堂实践，随着试验取得了不错的效果，该学校开始在全校范围内开展翻转课堂模式。该学校先让学生观看几分钟的录像视频，并且让学生做好笔记，记录下自己学习过程中遇到的问题。这样一来，教师既掌握了学生的基本情况，又能有针对性地对学生进行辅导。在实施翻转课堂一年后，学生的学习成绩大幅度提高。除此之外，学生的自信心也得到了很大的提高，学生违纪事件发生的频率也下降了不少。

8．AP 微积分翻转课堂

布里斯学校的史黛丝·罗桑在讲解 AP（即 Advanced Placement，简称为 AP，由美国大学理事会主办的在高中阶段开设的具有大学水平的课程，是大学先修课程）微积分课程时，会借助于平板电脑来录制整个课程现场，并且会将视频上传到特定的网站，并且要求学生每天都要观看十几分钟，遇到不懂的地方，要多次进行观看，如果还没有办法理解，可以向朋友请教。看完视频后，教师会帮助学生解决问题。采用翻转课堂后，学生学习的积极性得到了提高，焦躁情绪也少了。

9．东大急流城高中 AP 生物学课程翻转

密歇根州的东大急流城高中在 AP 生物学课程上采用的就是翻转课堂教学方法。该学校的詹尼斯·霍夫通过大量的观察发现，翻转课堂能够让学生有更多的时间做科学实验，并且能够加强她和学生的互动以及学生和学生之间的互动。学生在课堂外观看教学视频后,需要写一篇几百字的学习心得,并且进入特定的界面回答问题,如此,老师就能及时掌握学生学习的情况。如果学生课前没有观看视频,老师也能够知晓。当然,如果学生没有提前观看视频,他可能跟不上学习节奏。

1.2.2 翻转课堂在中国的教学实践及发展

翻转课堂教学模式在国内的教学实践并不稀奇,在翻转课堂概念出现以前,很多教学行为就自然蕴含着翻转课堂的理念。譬如中国古代私塾中的"先背诵后开讲",就是一种非常朴素的翻转课堂教学模式。在很多中小学教学中,教师们要求学生先认真预习,然后在课堂上鼓励学生提出自己的疑问,也是翻转课堂教学模式的雏形。

在翻转课堂的概念被明确提出来之后,翻转课堂模式在全世界引起了广泛关注,至2011年,已经有很多教师对这种新的教学模式进行尝试,并结合本国本地本校的学情进行修正。于是,以翻转课堂模式为指导思想的大规模教学实践活动在许多学校内部出现并得到发展,而且取得了一系列的研究成果。

重庆聚奎中学是国内较早实施翻转课堂的学校之一。他们将翻转课堂与学校原有的高效课堂模式相结合,总结出了翻转课堂的具体实施方法:三个"翻转"、课前四环节、课堂五步骤和六大优势。除上述国外研究中提到的几个优点外,聚奎中学的教师们认为翻转课堂还能拓展学生视野,减轻教师负担[①]。目前,重庆聚奎中学已经将所有课程进行了翻转。

山东昌乐一中同样基于国外翻转课堂模式,提出了自己的翻转教学——"二段四步十环节"翻转模式,如图1-2所示。

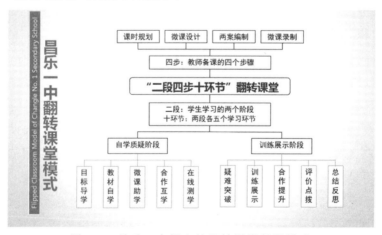

图1-2 昌乐一中提出的翻转课堂教学模式

---

① 张跃国,李敬川. "三四五六":翻转课堂的操作实务[J]. 中小学信息技术教育,2012(11):82-83.

　　以上两个学校均是将翻转课堂结合本校实际进行一定改造之后提出了自己的翻转模式，他们都认为翻转实践能切实提高学生的积极性和学习成绩。

　　除中小学外，高等教育领域也有教师针对大学生展开了实践。马秀麟、赵国庆等人以北京师范大学计算机公共课为依托进行了翻转实践[①]。他们首先对翻转课堂在计算机基础课中实施的可行性进行了分析，随后建立了完善的教学支持体系，开展了翻转实践。实践表明：翻转课堂有利于因材施教以及锻炼学生的自主学习能力；但是翻转课堂对教师和学生都提出了较高要求，基础薄弱的学生并不适合这种形式，即中等生和优等生可能更适合翻转课堂学习。这一点与美国学者 Bill Tucker 的实践研究结果相一致。

　　2015 年 1 月，北京大学数字化研究中心发布了主题为"翻转课堂高校教师使用情况"的在线调查问卷，旨在调查高校教师开展翻转课堂的具体情况。开展翻转实践的教师人数占调查总数的 17%。在谈到学生在翻转课堂中的收获时，大部分教师认为这种教学方式能够"提高学生的学习动机和兴趣""提高学习信心"以及"促进知识和技能的掌握"[②]。然而，对于翻转课堂能否提高学生成绩这一项，教师们的回答则不够肯定，选择"有些获益"的人占大多数，态度模糊。所以如何真实地评价翻转课堂的实践效果仍是一个需要不断探讨的问题。

1.3　翻转课堂的特征及教育价值

1.3.1　以教为主的教学模式及其不足

1. 以教为主的教学模式的特点

　　在行为主义理论的指导下，我国在 20 世纪中叶至世纪末，一直执行着"以教为主"的教学模式。这种模式以大班授课为主，在 45 分钟的课堂中，主要是教师讲授、学生听讲，并辅以少量的学生练习。这种模式的最大优势是教师可以在有限时间内讲出大量的信息，教师在整个教学活动中占据绝对的主体地位，然而对学生到底能够掌握多少却很难准确把握。

　　由于在以教为中心的传统课堂中，教师采用一刀切的方式组织教学活动，很难兼顾每个学生的个性化状况，没有办法实施"因材任教"。因此，这种教学模式也常常被人嘲讽为"填鸭式"教学或"灌输式"教学。

　　在以教为中心的传统课堂中，经常发生少量学生学习不积极、"身在课堂之中

① 马秀麟，赵国庆，邬彤. 大学信息技术公共课翻转课堂教学的实证研究[J]. 远程教育杂志，2013（01）：79-85.
② 缪静敏，汪琼. 高校翻转课堂：现状、成效与挑战——基于实践一线教师的调查[J]. 开放教育研究，2015（05）：74-82.

却神游于教室之外"的现象。对于这种现象，多数教师束手无策，只能任由这种现象的存在。

2．以教为主的教学模式的不足

在以教为主的传统课堂中，通常存在以下几方面的不足。

（1）完全以教师讲授为中心的课堂，容易束缚学生的个性化发展和思维模式

在完全以教师讲授为中心的课堂中，学生只能完全按照教师讲授的思路思考问题。如果经过日积月累的训练，学生的思维模式必然趋于统一，其个性化发展和思维模式将受到束缚。

（2）完全以教师讲授为中心的课堂中，学生丧失了自主探究的机会

在完全以教师讲授为中心的课堂中，学生的职责就是接受教师讲授的知识和技能。多数教师并没有为学生提供自主探究的机会，影响了学生在自主探索、创新能力发展方面的成长。

（3）完全以教师讲授为中心的课堂中，学生无法控制自己的学习进程

在完全以教师讲授为中心的课堂中，基本采用一刀切的教学进度，学生无法控制自己的学习进程，经常出现"好学生吃不饱、赖学生跟不上"的状态。在课堂中，少量学生思考问题不积极、身在课堂中却神游于教室之外的现象，导致部分学生的学习积极性和主动性受到挫伤，进而严重地影响其学业发展和综合素质的养成。

1.3.2 由"钱学森之问"到教育的四大支柱

1．钱学森之问

2005年，时任国务院总理的温家宝看望著名科学家钱学森，钱老感慨地说："这么多年培养的学生，还没有哪一个的学术成就能够跟民国时期培养的大师相比。"钱老又发问："为什么我们的学校总是培养不出杰出的人才？"这就是著名的"钱学森之问"。"钱学森之问"是关于中国教育事业发展的一道艰深命题，需要整个教育界乃至社会各界共同破解①。

"钱学森之问"反映了两个层面的问题：其一，从国家人才培养的战略目标看，国家迫切地需要具有高水平的自主探索、创新能力的人才，需要杰出的大师级人才。其二，在目前的学校教育中确实存在着比较严重的问题，学生的创新能力、自主探究能力严重不足。导致这一现象的原因是什么呢？笔者认为，传统的"以教师为绝对中心"的教学模式在其中产生了重要影响。纵观当前的中小学教育，大多数课堂仍然处于"教师一言堂"的状态，处于这种模式中的学生，在知识的获取过程中处

① 马秀麟，赵国庆，邬彤. 翻转课堂促进大学生自主学习能力发展的实证研究——基于大学计算机公共课的实践[J]. 中国电化教育，2016（7）：99-106.

于被动学习的状态，学生们知识的成长是被"喂大的"，即使他们已经掌握了非常丰富的知识，但由于他们已经习惯于被动学习，在"自主探究""自我管理"上则缺乏必要的培养和锻炼，而这些素质恰恰是一名研究者所必须具备的，其重要性甚至超过了学科内容、操作技能。

2．教育的四大支柱理论

国际21世纪教育委员会认为要适应未来社会的发展，教育必须围绕学会认知、学会做事、学会共同生活、学会生存这4种基本学习能力（教育四大支柱）来重新设计和组织。

依据国际21世纪教育委员会提出的教育四大支柱思想，在21世纪的人才培养中，"授之以渔"比"授之以鱼"更重要，让学习者掌握学习的策略和自主探究、自主创新的能力比教会学习者知识更加重要。

3．新世纪对人才培养的新要求

当前的国内教育过多地注重知识传递，而较少关注对学生自主学习能力和自主探究能力的培养，学生自主探究能力和协作能力的不足会直接阻滞了其未来在科学领域的发展与建树。而学生在自主探究能力方面的不足是与我国常年推行的"以教师为中心"的教学模式有密切关系的。

从"钱学森之问"到教育的四大支柱理论，均对我国的人才培养战略提出了新的要求：① 应努力培养学生的自主探究能力、协作能力和时间管理能力，以便为新世纪创新人才的培养提供良好的平台和锻炼机会。② 在学校教育中，要充分借助信息技术的手段和信息化环境，多为学生创造以学习者为中心、以科学研究流程为导向的项目学习平台，使学习者的个性发展、思维方式得到充分的释放，从而从根本上解决部分学生高分低能，考试擅长、创新不足的问题。

因此，开展以学为中心、以学习者自主探究为主要形式的教学活动在新世纪的人才培养中具有重要的战略地位。

1.3.3 翻转课堂的特征

从翻转课堂模式的定义来看，翻转课堂模式是对"教"与"学"流程的变革。在翻转课堂模式中，对新知识的学习，首先是学生的自主探究过程，然后是分享和社会性建构的过程。在此过程中，教师的职责不是直接告诉学生具体的知识或操作步骤，而是组织和引导学生开展学习活动，并在恰当的时机为学生提供高质量、有水平的点拨和提升。

1．翻转课堂模式是一种宏观的教学模式，在具体实践中需借助中观和微观学习理论的支持

翻转课堂模式只是强调了在新知识的学习中应"先自学、后分享"，并没有清晰地阐明如何提供教学设计、如何实现学习环境、如何组织有效的学习活动等问题。因此，它仅仅是一种宏观教学模式，在具体教学实践中，还需要其他教学理论的支持，例如，以网络课程或微课设计理论指导学习环境建设、以教学设计理论指导学习资源和学习活动设计、以协作学习理论指导学习活动的组织与管理。

2．翻转课堂模式发源于基于视频学习资源的自主学习，离不开 e-Learning 学习环境的支持

系统地以翻转课堂模式组织教学活动起源于 21 世纪初，即计算机技术和网络环境已经普及并极为成熟的时代。在翻转课堂模式的教学实践中，由于要求学生"先自主学习"，这就需要事先为学生提供类型丰富、内容翔实的学习资源，而信息化环境下的多媒体课件（主要是各类教学视频资源）为这一设想提供了可能。

事实上，不论美国林地公园高中科学教师乔纳森·伯格曼和亚伦·萨姆斯开展的翻转课堂模式教学活动，还是意大利学者 Marco Ronchetti 的"在线视频代替传统模式的教学实践"，均是建立在信息化环境中的有效教学实践[①]。

3．翻转课堂模式符合建构主义"以学生为中心""主动建构"的学习理论

从翻转课堂模式的最初创意来看，结构和模式的翻转源于"以学生为中心"的基本思考。翻转课堂模式主张把大量的学习时间交给学生，由学生根据自己的认知风格、学习习惯和学习进度控制学习过程，充分地体现了学习过程中学生的主体地位，有利于学生的主动建构。翻转课堂模式的学习过程不仅创新了教学方式，而且翻转了传统的教学结构、教学方式和教学模式，建立起比较彻底的"以学生为中心"的教学方式。在这种模式下，教师真正地上升为学生学习的组织者、帮助者和指导者。

1.3.4　翻转课堂的教育价值

从当前翻转课堂模式教学实践的情况看，与传统的、以教师主讲为核心的教学模式相比，在知识高速传递、提升学生成绩等方面，翻转课堂模式的效果并不明显；而且，翻转课堂模式甚至还有可能增加学生和教师的业余课业负担。既然如此，为什么还要开展翻转课堂模式的教学研究和教学实践呢？近 5 年翻转课堂模式教学实践证实，翻转课堂模式的教育价值主要体现在以下 4 个方面。

---

① 马秀麟，赵国庆，邬彤. 大学信息技术公共课翻转课堂教学的实证研究[J]. 远程教育杂志，2013（01）：79-85.

1．翻转课堂模式为学生提供了一个自主探究、自主学习的平台

作为一种新型的教学模式，翻转课堂模式把对新知识的学习安排在课堂之外，要求学生根据已具备的知识基础和对知识点的理解程度，自主地安排学习内容和进度，要求学生在自主学习阶段针对疑难问题自行查阅资料、探究解决问题的有效策略。翻转课堂模式为学生开展自主探究、自我管理提供了很好的锻炼机会。

纵观当前的中小学教育，大多数课堂仍然处于"教师一言堂"的状态，每一节课都是教师从开始讲到末尾，学生是这个过程中的被动者和听众。从知识传递的效率看，不能否定这一模式的积极作用。然而，处于这种模式中的学生，在知识的获取过程中始终处于被动学习的状态，尽管此时学生们的个体知识积累和知识水平并不低，但很多学生在知识的主动检索与获取、自主探究与归纳方面明显不足。如果以小动物的成长类比人才的培养，那么处于"教师一言堂"中的学生就好似动物园中被圈养的小动物。在动物园中圈养的很多猛兽尽管毛皮鲜亮、高大威猛，但它们已经丧失了自主捕食、野外生存的能力，它们所能获得的食物，也仅仅限于饲养员所能给予的[①]，却很难有其他的新突破。

翻转课堂模式把原本属于学生主动学习的"主动权"交还给了学生，尊重了学生自主地组织学习过程的权力，促使学生在学习过程中自主地"觅食"而不是全程"喂食"，锻炼了学生自主"觅食"的野性，并逐步使这种野性成为一种本能，对于学生自主学习、自主探究能力的形成，具有非常重要的意义。

2．翻转课堂模式有利于学生综合素质的提升

为了分析翻转课堂模式对学生综合素质的影响，笔者带领北京师范大学计算机基础课教学团队，在这方面连续开展了 5 年的定量研究，利用 LASSI 量表调查并分析了翻转课堂模式对学生学习态度、综合素质发展方面的影响。经研究发现，翻转课堂模式在以下 5 方面促进了学生综合素质的提升。

（1）翻转课堂模式有利于培养学生的自我管理能力

翻转课堂模式要求学生自主决定学习内容、自主设计学习进程、自主选择学习资源，并在独立、自主探究的基础上结合小组协作开展学习活动，给予学生充分的自主权，避免了传统课堂中的被动状态，有力地锻炼了学生的自我管理能力。

（2）翻转课堂模式有利于培养学生的时间管理能力

翻转课堂模式要求学生自主安排学习进程、自主安排学习时间、及时检查学习效果、实施自诊断，并能根据自诊断情况自主决定复习进程；翻转课堂模式还要求各学习小组能在有限的时间内完成课内的讨论、分享。

---

① 马秀麟，吴丽娜，毛荷. 翻转课堂教学活动的组织及其教学策略的研究[J]. 中国教育信息化，2015（11）：3-7.

在以翻转课堂模式组织学习活动的整个过程中，要求学生具有较强的时间观念，从而锻炼学生的时间管理能力。

（3）翻转课堂模式有利于培养学生的协作能力

在以翻转课堂模式组织学习活动的过程中，小组协作是使用最频繁的一种学习方式，随着社会性建构理论的发展，小组协作成为翻转课堂模式中最重要的学习形式。

在课外小组协作和课内小组分享、组间评价与质疑阶段，通过组内职责划分、小组成员的角色扮演和角色感知，很好地锻炼了学生的协作能力、配合能力。

（4）翻转课堂模式有利于培养学生的沟通、交流能力

课内的小组分享、组间评价与质疑是翻转课堂模式中的必备阶段。在这一阶段中，小组成员之间的讨论、质疑，都要求学生能用简练、专业的语言表达自己对知识点的理解，有理有据地阐述自己的观点。

与"教师主讲"的传统教学模式相比，翻转课堂模式的课内小组分享、组间评价与质疑为每个学生提供了正确表达自己观点的机会，使学生的沟通、表达能力得到了很好的锻炼。

（5）翻转课堂模式有利于培养学生的焦虑控制能力

以翻转课堂模式开展教学，增加了大部分学生的焦虑感。特别是在采用翻转课堂模式初期，有很多学生感到焦虑，反映"不知道如何利用学习平台""抓不住学习要点""即便是学习了，也觉得心里没有底"，这些都需要教师在各方面给予充分地引导。

然而，随着翻转课堂模式的深入，很多学生在面对具体应用问题时的焦虑感逐渐降低，逐步具备了"遇事不慌，积极寻求解决方案"的素质，还有一些学生逐步改掉了"诿过于他人"的不良习气，成为勇于担责的人。

3．翻转课堂模式的应用能够促进深度学习的发生

在翻转课堂模式下，除了少数"搭便车"的学生外，大多数学生都会在自主学习阶段积极主动地独立学习，在课堂分享阶段认真思考、积极发言。

课堂分享阶段的相互质疑和发言，能够促进学生加深思考，加深对学习内容的理解层次，促进深度学习的发生。在翻转课堂模式下，能够避免传统教学环境中部分学生"两眼发直、神游物外"的不良状态，减少了"老师你讲你的题，我想我的事"现象的发生。

4．翻转课堂模式的应用有利于国家人才培养战略目标的实现

正是由于翻转课堂模式在促进学生深度学习、给予学习者自主探究机会、充分地锻炼学习者的协作能力和时间管理能力方面均有很大的优势，因此翻转课堂模式

的应用对新世纪的人才培养具有重要的作用和价值，有利于实现人才培养的战略目标。

在国内大多数学生尚习惯于被动学习的状态下，翻转课堂模式最重要的教育价值不是体现在知识传递效率方面，而是体现于它在培养学生的自主探究能力、时间管理能力、自我管理能力、沟通交流能力和焦虑管理能力等方面的突出表现，这些方面恰恰是每一个创新型人才所必须具备的。所以，翻转课堂模式的应用有利于国家人才培养战略目标的实现。

1.4　翻转课堂教学的适应性及挑战

1.4.1　翻转课堂教学模式的适应性分析

思辨的研究方式不能论证翻转课堂模式的实际教学效果，也不能证明翻转课堂模式对不同类别学生和课程内容的适应性。为了研究不同类型的课程内容与翻转课堂教学模式是否存在一定的适应性关系，2014—2017 年，笔者借助大学计算机公共课课程"多媒体技术"的教学，先后选择了北京师范大学的 500 多名学生，组成了3 轮教学实践活动（实验班和对照班），开展了系列实证性研究，以调查数据对翻转课堂模式的适应性进行了论证。

1．课程内容的适应性

纯粹的思辨并不能真正地解决翻转课堂的适应性问题，因此本研究基于实证开展，建立在教学目标分析和学习内容分解的基础上。

首先，根据课程内容，笔者把教学任务归结为概念性内容、简单操作步骤与技巧类内容、原理和规律性内容、问题解决策略类内容共 4 种类型，然后基于丰富的学习资源以实验班和对照班的方式分别组织了不同方式的教学活动（"课堂讲授+演示模式"和翻转课堂模式），通过课堂提问和阶段性作业获得了学生们的学习效果数据，从而推断课程内容的类型与翻转课堂模式是否存在一定的适应性关系。

在两轮依托不同模式的教学实践中，四类课程的学习成绩均呈现为显著性差异，而且比较有意思的是：传统教学模式下，学生对"概念性内容"和"原理与规律性内容"的掌握较好。而在翻转课堂教学模式下，学生对"简单操作步骤类内容"和"问题解决策略类内容"的掌握情况较好，这两类任务恰恰都是实践技能型任务。另外，对于"问题解决策略类内容"，翻转课堂模式在教学中具有非常突出的表现，其成绩达到了 96.6 分。这一现象说明，对于比较注重实践技能和综合应用能力的"问题解决策略类内容"，翻转课堂模式具有很大的优势。

（1）翻转课堂模式不适应于推理性较强、系统性很强的理论类课程内容

在计算机类课程的教学中，对于计算机基础学科中的基本规律、逻辑性很强的知识，翻转课堂模式的教学效果不佳。对数学、物理课程中的复杂原理、复杂推导等类型的教学内容，采用传统的课堂讲授和演示，其效果更好。在对新知识的学习主要依靠自主探究为主的翻转课堂模式下，学生对概念、原理的理解容易流于表面和肤浅，缺乏深层次的思考与剖析[①]。

（2）对于技能任务型为主的课程，翻转课堂模式有较突出的表现

对于强调操作技能、突出学生实际动手和操作能力的学习内容，翻转课堂模式具有较突出的表现。分析学生的学习过程发现，在教学平台中微视频、教学案例的支持下，绝大多数学生都能按时并保质地完成自主学习，对设备的操作步骤、作品的设计技巧也有了比较强烈的感性认识，再通过实物操作、现场设计、小组分享，就能实现知识与技能的巩固与内化，从而取得很好的教学效果。

（3）对于考查学生综合实践技能的问题解决策略类学习内容，翻转课堂模式表现优异

问题解决策略类内容属于计算机基础课程中的综合型任务，主要用于培养学生在面临实际的社会问题时，利用信息技术的手段解决现实问题的综合应用能力，包括如何形成解题思路、设计出解题流程、选择优质的解题策略和解题技术方案，以及如何实施解题过程等内容。由于这类学习内容强调学生对问题解决策略的掌控能力，通常要求学生结合社会中的实际问题，利用信息技术手段提出一整套解决方案。所以题目的难度通常较大，它需要学生认真地分析题目的需求，综合运用几个章节的知识点和操作技巧，整合大量的资源，最终完成一个复杂作品的制作。

在翻转课堂模式下，对于这类学习内容，通常适合以小组协作的方式组织教学活动[②]。教学实践发现，在协作组成员的共同努力下，各个小组都提交了质量上乘的作品，其作品水平明显高于传统教学模式下的质量等级，有些作品的水平甚至接近于专业级水准。

2. 学习者的适应性

作为一种以课内讨论为主的教学模式，是否适应于所有学生，也是我们关注的要点。在以翻转课堂模式开展教学活动半学期之后，笔者以问卷调查和访谈的形式对全体学生进行了调查。调查结论如表 1-1 和表 1-2 所示。

（1）调查数据及统计结果

① 对翻转课堂教学模式的看法

① 马秀麟，赵国庆，邬彤. 翻转课堂促进大学生自主学习能力发展的实证研究[J]. 中国电化教育，2016（7）.
② 潘炳超. "翻转课堂"对大学教学效果影响的准实验研究[J]. 现代教育技术，2014（12）：84-90.

表 1-1　学习者对翻转课堂模式的看法

班级	非常喜欢（%）	喜欢（%）	无所谓（%）	不喜欢（%）	非常不喜欢（%）
普通班	5.00	21.00	12.00	40.00	22.00
拔尖班	6.67	46.67	13.33	30.00	3.33

② 对课业负担的看法

表 1-2　翻转课堂模式下学习者对课业负担的看法

班级	很重（%）	较重（%）	适当（%）	轻松（%）	很轻松（%）
普通班	15.00	42.00	36.00	7.00	0.00
拔尖班	6.67	30.00	40.00	23.33	0.00

（2）数据分析结论

从表 1-1 和表 1-2 可以看出，在普通班中，支持翻转课堂教学模式的学生比例明显低于拔尖人才培养班，而且普通班有更多的学生认为"翻转课堂增加了学习负担""要达到同样的学习目标，翻转课堂需要投入更多的时间和精力"。

对参与调查的学生跟踪，笔者发现，优等生对于是否采取翻转课堂模式组织教学普遍持支持态度，翻转课堂模式更能发挥出其特长；而学困生普遍不支持翻转课堂教学模式，他们认为翻转课堂使自己感到手足无措、压力较大。

翻转课堂教学模式的受欢迎程度，还与学生的学习习惯和认知风格密切相关。善于独立思考、具有较强自主学习能力，以及擅长质疑和争论的学生普遍喜欢翻转课堂模式。而成绩偏差且内向的学生普遍对翻转课堂模式持否定态度，他们更喜欢在上课时"认真听讲"，而不是由他们到讲台上"磕磕巴巴地尴尬讲述"。

另外，理工科学生普遍反对翻转课堂教学模式，他们认为，理工科的很多学习内容都偏难，纯粹靠学生课前自学和课内讨论，往往学不精、学不深。其实，对这一现象，笔者认为其根本问题不在翻转课堂模式自身，而在于学生是否正确地理解了翻转课堂教学模式，在于教师在以翻转课堂模式组织教学活动时，能否在教师点评和提升阶段把教学内容的深度、精度提炼到相应的水平。

3．对讨论式教学及学习支持系统的看法

翻转课堂模式的一个重要特征是"课内分享、讨论及质疑"。课内讨论的质量、内容分享的深度和广度、学生是否积极参与质疑，对于保证学习质量、达到翻转课堂促进"深度学习"发生的目标，起着决定性作用。

（1）调查数据及统计结果

在课内安排大量"讨论环节"，学生们是否欢迎？对课前安排学生通过学习支持平台开展自学，学生们的态度是什么样子的呢？调查后的统计数据如表 1-3 和表 1-4 所示。

和管理，从而保证课前自主学习的质量。因此，现代化的翻转课堂教学模式需要学校、教师在开展教学活动前为学生准备完备的学习支持体系，对学校的信息化环境、学习资源状况、学习管理水平都具有很高的要求。

（2）翻转课堂对学生时间管理能力和信息技术素养、自主学习能力有很高的要求

在翻转课堂模式下，学生的自主性得到充分发挥，学生的自觉性就显得非常重要，因此翻转课堂对学生时间管理能力和信息技术素养、自主学习能力有很高的要求。

然而，当前国内的很多学生在父母的严格管理和羽翼看护下成长，在时间管理、协作能力和自主探究方面锻炼不足，严重地影响了他们参与翻转课堂教学活动的可行性，影响了翻转课堂教学的质量。

（3）翻转课堂对教师有极高的要求

尽管翻转课堂把对新知的学习交由学生自主完成，仿佛减轻了教师的负担，而翻转课堂教学的实践证实：翻转课堂环境下的教师，尽管不需要在课内讲授新知识，但为了达成较好的学习目标，教师需要精心设计导学案、组织线上学习资源、为学生提供自主测试和自主诊断、组织学生于课外开展自主学习、课内进行分享和讨论，其工作涉及精心的教学设计、学习支持系统建设、教学活动组织等环节，对教师的信息技术能力、教学活动组织能力、控班能力都具有极高的要求。

翻转课堂教学活动的组织，绝对不是教师"放羊"式的管理与组织教学，而是建立在教师辛苦设计、精心安排、高质量管控的基础上。现阶段的翻转课堂教学，对很多教师来讲仍是一项挑战性很大的工作。

3．国内现行评价制度、教育制度的客观压力

国内现行的教育体制下，升学率、应试仍是学校教育的重中之重。没有良好的升学率、优质的应试能力，将直接影响学校、教师所获得的社会评价。基于翻转课堂模式开展教学探索，未必能够提升学校的升学率和学生的应试能力，这将使教师和学校面临很大的社会压力。

1.4.3 翻转课堂教学中的误区及分析

自 2006 年翻转课堂模式的概念引入国内之后，对翻转课堂模式的研究就受到了众多学者和一线教师的重视，关于翻转课堂模式的教学实践也逐年增多。然而，纵观近几年的教学研究，却发现"理论研究多、有推广价值的教学实践少"，从参与教学实践的科目来看，则表现为"副科多、主科少"。结合近 5 年来笔者所主持

的翻转课堂模式教学实践，笔者认为，部分教师以翻转课堂模式开展教学实践而教学效果不佳的根本原因在于他们对翻转课堂模式的认识存在着诸多误区。而这些误区的存在，直接影响了翻转课堂模式教学活动的组织策略及最终学习效果，甚至导致翻转课堂模式教学活动的失败。下面介绍关于翻转课堂模式的 5 个误区。

1. 翻转课堂模式能让学生深度学习，一定能提升学习质量

翻转课堂模式要求"先自学后分享"。在"自学"阶段要求学生对新知识自主探究和深入思考，而在"分享"阶段要求学生认真讨论、积极地与伙伴分享自己在学习阶段碰到的问题，并通过伙伴间的讨论与质疑深化学生群体对知识的理解。从理论上看，这一学习流程的设计是严谨的，符合建构主义关于"主动意义建构"的思想，更符合当前关于"社会性建构"理论。有效的"先自学后分享"为学生的自主探索提供了充足的时机，能够促进学生的深度学习，使学习效果上升到"纯粹听教师讲"所达不到的深度。

然而，在翻转课堂模式的具体教学实践中，笔者却发现：① 在自学阶段，很多学生对知识点的理解尚处于较浅的层次，自主探究和思考的深度不够。对一些概念的理解甚至仅仅停留在背诵文字、了解字面含义阶段。② 在分享讨论阶段，小组讨论常常流于形式，缺乏有深度的质疑和探讨。③ 在学习效果评价阶段，存在着"你好我好大家好"的现象，明明是一种浅层次的学习，却人人都获得了较高的成绩①。

因此，"翻转课堂模式有利于学生的深度学习"是有条件的，能否实现深层次学习，则与学习内容、课程类型密切相关，更受到教学设计和学习活动组织方式的影响。

2. 翻转课堂模式是效率很高的学习模式，能够快速提升学生的考试成绩

部分教师希望借助翻转课堂模式改变当前教学中存在的"学习动机不足、学习效率低"的不良状态，为此开展了基于翻转课堂模式的教学实践。然而，教学实践却证实：在"实现知识高速传递、快速提升学生考试成绩"方面，翻转课堂模式的优势并不明显，甚至赶不上传统的"教师主讲、学生倾听"的教学模式。

通过 5 年多翻转课堂模式的教学实践，笔者发现：要想真正地掌握一个知识点，翻转课堂模式中的学生通常需要在课外和课内投入更多的时间和精力。因此，相比于传统的"教师主讲、学生倾听"的教学模式，若单纯从知识传递的视角看，翻转课堂模式的学习效率并不高，翻转课堂模式的优势在于给学生提供了一个自主探究的机会和平台。

因此，如果教师教改的目标仅仅是快速提高学生的学习成绩，那么翻转课堂模

---

① 马秀麟，吴丽娜，毛荷. 翻转课堂教学活动的组织及其教学策略的研究[J]. 中国教育信息化，2015（11）：3-7.

式的优势并不明显。

3．翻转课堂模式能减轻教师的教学工作负担，减少工作量

部分教师片面地理解翻转课堂模式，认为翻转课堂模式就是把新知识的学习过程全部交给学生负责，教师就不用喋喋不休地讲课了。因此，翻转课堂模式可把教师从繁重的主讲中解放出来。

翻转课堂模式教学实践的现实是：在既没有学习资源储备，也没有构造好有效学习环境的情况下，如果让缺乏强烈学习动机的学生课外开展自主学习，在缺乏管理和监控的情况下，其学习成效是惨不忍睹的。与此同时，"老师没有备课、误人子弟""老师让学生纯自学""放羊式教学"等对翻转课堂模式的非议也会喧嚣尘上。当然，如果按照这种思路组织学习活动，教师肯定轻松了，可教学目标也就完不成了，还何谈教学改革呢？

优质的翻转课堂模式需要教师认真构造导学案，利用导学案激发学生的内在学习动机，并分别为不同类型的学生提供符合其认知风格的学习资源，还需要根据学生的年龄特点、学习习惯组织有效的教学活动，并在其学习过程中给予必要的答疑和干预。因此，基于翻转课堂模式组织教学活动并不能减轻教师的工作负担，而且对教师的教学设计能力、多媒体学习资源建设能力、学习活动组织与干预能力都提出了极高的要求[①]。

4．在翻转课堂模式教学过程中应充分发挥学生主体性，减少教师干预

在以翻转课堂模式组织学习活动时有一种很不好的倾向——过分地强调学生的主体性而弱化教师的主导性。于是，对新知识的学习就成了完全由学生自主控制的探究过程，课堂分享与讨论也完全成了由学生主持的分组讨论和班级分享。在这个过程中，教师基本不参与或很少参与学生的学习过程，以便充分发挥学生的主体地位，促使学生实现有意义建构。

然而，教学实践却发现：缺乏教师主导的自主学习过程常常是肤浅的、短促的。① 由于缺乏教师的监控，多数学生会在自主学习过程中一心二用或一心多用：其一，在观看课程微视频的同时兼顾 QQ 群或微信圈的交流；其二，不同类型的若干个视频同时打开，娱乐学习两不误。② 有研究发现，95%以上的学生都没有耐心认真地全程观看长达 45 分钟的授课视频。拖动进度条以快进是很多学生常用的方式，快速浏览和略读已经成为很多学生基于视频学习资源开展学习的不良习惯[②]。多数学生在进入网上学习界面不久，就会转到其他网站。因此，学生实际用在学习上的时

---

① 马秀麟，赵国庆，邬彤. 翻转课堂促进大学生自主学习能力发展的实证研究——基于大学计算机公共课的实践[J]. 中国电化教育，2016（7）：99-106.

② 马秀麟，毛荷，王翠霞. 视频资源类型对学习者在线学习体验的实证研究[J]. 中国远程教育，2016（4）：32-39.

间比预期的时间要少，导致其知识基础不牢固。③ 在以匿名用户开展教学活动的学习论坛中，在线互动与交流的帖子，其数量和质量都明显较差，所讨论内容的深度和广度明显不足。而与休闲、娱乐相关的帖子则相对较多。④ 囿于学生的学术视野及其知识能力水平，单纯由学生主导的讨论和分享往往不够深刻，甚至在某些方面存在着偏差与谬误①。

5．基于翻转课堂模式开展教学活动，不需要后续作业

由于翻转课堂模式把对新知识的学习安排在课外的自主学习阶段，致使学生的课外时间被较多地占用。为了更好地开展下一轮的翻转课堂模式教学，部分教师在完成了"课内分享与点评"环节之后，不再安排后续作业。基于这一思路，"课内分享"或"教师点评"就成为该轮学习活动的最后环节。

然而，翻转课堂模式的教学实践却发现：由于缺乏后续作业的巩固，大量学生对知识的掌握不够扎实。如果这种情况被累积起来，就会直接导致学生的知识基础不稳固，很不利于后续知识的学习。

1.5　翻转课堂模式的研究视角及现状

自 2006 年翻转课堂模式的概念被提出以来，许多学者对翻转课堂模式的应用和价值进行了较深入的研究。

1.5.1　国外对翻转课堂的研究

国外对翻转课堂的研究已经取得了不少的成果，并且对翻转课堂进行了比较全面的总结。与国内学者相比，国外学者更加注重实证性研究，对翻转课堂的教学模式、学习支持、教育价值和影响均有较为全面的探索。综述学者们的文章，笔者认为国外的翻转课堂仍存在几个方面的不足：第一，教学设计研究不够深入，部分翻转课堂对教学设计和学习支持的阐述仍仅停留在理论层面；第二，翻转课堂的教学设计没有针对不同学科做出有针对性的建议，缺乏对学习过程、学习活动组织的精密阐述，直接影响了其研究结论的可靠性。

1．埃里克·马祖尔对翻转课堂在知识内化方面的研究

哈佛大学的物理教授埃里克·马祖尔最早对翻转课堂进行了探讨，在教学过程中，为了提高学生的积极性，他于 20 世纪 90 年代就开始建立了同侪互助教学方式。

---

① 马秀麟，赵国庆，邬彤. 翻转课堂促进大学生自主学习能力发展的实证研究——基于大学计算机公共课的实践[J]. 中国电化教育，2016（7）：99-106.

通过对这种教学方式的分析可以发现，该方式已经得到了大量的实践检验。该教学方式主要分两步进行：第一步是向学生传递知识；第二步是实现知识的内化。传统教学过程中，往往只是进行知识传递，而不注重知识内化。但是根据互助教学的试验可以发现，知识内化对于学习效率的提高意义非常重大。在传统教学模式里面，知识是从教师向学生单向流动的，缺乏互动和交流。但是同侪互助教学方式却打破了这一传统，实现了师生之间的良好互动和交流，将该方式应用于物理教学，组织学生对物理概念进行讨论分析，让学生主动参与每一个教学过程中，从而让他们积极思考，培养他们独立思考的能力。现阶段，计算机技术的发展对于教学起到了非常重要的辅助作用，知识传递实际上任何时候都可以进行，因此，教师的角色已经向教练转变，应当重视学生的互助学习，让学生实现知识内化[①]。

2．Jeremy F．Strayer 对翻转课堂在素质发展方面的研究

美国教育技术专家 Jeremy F. Strayer 开展了翻转课堂模式对协作能力、创新能力和任务导向方面的实践研究。通过实验组和对照组的对比证实，翻转课堂模式对协作能力、创新能力的培养都具有显著影响，是一种有助于培养学习者协作性、创新能力和凝聚力的有效手段。而翻转课堂模式对于培养学习者的"任务导向性"则具有负面作用[②]。

3．可汗学院对翻转课堂教学实践及研究的贡献

2011 年，Salman Khan 自己投资建立了可汗学院（Khan Academy），这是一所非营利性网上学校，网站上面的视频近 4000 个。视频不仅包括经济学知识、社会科学知识、财务知识等，而且还包括数学、心理学等知识。该网络学校开办以后，获得了社会大众的广泛好评，并且获得了比尔·盖茨的支持。该网络学院的兴起让很多教师都认识到翻转课堂的重要意义。2012 年，美国科学教师协会进行了一项题为"Have you flipped？"（您翻转课堂了吗？）的调查研究，被调查者中有近 70%的人表示他们参与过翻转课堂。2012 年，ClassroomWindow 公司通过调查证实了翻转课堂的应用价值：在受访老师中，2/3 表示学生成绩有了大幅提升；88%的老师认为翻转课堂使他们进一步提升了职业满意度；仅有 1%的老师表示将会放弃翻转课堂模式[③]。

1.5.2　国内对翻转课堂教学模式的研究

自翻转课堂的概念被提出以来，国内逐步进入"翻转课堂"热。在中国知网

---

① 白聪敏. 翻转课堂：一场来自美国的教育革命[J]. 广西教育，2013（08）：37-41.
② Jeremy F. Strayer. How Learning in an Inverted classroom influences cooperation，innovation and task orientation[J]. Learning Environ Res，2012（15）：171-193.
③ 张渝江. 翻转课堂变革[J]. 中国信息技术教育，2012（10）：118.

（CNKI）上限定"翻转课堂"为篇名展开检索，截至 2018 年 8 月 1 日，共有 13500 余篇检索结果，其中，2012 年 3 篇、2013 年 83 篇、2014 年 606 篇、2015 年 2161 篇、2016 年 3918 篇、2017 年 5214 篇、2018 年 5127 篇，这一数据反映了翻转课堂自 2012 年开始进入教学研究的视野以来，热度逐年递增的趋势。

在现有大量文献的基础上，国内一些研究者以这些翻转课堂相关文献为研究对象，采用多种研究方法，梳理了翻转课堂的发展脉络、研究热点及未来研究趋势。

国内最早提出"翻转课堂"是在 2012 年，张金磊在远程教育杂志上发表的《翻转课堂教学模式研究》对于翻转课堂进行了大量的探讨研究。其中，对于翻转课堂对知识传授和知识内化的颠倒安排进行了探讨，指出这种方式对于传统教学中师生角色的转变有着重要意义，此外，该文章中还指出翻转教学对师生角色做了重新规划，是对传统教学模式的革新。在翻转课堂里面，借助于信息技术为学生提供了个性化协作学习环境，有利于构建科学的新型学习文化。《翻转课堂教学模式研究》中还对翻转课堂的起源、概念进行了阐述，并且构建了翻转课堂的教学模型。除此之外，该文还对翻转课堂模式面临的挑战进行了阐述，为我国的教学模式改革提供了新思路①。

对上述文献筛选与分析，发现研究主要围绕以下 4 个方面的内容进行。

1．对翻转课堂的起源与发展的研究

追溯翻转课堂的起源不难发现，它的出现并非巧合，而是带有明显的时代必要性。第二次世界大战后，美国社会十分重视教育的革新，为了实现课程的规范化和科学性，促使课程安排向集中化方向发展，美国政府颁行了许多政策和法令。在此过程中，以学生为中心的课程标准和价值观得以逐步建立。此时，美国的很多高校开始对翻转课堂进行研究和实践。第一次翻转课堂始于 2007 年，当时科罗拉多州林地公园高中的两名教师——Jonathan Bergmann 和 Aaron Sams 在录制 PPT 时，创造性地使用了录屏软件对声音进行处理后传到互联网，这样做的目的主要是为了帮助那些因各种原因没能参加学习的同学。之后，在教学过程中，两位老师通过前述的方法安排学生使用视频学习，课堂时间主要用来完成功课和解答学生在视频学习中遇到的难题。同学们对这种新式的教学方式表现出极大的兴趣。2012 年初，Jonathan Bergmann 和 Aaron Sams 在执教的林地公园高中开办了一次"翻转课堂开放日"活动，其目的主要是为了让更多的老师和同学了解并正确认识翻转课堂，以实现扩大并普及翻转课堂教学方式的目的。此后，很多老师都对翻转课堂这一新颖的教学模式进行了大胆的尝试。传统的课堂教学被视频教学所取代，课堂时间主要用于师生互动和实际问题的解答。毫无疑问，翻转课堂是对传统教育方式的巨大挑战和颠覆性改革。

---

① 张金磊. 翻转课堂教学模式研究[J]. 远程教育杂志，2012（8）：46-51.

2. 翻转课堂理念下的教学设计和应用研究

在分析和研究信息技术教学过程中如何应用翻转课堂这一教学模式的问题时，论文《大学信息技术公共课翻转课堂教学的实证研究》给出了明确的答案。该文以翻转课堂的定义为研究的切入点，尝试将翻转课堂这种教学组织形式应用于大学信息技术公共课的开展中，以期解决学生存在的认知水平和个体既有知识的差异，并针对翻转课堂教学模式建立了有效的学习支持系统，采用一定的流程控制组织教学实践，最后对教学实践进行跟踪、调查，对翻转课堂模式的应用方式、局限性方面进行分析和讨论[①]。

3. 翻转课堂的影响力及其教育价值的研究

其一，以老师授课为中心的传统教学，难以兼顾学生的个性和特点，难以做到"因材施教"。由于个性的压抑，导致学生的学习兴趣难以被调动，长此以往将严重影响学生创新思维和能力的发展。

与传统教学模式不同的翻转课堂教学将学生放在教学的中心位置，十分重视对学生个性的培养。在正式上课之前，学生可以按照自己的兴趣和水平，对教学的内容进行熟悉；学习内容和进度完全由学生自主安排，学习能力较强且时间充裕的学生还可以自主决定增加学习内容。课堂翻转改变了传统教学模式中对惯性思维的过分依赖，并且打破了过去填鸭式的教学方法，通过使用先进的技术和仪器，让学生们在自由的学习环境中掌握自主学习的方法，提高学习效率，丰富知识结构。

其二，对老师而言，翻转课堂无疑是一个个性化教学的最佳媒介。鉴于知识体系、教学习惯、性格兴趣等方面的差异，老师们可以利用翻转课堂将自己最成功的教学模式和风格表现出来，其个人的人格魅力也能在翻转课堂中得到展现。重视和推崇创新是翻转课堂的主要特点，由此构成了学生引领教学资源开发的全新师生关系。

马秀麟等人在《翻转课堂的教育价值及误区分析》中对翻转课堂在人才培养、个人素质发展（培养学生的创新意识、自主探究能力、协作能力、时间管理能力等）方面的作用进行了详细的讨论[②]。

4. 对翻转课堂存在的不足所展开的研究

近几年来，国内十分重视对学生的素质教育。教育部门试图通过教学方面的改革，逐步形成以学生为中心的教学模式，以培养学生的创新、创造能力，提高人才的综合素质。但是实践中，传统思想和旧观念时常出现在这种先进且科学的教学理念中，进而导致功利主义行为的出现。

---

① 马秀麟，赵国庆，邬彤. 大学信息技术公共课翻转课堂教学的实证研究[J]. 远程教育杂志，2013（1）：79-85.
② 马秀麟，雷湘园，张金忠. 翻转课堂的教育价值及误区分析[J]. 中国教育信息化，2017（1）：1-5.

作为一种全新的教学思维，翻转课堂的使用中也存在同样的问题，受到传统教育文化、教学条件的制约，其中最重要的一个方面就是"教育者的固有观念"，很多教师和家长不愿意接受这种新的教学组织形式，不愿改变旧有的观念；另一方面受到信息技术软硬件水平的制约；再者，学习者的自主学习能力不足也是很重要的一个原因。另外，教师对翻转课堂教学过程中学习支持严重不足、学习活动的管理与控制缺乏精细设计，导致翻转课堂流于形式也是翻转课堂失败的重要因素之一①。

因此，有必要对翻转课堂进行本土化改革，寻找适合我国翻转课堂发展的教学模式。

---

① 韩丽珍. 翻转课堂在我国发展的瓶颈及路向选择[J]. 江苏广播电视大学学报，2013（02）：41-44.

第 2 章　翻转课堂教学的理论基础

近 20 年来，由于信息化环境的促发，学习与认知的理论有了很大的发展，关于信息化环境在促进教育变革、提升教育质量方面的研究成果也非常多。本书仅选取影响比较大、对翻转课堂具有重要影响的理论做简单阐述并展开必要分析。

2.1　信息化时代的学与教的基础理论

2.1.1　信息获取渠道实验及双通道假设

1. 赤瑞特拉关于信息获取的心理学实验

美国著名的实验心理学家赤瑞特拉（Treicher）曾经做过一个著名的心理实验，其目的是探寻人类获取信息的来源，即人类到底主要通过哪些途径来获取信息。

他通过大量的实验证实：人类获取的信息 83%来自视觉，11%来自听觉，这两个加起来就有 94%。还有 3.5%来自嗅觉，1.5%来自触觉，1%来自味觉[①]。

赤瑞特拉的实验证实，通过多种感官的刺激获取的信息量，比单一地听老师讲课要强得多，信息和知识是密切相关的，获取大量的信息就可以掌握大量的知识。因此，在多媒体资源支持下，学生既能看得见，又能听得见，还能用手操作，这种教学模式可以取得较好的教学效果。

2. 学习与认知过程中的双通道加工假设

基于赤瑞特拉关于信息获取的心理学实验，著名的心理学家梅耶（Richard E· Mayer）提出关于人类认知的双通道加工假设。

梅耶认为：人们对视觉表征和听觉表征的材料拥有单独的信息加工通道，即人们进行认知加工时对视觉表征和听觉表征的材料都有相对应的信息加工通道。这就是双通道加工假设。

基于双通道加工假设理论，梅耶指出，在教师开展教学时，应该尽可能同时向学生呈现视觉的刺激和听觉的刺激，要避免单一通道（单独的视觉刺激或单独的听觉刺激）模式下的教学活动。特别在信息化时代，网络课件中语词（解说）和画面组成的呈现方式将比只有语词（解说）的学习效果好。简单来讲，就是在网络课程

---

① 布莱克曼 BlackMAN 心理难题治疗 20 讲[EB/OL]. http://www. psychspace. com/psych/category-592.

中最好是"图像+音频"结合，特别是要描述那些复杂的关系或某些事物的复杂原理时，应该采用"解说+画面"的方式。当解说和画面共同呈现时，学生在学习时将减少认知资源消耗，能比较容易地形成语言和图像的心理模型并在二者之间建立联系。

　　在人类获取信息的过程中，这两个通道并不是完全独立、互不相关的。在学习过程中，当信息通过一个通道进入人的信息系统，人类也能够转换表征方式，从而使其在另一条通道上实现加工。例如，人们在背诵古诗时，可能发生联想，脑补美丽画面。人们在阅读《红楼梦》时，会在自己内心想象贾府的豪华场景、林黛玉的美丽与多情、薛宝钗的富态与雍容形态。这些都是从一个通道向另一个通道的信息迁移，有助于学生对知识的理解与记忆。

　　尽管人类具有双通道信息内在迁移的能力，但这一内在迁移过程需要思维的参与，与直接提供双通道的刺激相比，效果要差一些。为此，很多学生在学习时，为了获取双通道信息，通常有意识地组织双通道的刺激。例如，在我们背诵古诗时，可把看到的文字朗读出来，同时提供视觉的文字刺激和听觉刺激；在看图写作时，可用语言和文字将画面的内容描述出来，使声音与画面会有一个交错，从而使视觉和听觉通道得到同时运用。

　　从双通道加工假设可以看出，在教师开展课堂教学时，即使教师是一个非常擅长讲演的高手，只在黑板上写出三五个字就侃侃而谈 3 个小时的教学模式也是不足取的。因为对学生来讲，从单一通道（听通道）所获取的信息能被记下来的是非常少的。从另一个视角看，教师在讲演时，通过 PPT 课件或者黑板板书适当地呈现出讲演内容或者其关键词，对于学生更好、更快、更多、更准确地掌握学习内容是非常必要的。

2.1.2　记忆持久性实验与双重编码理论

1. 赤瑞特拉关于记忆持久性的心理学实验

　　除了信息获取渠道的实验之外，赤瑞特拉还做了另外一个关于"知识保持"即"记忆持久性"的实验。实验结果说明：人们一般能记住自己阅读内容的 10%，自己听到内容的 20%，自己看到内容的 30%，自己听到和看到内容的 50%，在交流过程中自己所说内容的 70%。这就是说，如果既能听到又能看到，再通过讨论、交流并用自己的语言表达出来，知识的保持将大大优于传统教学中"单一听课"的效果[①]。

　　因此，在教师组织教学活动时，不仅要同时向学生提供视觉、听觉两个通道信

---

① 布莱克曼 BlackMAN 心理难题治疗 20 讲[EB/OL]. http://www. psychspace. com/psych/category-592.

息，最好还能给予学生参与讨论与交流的机会，甚至给学生提供动手的机会，使其具有强烈的参与其中的感受。这样才能达到较深层次的学习效果。

赤瑞特拉关于记忆持久性的心理学实验论证了传统教学模式中单纯的"教师讲—学生听"在持久记忆方面的局限性，同时强调了设计并组织"学生参与甚至学生主导"型的教学活动对提升教育质量的重要性，因为只有学生亲身参与或主导的学习活动，才更容易产生深层次的学习，产生持久性的记忆。

2．双重编码理论

（1）双重编码理论的基本内涵

双重编码理论是由加拿大心理学家帕维奥（Paivio）于1975年提出的，也叫长时记忆双重编码理论。帕维奥认为长时记忆可分为两个系统，即表象系统和语义系统。表象和语义是两个既相互平行又相互联系的认知系统，表象系统以表象代码来储存信息，语义系统以语义代码来储存信息。人的视觉表象特别发达，他们可以分别由有关刺激所激活。语义代码是一种抽象的意义表征。一些离散的材料由于有了意义上的联系而被组织起来，使记忆变得相对容易。

帕维奥强调在信息的储存、加工与提取中，语言与非语言的信息加工过程是同样重要的。因为"人的认知是独特的，它可同时用于对语言与非语言的事物和事件的处理。此外，语言系统是特殊的，它能直接以口头与书面的形式处理语言的输入与输出。与此同时，它又保存着与非语词的事物、事件和行为有关的象征功能。任何一种表征理论都必须适合这种双重功能！"（Paivio，1986）。双重编码理论认为，在人体内存在着两个认知子系统：其一专用于对非语词事物、事件（即映象）的表征与处理，而另一个则用于语言的处理。帕维奥同时还假定，存在两种不同的表征单元：适用于心理映象的"图像单元"和适用于语言实体的"语言单元"。前者是根据部分与整体的关系组织的，而后者是根据联想与层级组织的①。

（2）双重编码理论的3种加工类型

帕维奥认为，双重编码具有3种加工类型：① 表征的。直接激活语词的或非语词的表征；② 参照性的。利用非语词系统激活语词系统；③ 联想性的。在同一语词或非语词系统的内部激活表征。

当然，有时一个既定的任务也许只需要其中的一种加工过程，但有时则需要所有3种加工过程。双重编码理论可用于许多认知现象，其中有记忆、问题解决、概念学习和语言习得。双重编码理论说明了吉尔福特智力理论中空间能力的重要性。因为，大量通过视觉获得的映象所涉及的正是空间领域的信息。因此，对于双重编

---

① 百度百科. 双重编码理论[EB/OL]. http://baike. baidu. com/view/1379827. htm.

码理论最重要的原则就是：可通过同时用视觉和语言的形式呈现信息来增强信息的回忆与识别[①]。

Paivio 所做的试验还发现，如果给被试以很快的速度呈现一系列的图画或字词，那么被试回忆出来的图画的数目远多于字词的数目。这个试验说明，表象的信息加工具有一定的优势。也就是说，大脑对于形象材料的记忆效果和记忆速度要好于语义记忆的效果和速度。双重编码理论认为，人脑中存在两个功能独立却又相互联系的加工系统：一个是以语言为基础的加工系统，另一个是以意象为基础的加工系统。意象系统专门表征和加工非语言的物体和事件，它由相互具有联想关系的意象表征组成，而言语系统负责表征和加工言语信息，由相互联系的言语表征组成。认知是通过两个特殊表征系统（modality-specific）支持的，这两个系统与人的已有经验密切相关，并且在表述和加工语言信息和非语言的信息时，二者又有明显的区别[②]。

（3）双重编码理论对教师开展教学设计的启发

双重编码理论强调在信息的储存、加工与提取中，非语言的信息加工过程与语言的信息加工过程同样重要。人脑中同时存在着两个功能独立却又相互联系的加工系统：一个是以语言为基础的加工系统，另一个是以意象为基础的加工系统。认知就是通过这两个特殊的表征系统（modality-specific）支持的。

因此，在教师进行教学设计时，对每一个学习内容的呈现，都应该尽可能提供两种形态的信息形式，以便学生分别利用两个独立的加工系统实现信息的快速加工。也就是说，把视觉形态的图像、动画和语言形式的文字、解说词等有机地组合起来形成教学课件，有利于学生实现更有效的信息加工。另外，在课堂教学中，应该较多地使用图像、动画形态的资源来呈现学习信息，通过有利于学生实施双重编码的方式为学生的学习提供有效支持。

2.1.3　动机理论

1. 动机的概念及其分类

动机，在心理学上一般被认为涉及行为的发端、方向、强度和持续性，即能够驱动人去做某事的原因或动力。在组织行为学中，动机主要是指能激发人主动参与某一活动、从事某一行为的原因或动力，是一种心理过程。

在人类的学习和生产活动中，通过对动机的激发和鼓励，使人产生一种内在驱动力，使之朝着所期望的目标前进。根据动机的来源，可把动机分为内在动机和外在动机两种类型，也可称之为内部动机和外部动机。

---

① 李丹. 信息呈现方式和学习者个体差异性对多媒体学习的学习效果的实验研究[D]. 北京师范大学硕士学位论文，2009.
② 百度百科. 双重编码理论[EB/OL]. http://baike. baidu. com/view/1379827. htm.

内部动机指个体对所从事的活动本身具有兴趣而产生的动机。这种活动能使个体获得满足感，能对个体在精神上产生奖励和报酬，个体从事这种活动时不需外力作用的推动。这种动机与"兴趣"很相似，"我喜欢"是其核心。哈佛大学心理学教授布鲁纳指出，内部动机是由3种内驱力引起的，一是好奇的内驱力，即求知欲；二是好胜的内驱力，即求成欲；三是互惠的内驱力，即和睦共处协作活动给予个体的愉悦与幸福感。

外部动机是由个体所从事的活动以外的刺激诱发而产生的动机。这种活动本身并不能给个体带来直接的满足，或者个体对活动本身并没有兴趣，但通过这种活动却可以得到另外一种或多种效应，促使个体去参与这个活动，这种动机是活动本身以外的其他刺激。例如，有人为了争取成为先进工作者而努力工作，或者为了避免挨批评而完成工作指标，这些并不是对工作本身有兴趣。

2．奥苏贝尔的动机理论①

奥苏贝尔不仅在对学习过程的认知条件、认知因素进行深入研究的基础上提出了"有意义接受学习"理论和"先行组织者"教学策略，而且他还注意到影响学习过程的另一重要因素即情感因素的作用，并在这方面提出了独到的见解，关注了动机在学习中的重要作用。主要包括以下观点：

（1）情感因素对学习的影响主要是通过动机在3个方面起作用

首先，动机可以影响有意义学习的发生。由于动机并不参与建立新旧概念、新旧知识之间的联系，所以并不能直接影响有意义学习的发生，但是动机却能通过使学生在"集中注意""加强努力""学习持久性"和"挫折忍受力"等方面发挥出更大潜能而加强新旧知识的相互作用（起催化剂作用），从而有效地促进意义的学习。

其次，动机可以影响习得意义的保持。由于动机并不参与建立新旧知识之间的联系和新旧知识的相互作用，所以也不能直接影响习得意义的保持，但是保持总是要通过复习环节来实现，而在复习过程中动机仍可通过使学生在"集中注意""加强努力"和"持久性"等方面发挥出更大潜能来提高新获得意义的清晰性和巩固性，从而有效地促进保持。

第三，动机可以影响对知识的提取（回忆）。动机过强，可能产生抑制作用，使本来可以提取的知识提取不了（回忆不起来）。考试时由于心理紧张，动机过强，影响正常水平发挥就是一个例子；反之，有时动机过弱，不能调动起学生神经系统的全部潜力，也会减弱对已有知识的提取。

---

① 何克抗，李克东，谢幼如. "主导—主体"教学模式的理论基础[J]. 电化教育研究，2000（2）.

（2）动机是由 3 种内驱力组成的

由于动机是驱使人们行动的内部力量，所以心理学家常把动机和内驱力视为同义词。奥苏贝尔认为通常所说的动机是由"认知内驱力""自我提高内驱力"和"附属内驱力"这 3 种成分组成的。

首先，认知内驱力是指要求获得知识、了解周围世界、阐明问题和解决问题的欲望与动机，与通常所说的好奇心、求知欲大致同义。这种内驱力是从求知活动本身能得到满足、进而驱动学习者积极参与。因此，是一种内在的学习动机。由于有意义学习的结果就是对学生的一种激励，所以奥苏贝尔认为，这是"有意义学习中的一种最重要的动机"。例如，儿童生来就有好奇心，他们越是不断探索周围世界，了解周围世界，就越是从中得到满足。这种满足感（作为一种"激励"）又会进一步强化他们的求知欲，即增强他们学习的内驱力。

其次，自我提高内驱力是指儿童希望通过获得好成绩来提高自己在家庭和学校中地位的学习动机。随着年龄增长，儿童自我意识增强，他们希望在家庭和学校集体中受到尊重。这种愿望也可以推动儿童努力学习，争取好成绩，以赢得与其成绩相当的地位。自我提高内驱力强的学生，所追求的不是知识本身，而是知识之外的地位满足（受人敬重、有地位），所以这是一种外在的学习动机。

第三，附属内驱力是指通过顺从、听话、从父母和老师那里得到认可，从而获得派生地位的一种动机。这种动机也不是追求知识本身，而是追求知识之外的自尊满足（家长和老师认可），所以也是一种外在的学习动机。

上述 3 种不同成分的动机对每个人来说都可能具有，但 3 种成分所占的不同比例，则依年龄、性别、文化、社会地位和人格特征等因素而定。在童年时期，附属内驱力是获得良好学业成绩的主要动机；童年晚期和少年期，附属内驱力降低，而且从追求家长认可转向同龄伙伴的认可；到了青年期和成人，自我提高内驱力则逐渐成为动机的主要成分。前面强调了内在动机（认知内驱力）的重要性，但决不应由此贬低外部动机（特别是自我提高内驱力）的作用。在个人的学术生涯和职业生涯中自我提高内驱力是一种可以长期起作用的强大动机。这是因为，与其他动机相比，这种动机包含更为强烈的情感因素。既有对成功和随之而来的声誉鹊起的期盼、渴望与激动，又有对失败和随之而来的地位、自尊丧失的焦虑、不安与恐惧。

由上面关于"动机理论"（包括动机成分的组成与动机的作用等两个方面）的介绍可以看出，奥苏贝尔确实对情感因素在认知过程中的作用与影响做了较深入的研究。如果我们在教学设计或在课件脚本设计过程中能根据学生的不同年龄特征，有意识地帮助学生逐步形成，并不断强化上述 3 种动机，同时在教学过程的不同阶段（例如在有意义学习发生、习得意义保持及知识提取等阶段）恰当地利用这些动机，那么由于学习过程中认知因素与情感因素能得到较好的配合，所以定将取得更为良好的教学效果。

2.2 行为主义—建构主义—生成主义的学习观

2.2.1 从行为主义到生成主义学习观的变革

1. 3种学习观简介

从国内教学理论的发展看，20世纪五六十年代，国内教育界主要承继了苏联的教育思想，该思想以行为主义为指导，认为学习是以"重复训练、强化刺激形成无意识的自动反映"为基础的；至21世纪初，教育信息化的普及，为"以学为主"的学习理论提供了很好的技术基础，因此强调个体主动实现意义建构的建构主义学习观占据了主导地位；在最近几年的时间里，主动探究、知识重构、知识生成的价值在个人发展中的地位日益重要，因此强调知识生成、具身认知的生成主义的学习观日益受到重视。

2. 3种学习观的核心思想

纵观这一流程，其发展过程与核心思想如图2-1所示。

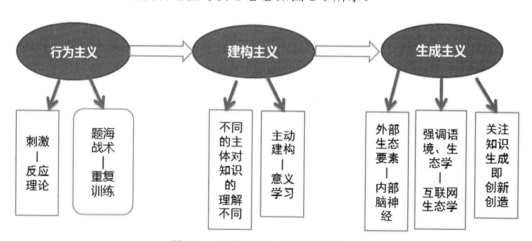

图2-1　3种类型学习观的特点

2.2.2 行为主义的基本思想及学习观

1. 行为主义的基本思想[①]

行为主义学习理论又称刺激—反映理论，是当今学习理论的主要流派之一。该理论认为，人类的思维是与外界环境相互作用的结果，即形成"刺激—反映"

---

① Peggy A. Ertmer，Timothy J. Newby，盛群力. 行为主义、认知主义和建构主义（上）——从教学设计的视角比较其关键特征[J]. 电化教育研究，2004（3）: 34-37.

的联结。

行为主义理论产生的主要依据就是苏联生理学家巴甫洛夫以狗所做的"刺激—反映"的实验，也叫条件反射实验。巴甫洛夫的狗、桑代克的猫是这一领域中最经典的两个实验。

2．行为主义的学习观[①]

行为主义者认为，学习是刺激与反映之间的联结，他们的基本假设是：行为是学习者对环境刺激所做出的反映。他们把环境看成是刺激，把伴而随之的有机体行为看作是反映，认为所有行为都是可以通常持久训练（持久刺激）而习得的。

行为主义学习理论应用在学校教育实践上，就是要求教师掌握塑造和矫正学生行为的方法，为学生创设一种环境，尽可能在最大程度上强化学生的合适行为，消除不合适行为。

在学校教育中，行为主义的学习观为技能培养提供了很好的理论支持，比如学习如何游泳、如何驾驶、甚至如何计算都以"重复训练、强化刺激、最终把技能操作变成无意识支配的习惯性反射"为指导。从这个视角看，我们不能完全否定行为主义学习观的价值。

然而，行为主义学习观普及和绝对化，则必然导致教学中的"题海战术、机械训练"，则不利于学习者的发散性思维和创新性思维的发展，甚至会禁锢学习者的主动性和创造性。

2.2.3　建构主义的基本思想及学习观

建构主义是近些年基于信息化环境实施教育改革的重要理论依据。在人的学习过程中，建构主义重视人的已有知识结构，并强调人类主动地利用已有知识结构同化新知识、并使新知识顺应原有知识结构甚至进一步完善原有知识结构。建构主义脱胎于结构主义理论。

1．建构主义的基本思想[②]

建构主义认为，人的学习过程也就是其知识建构的过程。知识建构过程不是凭空建立起来的，而是要以先前的知识和经验为基础，由学生主动建构完成的。也就是说，学生在一定知识经验的前提下，主动地将新知识纳入自己原有的认知结构中，学生通过对新知识的学习，不断地对原有的认知经验进行改造和重组。教师的关键作用不是如何明确地教给学生新知识，而是要遵循学生的认知规律和已有的知识结构，合理地组织新知识体系，从而调动学生的主观能动性，引导学生实现知识

---

① 傅维利，王维荣. 关于行为主义与建构主义教学观及师生角色观的比较与评价[J]. 比较教育研究，2000（6）：19-22.
② 何克抗. 建构主义——革新传统教学的理论基础[J]. 电化教育研究，1997（03）：3-10.

的建构。

2．建构主义的学习观[①]

（1）建构主义认为学习是学生以原有知识结构为基础对新知识同化的过程

建构主义认为，每个学生内部都存在一个内在知识结构（奥苏贝尔称之为认知结构），学生参与学习的过程就是他们以内在知识结构去理解、吸纳新知识的过程。在这个过程中，如果新知识与原有结构相似度很高，则新知识将被快捷地同化到原有知识结构中，学习过程很顺利。如果新知识与原有结构差距很大，则原有知识结构对新知识的同化就可能是困难而缓慢的，在这个过程中甚至可能为了适应新知识而改变学生原有的知识结构，从而使知识结构上升到一个新的知识层次，并使新知识与原有结构达到新的平衡。顺应、同化、平衡就是原有知识结构与新知识之间的逐步演化过程。

（2）建构主义认为学习是学生主动建构的过程

在学习过程中，由于学习是学生以原有知识结构为基础吸纳、同化新知识的过程，在此过程中需要学生的主动参与。因此，如果在此过程中学生是抵触的、拒绝的，那么这个吸纳、同化过程就很难实现。所以，建构主义特别强调学习过程中学生的主动性，强调兴趣（内在动机）在学习中的作用。

（3）建构主义认为不同学生对于同一知识的理解是有差异的

在建构主义的理论下，不同的学生会对知识有不同层次、不同视角的建构。在学生主动建构知识的过程中，由于学生原有知识结构的差异性，会导致不同学生对同一知识的理解出现不同，这种不同就会导致对知识的理解及其掌握程度上的差异。

任何一个学生对知识的理解都是在一定情景下发生的，都是有条件的。

（4）建构主义认为知识的正确性是带有附加条件和相对的

由于知识来源于人的主观认知，人类对知识的建构一定是基于人类的原有知识结构和个体思维的，因此人类所掌握的知识都是在一定情景下发生的，都是有约束条件的。正如物理学的发展史所呈现的：牛顿力学的适应范围仅仅是常态的社会现象，在宏观和微观的领域就难以适应，于是人们认识微观世界时，发现了牛顿力学的局限性，提出了量子力学的理论；而在研究太空现象时，则提出了天体力学理论。

从牛顿力学到量子力学的突破，恰恰反映了人类对知识的主动建构性及其对知识的重组、重构能力，当这种重组与重构达到了一定的程度和水平，就会引起质变，发生突破。

---

① 刘儒德. 建构主义：知识观、学习观、教学观[J]. 人民教育，2005（17）：9-11.

3．建构主义中的两个核心问题

作为一种重要的学习理论，对建构主义的理解需要注意两个方面的问题。

（1）建构主义强调不同个体对知识的认识具有主观性，是唯心的

建构主义者认为，人类对知识的建构一定是基于人类的原有知识结构和个体思维的，因此，即使是面对同一的客体，不同的认知主体也会得到不同的理解[①]。在建构主义的理论体系中，有一幅著名的图画"牛鱼图"，如图 2-2 所示。

图 2-2　建构主义的牛鱼图

在如图 2-2 所示的图画中，一只趴在岸边的青蛙正在向水中的鱼详细地介绍"牛"的形状：牛是吃草的，牛有四条腿，牛有两只角，奶牛还有大大的乳房。于是水中的鱼就根据自己已有的知识体系建构起了牛的形象（图中 2-2 中部的似牛又似鱼的怪物）。

其实，在生活中，人们常说的"一千个人心目中有一千个林黛玉"也说明了"知识是客观的，但不同主体对知识的理解则是主观的"这一理论。

（2）建构主义的学习观中，如何促进学习者的"主动意义建构"是核心问题

在建构主义的学习观中，人们强调学习者（主体）对知识的主动建构。在这个过程中，激发学习者的内在动机，促使主动建构和意义建构的发生是尤其重要的。

根据笔者多年从事一线教学和开展教学研究的经验来看，要想促进主动建构的发生，必须正确地意识到以下 3 点：① 学生是认知（学习信息加工）的主体，是意义建构的主动者。② 教师应尽可能向学生提供接近学生已有认知结构的新知识，以有利于学生的同化为目标！③ 教师是意义建构的帮助者、促进者，而不是知识的提供者和灌输者。然后，在此基础上，要注意在以下 4 个方面做好教学设计，以促进主动建

---

① 秦亚青. 建构主义：思想渊源、理论流派与学术理念[J]. 国际政治研究，2006（03）：1-23.

构和意义建构的发生，如图 2-3 所示。

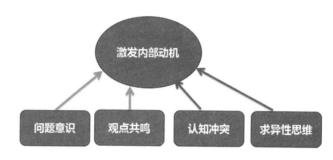

图 2-3　在教学中激发内动机、促进主动建构的重要策略

从图 2-3 可知，在教学设计过程中，教师应该具有强烈的问题意识、努力引发学生的观点共鸣、尽量构造认知冲突、引导学生求异性思维（发散性思维），从而激发学习者的内在动机，争取引起学习者的共鸣和兴趣，为主动建构、意义建构的发生而助力[①]。

2.2.4　生成主义的基本思想及学习观

1. 生成主义的基本思想

生成主义（Enactivism）萌芽于心智生态学（Ecology of Mind），脱胎于认知生态学（Cognitive Ecology），成熟于生成认知科学（Enactive Cognitive Science）。它既是一种全新的认知科学范式，从根本上推进了认知科学与人文科学的融合，也是一种全新的心智哲学理论，从根本上超越了传统的认知哲学观。生成主义从根本上讲是一种非还原论和非功能主义的自然主义。它主张认知与环境不可分，认知是彼此影响和作用的系统与其环境间的一种复杂的共演化过程。自主性、意义建构、涌现性、具身性和经验是其核心概念[②]。人们将生成主义的认识论纲领概括为 5 个原则。

（1）自主性原则：认知系统必然是自主的[③]

这一原则表明认知系统具有自由性、主动性、构造性、创造性和选择性。首先，生命机体的身份及其自身所遵循的法则都是由其特有的活动创造的。认知系统的自主性就在于它具有自生构成的不同实体的身份。其次，认知系统的自我构造是在它的动力过程中完成的。认知系统的独特身份是由它的动力产生并维系的。这意味着认知系统所展现的动态过程网是不稳固的，并且在操作上是封闭的。只有这两个条件满足了，认知系统的身份才会产生。再次，认知系统还具有交互意义上的自主性，即它作为行动者与其周遭环境不断发生着耦合作用，并将意义之网投射于其所处的

---

① 郑震. 西方建构主义社会学的基本脉络与问题[J]. 社会学研究，2014（05）：165-190.
② 魏屹东，武建峰. 认知生成主义的认识论意义[J]. 学术研究，2015（02）：16-22.
③ 张良. 论生成主义课程知识观的缘起、内涵及其意义[J]. 全球教育展望，2016（07）：33-40.

环境中。它不仅对外部刺激做出积极反映，即在特定的情境下产生适当的行动，而且还主动地规定自己与环境交换信息的条件。

（2）意义建构原则：认知是基于动力学和生物学的意义建构[①]

与认知主义把认知系统视作信息的处理器不同，生成主义则把它视作意义的建构者。根据生成主义的看法，认知者不是被动地从其环境中接收信息并把信息转换成内在表征，也不单是接近世界以求勾画世界的精确图像，而是通过自身行动直接参与意义的生成和建构。

从生物学意义上讲，意义建构必须具备两个要件才能产生：一是有机体的自创性，二是有机体的自适应性。这两个条件对于有机体的意义建构而言都是必不可少的。意义建构不能简单地从自创生中产生。只有把自适应性纳入自创生中，才能产生意义建构活动。

从动力学上讲，意义建构是交互自主性概念的题中之意，它属于自主性的交互作用和关系性方面。有机体通过意义建构来调控它们与世界间的交互作用，藉此把世界转换成一个充满意义、价值和凸显性（salience）的场所（即生物学意义上的环境）。

（3）互规定性和共涌现性原则：认知系统与环境是相互规定和共涌现的[②]

涌现性是指整体（或高层次）具有但还原到部分（或低层次）就不存在的现象或特征。它反映的是系统整体与部分或上下层次之间的关系，强调系统的整体或高层次现象。生成主义所讲的涌现性用于描述现有不同过程或事件间的交互作用所形成的新属性或过程。而系统与环境间的共涌现性则是强调生物系统和其周遭环境的变化都取决于它们之间的交互作用。

（4）具身行动原则：认知是一种具身行动[③]

生成主义认为心灵和身体不可分，它反对任何形式的身心二元论。它把具身认知的观点纳入自己的生成视域，即把具身性和行动性整合在一起，将认知视作一种具身行动。"认知是具身的"意在强调受身体调节的认知，而非那种通过内部计算来发现并作用于世界的认知。身体在认知中发挥着某种不可替代的作用。

"认知是具身的"和"认知是行动的"从两个侧面揭示了认知具有"双重具身性"[④]，即身体既具有生物学意义上的生理结构，也具有现象学意义上的经验结构，既作为生活的经验结构又作为认知机制的环境或语境。双重具身性概念表明心灵内嵌于一个活跃的、与外界相关联的身体中，并且身体不是一个受大脑操控的木偶，而是一个具有生命的完整系统——它具有各种自主性层次上的自协调和自组织，以

① 赵垣可. 生成主义教学观的缘起、内涵及价值意蕴[J]. 教育探索，2017（06）：13-16.
② 魏屹东，武建峰. 认知生成主义的认识论意义[J]. 学术研究，2015（02）：16-22.
③ 武建峰. 认知生成主义的哲学研究[D]. 山西大学博士学位论文，2015（06）.
④ 张良. 从简单性到复杂性——试论我国教学范式的重建[J]. 清华大学教育研究，2013（5）：107.

及造就其意义构造活动的对世界不同程度的开放性。现在已经有大量证据表明，不仅具身性在处理低层次的感觉运动中发挥着重要作用，而且高层次的认知技能（如推理、问题求解和心理意象操纵）也建立在身体经验的基础之上。

（5）脑身经验结构原则：认知是基于经验的脑身活动[①]

生成主义在认识论上十分重视经验。它所讲的经验主要是"双重具身性"概念所强调的现象学意义上的身体经验结构。与认知主义把经验看作一种副现象或一个谜不同，它认为经验与活的存在和生成意义世界是缠结在一起的。经验在认知活动中扮演重要角色，对于认知活动的解释不能忽视经验的作用。

此外，具身视角还使我们认识到认知系统机制与身体经验之间具有某种同构性。瓦雷拉关于认知机制的动力学系统说明就特别强调胡塞尔关于时间意识的前摄结构和滞留结构。凯利（Kelly）假定的指向性神经模型和抓取性神经模型，类似于梅洛-庞蒂的意向弧和最大掌握概念。惠勒（Wheeler）探究了对境遇行为的具身嵌入式说明与海德格尔的上手、现成在手（present-at-hand）等范畴之间的同构关系。

所有这些研究不仅把科学假设融入现象学，而且它们本身就贯穿于现象学。这正是整合研究经验和大脑—身体活动的第一人称方法所极力倡导的。

2．生成主义的教学观[②]

生成主义的学习观强调教学的生成性，关注学生已有的生活经验，把教学过程视为师生基于一定文化情境进行交往的过程。

（1）生成主义的教学观强调观念创生及意义建构

生成主义教学观是生成主义哲学在教育领域内对预成式教学认识论的改造与超越。在生成主义哲学视域下，教学知识是学科知识和生活知识相融合，且具有情境性、具身性、生成性和发展性的产物。在整个教学过程中，学生并不是肤浅地、"镜式"地反映和表征教材知识，而是在教师的指导下身临其境地进行观念创生和意义建构。在这种创生与构建的过程中，学生的素养得以发展，人性得以张扬。

（2）生成主义教学观坚持以人为本

生成主义教学观看到了以教师为本和以学生为本的内在统一，既反对"传递—接受"式教学对学生主体地位的压制，亦反对"防教师"的课程管理与教学模式对教师个性的压制。一方面，生成主义教学观强烈主张解放学生的自由天性，认为学生的自由天性是学生在学习过程中较之成人的优势所在，积极鼓励学生通过自主活动和合作探究构建自己的知识体系；另一方面，生成主义教学观充分尊重教师在教学过程中的地位和作用，认为知识虽然是主观构建的，但并不是随意的，学生在构

---

① 魏屹东，武建峰．认知生成主义的认识论意义[J]．学术研究，2015（02）：16-22.
② 赵垣可．生成主义教学观的缘起、内涵及价值意蕴[J]．教育探索，2017（06）：13-16.

建自己的知识体系时需要教师给予正确的指导，只有学生和教师二者共同努力，才能推动教学的进步。教学本质上是一个老问题不断解决、新观念不断诞生的过程，是一个师生合作探究知识与生活、一同奔赴自由与解放的过程。

（3）生成主义教学观主张教学与知识关系的重建

生成主义教学观认为教学并不是单纯指知识的讲授与传递，而是教师知识、学生经验、知识、学科知识、生活知识的相遇与互动，是合作创造知识与生成意义的实践过程。在这一知识生成的过程中，教学不再是单纯的学科知识的被动传递，而是师生在探究知识、解决问题中的互动、合作以及对话，教学过程成为师生在尊重独特性、欣赏差异性的过程中合作创造知识的过程。简而言之，在生成主义教学观指导下的教学情境中，师生立足于生活世界问题和学科问题的解决，共同参与主题对话与知识创造的默会理解，最终指向学生思想观念的诞生以及生活意义、社会道德的生成[①]。

3. 生成主义的教学观与教育信息化 2.0

2018 年 4 月 18 日，教育部印发了《教育信息化 2.0 行动计划的通知》，提出了"坚持信息技术与教育教学深度融合"的战略思想，要求从"网络化、数字化、智能化、个性化、终身化"5 个方向构建教育信息化的新体系。

在教育信息化 2.0 体系中，对信息化教学的核心思想是"注重创新引领、关注质变""强调教育生态变革"，其实施策略则是"借助信息化环境，突出自主探究、创新发展"，鼓励学习者与研究者实现知识创新，实现信息化环境中教师知识、学生经验、知识、学科知识、生活知识的相遇与互动，促进合作创造知识与原有知识的重组、重构及延伸与创造。

教育信息化 2.0 所倡导的学习观和知识观，已经突破了建构主义的主动建构范畴，开始向"强调信息化教育生态，并借助信息化生态重构与重组知识、实现知识创新"的领域发展，这一点与生成主义的教学观和知识观是完全一致的。

2.3　信息化时代的教学策略与教学模式

2.3.1　教学策略与教学模式的概念

1. 教学策略的概念

策略涉及的是为达到某一目的而采用的手段和方法。顾名思义，教学策略是为

---

① 余宏亮. 生成性教学：知识观超越与方法论转向[J]. 课程. 教材. 教法，2016（09）：80-87.

达成教学目标而采取的策略，通常是若干教学方法的有机组合。施良方认为，教学策略是指教师在课堂上为达到课程目标而采取的一套特定的方式或方法。教学策略要根据教学情境的要求和学生的需要随时发生变化。无论在国内还是在国外的教学理论与教学实践中，绝大多数教学策略都涉及如何提炼或转化课程内容的问题。

袁振国在 1998 年指出：所谓教学策略，是在教学目标确定以后，根据已定的教学任务和学生的特征，有针对性地选择与组合相关的教学内容、教学组织形式、教学方法和技术，形成的具有效率意义的特定教学方案。教学策略具有综合性、可操作性和灵活性等基本特征。

教学策略是为实现教学目标服务的，具有一定目标指向性，它通常是多个简单教学方法的有机组合，所以具有结构功能的整合性和可操作性。

2．教学模式的概念

（1）什么是教学模式

"模式"一词是英文 Model 的汉译名词。Model 还译为"模型""范式""典型"等。一般指被研究对象在理论上的逻辑框架，是经验与理论之间的一种可操作性的知识系统，是再现现实的一种理论性的简化结构。

教学模式可以定义为：在一定教学思想或教学理论指导下建立起来的较为稳定的教学活动结构框架和活动程序。作为结构框架，教学模式突出了从宏观上把握教学活动整体及各要素之间内部的关系和功能；作为活动的程序，教学模式则突出了活动的有序性、程序性和可操作性。

（2）教学模式与教学策略之间的关系

将"模式"一词引入教学理论中，是想以此来说明在一定的教学思想或教学理论指导下建立起来的各种类型的教学活动的基本结构或框架，表现教学过程中程序性的策略体系。

在具体的教学实践中，教学模式是比教学策略含义更广、更复杂的概念。一般说来，教学模式中应该蕴含一定的教育思想或教育理论，并且是由若干个教学策略按照一定的结构有机地组织起来的。例如，翻转课堂就是一种常见的教学模式，它通常借助任务驱动法、项目学习法、分组协作的小组学习等具体策略组织教学活动，它需要根据教学目标的要求、学习内容的特点把若干种教学策略有机地组织起来。

2.3.2　常见的教学策略与教学模式

1．教学法、教学策略及其层次关系

信息技术的发展为教育教学改革提供了丰富的土壤。近几年，关于教学改革、教学策略的新术语、新方法层出不穷，给人以眼花缭乱之势。事实上，很多概念定义在不同的层次、不同的视角，在其内容和具体方法上则有交叉，在应用上也有很大的相似性。

为了更好地理解这些概念，减少理解偏差，笔者对相关概念进行了梳理。各种教法之间的层次关系如表 2-1 所示。

表 2-1　教学法之间的关系

所在层次	教学法	备注
微观层次	启发式教学策略	抛出问题，引导思考
	抛锚式策略	
	支架式教学策略	依据临近区，提供脚手架，为学习过程提供全面支持
	先行组织者策略	
	随机进入策略	选择学习资源的方式，随机进入学习环境，选择学习内容
	认知冲突策略	以认知冲突（新旧知识冲突、问题与陷阱）激发兴趣、引领思考
	变式思维策略	以变式思维方式延伸、拓展知识，巩固已有的学习成果
中观层次	任务驱动策略/模式	基于任务开展教学，可借助协作学习方法
	问题解决策略/模式	关注解决问题的心理活动，需借助协作学习方法，与抛锚式策略相似
	协作学习策略/模式	组织学习小组，以小组成员间的协作实现知识的协同建构和分享
	研究式学习策略/模式（主题式学习）	给予研究问题，让学习者像研究人员一样开展学习，在探究中实现发现式学习
	思维发展型学习策略/模式	面向学生思维发展、引领学生思维的课堂
宏观层次	翻转式课堂模式	对新知识在课外自学为主的教学组织方式，也叫颠倒课堂
	项目教学模式	外显的、模仿公司和工作室工作方式的教学方式，强调"做中学"，以项目的运行驱动学习过程
	工作室教学模式	
	MOOC 教学模式	大规模、不限人数、无选修课要求的在线课程及线上学习
	SPOC 教学模式	小规模、有入学限制要求、严格管理与考核的在线学习

2．对各教学法层次关系的解读

（1）教学法之间的交叉性

按照层次划分思路，可以把信息化环境中的教学方法划分成 3 个层次。

微观层次中的教学策略都是具体策略，可直接作为一种教学方法应用于一个具体教学环节中。在这几个教学策略中，抛锚式策略和启发式教学策略在应用上具有兼容性，二者都主张通过抛出问题，激发学生的动机，引导其思考。而支架式教学策略和先行组织者策略也有兼容性，他们都提出了"根据学生的现有知识水平并为学生提供必要的学习脚手架，为学生的学习活动提供支持"的思想。

中观层次的任务驱动、问题解决策略都不再是单一的教学方法，可以是多种教学方法和多个具体教学策略的有机融合。例如，在任务驱动和问题解决策略组织教学活动时，就经常借用"支架式策略""抛锚式策略"和"启发式策略"设计具体的教学环节。而宏观层次的教学模式更是建立在微观教学策略和中观教学策略的基础之上，或者与某一中观教学策略密切配合，以实现特定的教学目标。例如，任务驱动教学策略就经常与协作学习模式结合使用，而翻转课堂教学模式更离不开协作学习模式、基于问题解决等策略的支撑。

（2）任务驱动、问题解决与项目教学法

位于中观层次的任务驱动和问题解决方法也有较大的相通之处，其核心思想都是通过教师提出任务（问题），利用任务（问题）引导学生思考，激发其学习兴趣，通过完成任务（解决问题）使学生掌握应该掌握的知识和技巧。在组织任务驱动（问题解决）模式的教学活动中，通常需要穿插使用微观层次的抛锚式、先行组织者教学策略。如果一定要说明这两个方法的区别，笔者认为：问题解决模式是一个从心理学中引申过来的概念，其工作过程更加关注学生的心理活动；而任务驱动则是从社会学和管理学中引申过来的概念，更加关注任务的分解和对任务的管理，而且具有较规范的流程控制和管理举措。二者在教学组织和外在形式上则有许多相同之处。

项目教学法、工作室教学法都是通过模仿公司或工作室的工作流程，采取"小组协作"和"师带徒"方式的教学模式。严格说来，工作室教学、项目教学都不是教学方法，而仅仅是一种教学活动的外在组织方式，其基本理论仍是基于任务驱动和协作学习的。在这两种方式的教学活动中，通常都需要借助协作学习的有关理论，在任务驱动、问题解决教学法的指导下，组织学习活动。在项目教学法和工作室教学法中，一定要注意"协作学习"不是"协同工作"，协作学习的目标是使每个学生都得到均衡发展，一定要避免"仅仅为了完成项目而忽视了个别学生的进步"这一现象。

（3）项目教学与任务驱动的关系

项目教学和任务驱动教学是信息技术课教学中常见的两种教学模式，二者有较大的相似性，都以完成某个操作、解决某个问题驱动教学过程。然而，从前面的分析可知，项目教学法位于宏观层次，是一个比任务驱动法更广义的概念。从一般意义上讲，项目教学中要完成的项目比较复杂，需要较多的步骤来实施，通常会制作出一个成形的产品。而任务驱动中的任务则可以较小，可以是一个小制作、一个问题，甚至是一个操作步骤或一个操作技巧。项目教学法通常以小组协作的方式组织教学活动，而任务驱动既可以用于小组协作学习，也可以用在课堂教学中，其核心是以任务来引领思考，激发动机。

比较"项目教学"中的"项目"与"任务"，二者还是具有较大不同的。两者的区别如表 2-2 所示。

表 2-2　项目教学与任务式教学的区别

	任务驱动教学	项目教学法
教学起点	完成任务	形成最终作品（或产品）
内容特点	就某个知识点设计联系实际、学生感兴趣任务	教师联系实际或借用某公司的实际项目，引起学生兴趣并帮助学生分析项目
综合性程度	综合性不强，面向知识点	综合性较强，面向章节
教学环境	课堂教学为主	课内课外相结合
举例	Flash 中如何使用遮罩效果，举出不同方法实现遮罩效果的例子进行练习	完成一个完整项目，综合利用 Flash 的多种技术（遮罩、引导线、ActionScript 等），设计出一份完整的、实用型的产品

（4）翻转课堂、MOOC 与 SPOC 模式

翻转式课堂、MOOC 和 SPOC 则是一种教学组织方式，可以称之为教学模式。在翻转课堂模式下，课堂讨论是教学的主要形式，此时课堂成为知识分享和碰撞的场所，课堂讨论则是提升和深化理解的关键步骤，而学生对新知识的学习主要是在课外完成的。翻转式课堂的开展需要 e-Learning 技术的全面支持，只有在学习支持系统功能完备、多种形态的学习资源完备、学生开展自主学习的条件完备的情况下，进行翻转式课堂的教学才是可行的。而 MOOC 则是面向社会公众的大规模在线课程，以参与人数多、受众广而著称。SPOC 则是针对 MOOC 的局限性（完课率底、针对性差、管理过于松散）而提出来的，它是面向特殊小众的、具有严格准入限制和严格管理的在线课程。从严格意义上讲，翻转课堂、MOOC 和 SPOC 都不是教学策略，而是教学模式[①]。

---

① 马秀麟. 信息技术课程教学法[M]. 北京：北京师范大学出版社，2013.

尽管翻转式课堂、MOOC 和 SPOC 都是教学模式，但它们没有定义在同一层次、同一语境中，因此三者并没有互斥关系。翻转课堂强调的是教学活动的组织方式，要求以微课和微视频作为支撑，学生对新知识的学习以自学为主，课堂则主要是提升和讨论的场所。而 MOOC 和 SPOC 模式则是从在线学习的参与者状况和限制性的视角来定义的。在具体的教学活动中，SPOC 就经常借助翻转课堂的理论来组织教学活动。

2.3.3 微观层次的几个教学策略

1. 邻近发展区理论与支架式教学[①]

维果斯基认为，在儿童智力活动中，所要解决的问题和原有能力之间可能存在差异，如果通过教学，儿童在教师帮助下可以消除这种差异，那么这个差异就是"最邻近发展区"。换句话说，最邻近发展区可定义为，儿童独立解决问题时的实际发展水平（第一个发展水平）和教师指导下解决问题时的潜在发展水平（第二个发展水平）之间的距离。可见儿童在两个发展水平之间的状态是由教学决定的，即教学可以创造最邻近发展区。因此，教学绝不应消极地适应儿童智力发展的已有水平，而应当走在发展的前面，不停顿地把儿童的智力从一个水平引导到另一个更高的新水平。

维果斯基的理论基础和出发点就是首先确定儿童发展的两种水平，在他看来，明确这种关系是教育学生并对学生的发展起主导和促进作用的前提条件。维果斯基把儿童的这两种发展水平之间的距离定义为最近发展区。这样划定就明确了学生最具发展潜力的所在，为教学指明了方向，从而也明确了教师和学生需要把握的重点。

建构主义者正是从维果斯基的思想出发，借用建筑行业中使用的"脚手架"（Scafolding）作为上述概念框架的形象化比喻，其实质是利用上述概念框架作为学习过程中的脚手架，为学生的学习活动提供支持。这种框架中的概念是为发展学生对问题的进一步理解所需要的，也就是说，该框架应按照学生智力的"最邻近发展区"来建立，因而可通过这种脚手架的支撑作用（或曰"支架作用"）不停顿地把学生的智力从一个水平提升到另一个新的更高水平，真正地做到使教学走到发展的前面。支架式教学由以下几个环节组成：

（1）搭脚手架——围绕当前的学习主题，按"最邻近发展区"的要求建立概念框架。

（2）进入情境——将学生引入一定的问题情境（概念框架中的某个节点）。

---

① 何克抗，郑永柏，谢幼如. 教学系统设计[M]. 北京：北京师范大学出版社，2003.

（3）独立探索——让学生独立探索。

探索内容包括确定与给定概念有关的各种属性，并将各种属性按其重要性大小顺序排列。探索开始时要先由教师启发引导（例如演示、介绍或理解类似概念的过程），然后让学生自己去分析；探索过程中教师要适时提示，帮助学生沿概念框架逐步攀升。引导起初，帮助应该多一些，以后逐渐减少——愈来愈多地放手让学生自己探索；最后要争取做到无须教师引导，学生自己就能在概念框架中继续攀升。

2．"先行组织者"教学策略[①]

奥苏贝尔不仅正确地指出通过"发现学习"和"接受学习"均可实现有意义学习，而且还对如何在这两种教学方式下具体实现有意义学习的教学策略进行了研究，特别是对"传递—接受"教学方式下的教学策略做了更为深入的探索，并取得了出色成果——"先行组织者"（Advance Organizer）教学策略。

先行组织者是先于学习任务本身呈现的一种引导性材料，它要比原学习任务本身有更高的抽象、概括和包容水平，并且能帮助认知结构中原有的观念与新学习任务建立关联。

根据奥苏贝尔的解释，学生面对新的学习任务时，如果原有认知结构中缺少同化新知识的适当的上位观念，或原有观念不够清晰或巩固，则有必要设计一个先于学习材料的引导性材料，它可能是一个概念、一条定律或者一段说明文字，可以用通俗易懂的语言或直观形象的具体模型来呈现，但是在概括和包容的水平上要高于即将学习的材料，以便构建一个使新旧知识发生联系的桥梁。这种引导性材料被称为先行组织者。

先行组织者在学生学习较陌生的新知识、缺乏必要的背景知识准备时，对学生的学习能够起到明显的促进作用，有助于学生理解不熟悉的教材内容。使用先行组织者，有助于促进学习的迁移，对于需要解决问题的迁移测验项目有明显的促进作用。如果学习材料只要求机械记忆，则效果不明显。

先行组织者可以是大量的间断信息，包括口头的、书面的或图解的材料，在接触新材料前被呈现出来，以方便学习和理解。这种呈现不同于概述和总结，因为同其他的信息相比，它表现在一个更为抽象的层面上——把"大图"设置在具体内容之前。由于该技巧需要明确的进入点，所以一般用在线性呈现（比如传统的课堂教育）的教学活动中，在非线性探究式学习情景里（比如自由游戏模式）并不同样奏效。

先行组织者策略是在分析与操纵3种认知结构变量（即原有认知结构的可利用性、可分辨性和稳固性等3个变量）的基础上而实施的一种教学策略，由于它有认知学习理论作基础又有很强的可操作性，其影响日益扩大。目前，它已成为实现"有

意义接受学习"的最有代表性、最具影响力、也是最见实际效果的教学策略之一。先行组织者策略对教师组织教学活动具有重要指导意义。

3．抛锚式教学策略[①]

抛锚式教学要求学生到实际的环境中去感受和体验问题，而不是听这种教学内容的间接介绍和讲解。在实际情境中一旦确立了这个问题（简称为"锚"），整个教学内容和教学进程就被确定了（就像轮船被锚固定一样）。抛锚式教学与情境式学习、情境认知以及认知的弹性理论有着极其密切的关系，只是该理论主要强调以技术学为基础的学习。这种教学有时也被称"实例式教学"或"基于问题的教学"。约翰·布朗斯福特是这一理论的代表人物，对抛锚式教学的理论和研究做出了重要贡献。

抛锚式教学的主要目的是使学生在一个完整、真实的问题背景中，围绕着"锚"产生学习的需要，并通过镶嵌式教学以及学习共同体中成员间的互动、交流（即合作学习），凭借自己的主动学习、生成学习，亲身体验从识别目标到提出和达到目标的全过程。总之，抛锚式教学是使学生适应日常生活，学会独立识别问题、提出问题、解决真实问题的一个十分重要的途径。

因此，抛锚式教学不同于传统课堂上的讲座，它试图创设有趣、真实的背景，以激励学生对知识积极地进行建构。在教学中，使用的"锚"应是有情节的故事（问题），而且这些故事应设计得有助于教师和学生进行探索。抛锚式教学的最终目的是利用真实的宏观背景引导学生解决情境中的"锚"——利用真实背景的优势，实现对"锚"性知识的建构与重构。计算机和CAI技术能够促进学生重访这一宏观背景的特定部分，并从多种角度对问题加以提示。这类学习正是儿童和进入学徒期的年轻人能够胜任的。

抛锚式教学有以下两条重要的设计原则：学习与教学活动应围绕某一"锚"来设计，课程的设计应允许学生对教学内容进行探索。

抛锚式教学并不把现成的知识教给学生，而是在学生学习知识的过程中向他们提供援助和搭建脚手架。抛锚式课程对教师提出的最大挑战之一就是角色的转换，即教师应从信息提供者转变为"教练"和学生的"学习伙伴"。在教学活动中，教师自己也应该是一个学生。

4．随机进入策略——学习支持环节[②]

由于事物的复杂性和问题的多面性，要做到对事物内在性质和事物之间相互联系的全面了解和掌握、真正达到对所学知识的全面而深刻的意义建构是很困难的。

---

① 何克抗，郑永柏，谢幼如．教学系统设计[M]．北京：北京师范大学出版社，2003．
② 何克抗，李文光．教育技术学[M]．北京：北京师范大学出版社，2006．

另外，不同的学生往往具有不同的学习风格和不同的知识基础，对某一问题的理解深度和理解角度也很不相同。因此，在具体的教学活动中，应该提供一种机制，允许学生随意通过不同途径、不同方式进入同样教学内容的学习，从而获得对同一事物或同一问题的多方面的认识与理解，这就是所谓的"随机进入教学"。显然，学生通过多次"进入"同一教学内容将能达到对该知识内容比较全面而深入的掌握。这种多次进入，绝不是像传统教学中那样，只是为巩固一般的知识、技能而实施的简单重复。这里的每次进入都有不同的学习目的，都有不同的问题侧重点。因此多次进入的结果，绝不仅仅是对同一知识内容的简单重复和巩固，而是使学生获得对事物全貌的理解与认识上的飞跃。由于需要促进学生从不同的角度考虑问题，在教学中就要注意对同一教学内容，要在不同的时间、不同的情境下，为不同的教学目的用不同的方式加以呈现。

随机进入教学主要包括以下几个环节：

（1）呈现基本情境——向学生呈现与当前学习主题的基本内容相关的情境。

（2）随机进入学习——根据学生"随机进入"学习所选择的内容，呈现出与当前学习主题的不同侧面特性相关联的情境。在此过程中，教师应注意培养学生的自主学习能力，使学生逐步学会自己学习。

（3）思维发展训练——由于随机进入学习的内容通常比较复杂，所研究的问题往往涉及许多方面，因此在这类学习中，教师还应特别注意发展学生的思维能力。其方法是：① 教师与学生之间的交互应在"元认知级"进行。教师向学生提出的问题，应有利于促进学生认知能力的发展而非纯知识性提问；② 要注意建立学生的思维模型，即应充分了解学生思维的特点，帮助学生建立新的思维模型；③ 注意培养学生的发散性思维。

（4）小组协作学习——通过开展小组协作学习，鼓励小组成员围绕呈现不同侧面的情境所获得的认识展开讨论。在讨论中，每个学生的观点在与其他学生以及教师一起建立的社会协商环境中受到考查、评论，同时每个学生也对别人的观点、看法进行思考并做出反应。

（5）及时进行学习效果评价——包括自我评价与小组评价[①]。

随着 e-Learning 的深入，各类教学服务平台被广泛地应用到教学活动中，丰富的学习资源能够以不同的形态为学生提供支持。因此，在教学服务平台支撑下的教学活动中，随机进入学习又被赋予了新的含义：学生可以依据自己的学习能力、认知风格，在教学平台导航体系的指引下，随机选取有效的知识点，从不同的视角、以不同的方式开展学习。

① 何克抗. 信息技术与课程深层次整合的理论与方法[J]. 电化教育研究，2005（1）.

2.3.4 信息化环境下的常见教学模式及关键操作

1．讲授演示式教学模式

源于赫尔巴特学派的"五段教学法"的"五环节教学模式"，经过多年的教学实践，不断演进、优化而来，适用于各个学科的教学。在讲授演示式教学模式中，关键操作步骤主要有以下5点。

（1）温旧导新

（2）呈现新知

（3）巩固练习

（4）评价总结

（5）巩固提升

2．自主探究式教学模式

探究式教学模式是指在教师适当指导与协调下，学生自主参与探索活动和控制学习过程，以达到获取知识、提高能力和情感体验三者统一的一种教学方式。在自主探究式的教学模式中，关键操作步骤主要有以下6点。

（1）提出问题（激发动机）

（2）创设情景

（3）启发思考

（4）学习支持（以信息化技术提供全方位的学习支持，包括微课、微视频、面向知识点的习题等）

（5）自主探究（含学生的自主探究过程和教师的管理与监控）

（6）反思提高

3．小组协作式教学模式

学习者以小组形式参与，为达到共同的学习目标，在一定的激励机制下为获得最大化个人和小组学习成果而合作互助的一种教学模式。

（1）异质分组

（2）设计并布置协作任务

（3）任务分配&角色感知

（4）明确考评规范（控制"搭便车"行为）

（5）分工协作学习

（6）组内交流分享（学习论坛中的互动）

（7）组间交流分享（展示与汇报）

（8）小组总结评价（高质量的点评——提升&总结协作效果）

在以线上学习为主的现代教学环境中，小组协作式学习还需要学习支持系统

（教学服务平台）的建设，要在学习资源准备、学习行为管理与控制、导学案与自诊断测试题等诸多方面提供完备的支持。即 LSS 建设，包括学习资源建设、交互平台建设、学习行为管理和控制系统的建设。

4．问题解决式教学模式（Problem-Based Learning，PBL）

把教学/学习置于复杂的、有意义的问题情境中，通过让学生以小组合作的形式共同解决复杂的、实际的或真实的问题，来学习隐含于问题背后的科学知识、发展解决问题能力的一种教学/学习模式。

（1）确定问题，明确目标

（2）创设情境，激发动机

（3）分析问题，形成假设

（4）学习支持，解决问题

（5）评价总结，交流分享

5．任务驱动型教学模式

任务型教学模式是一种以任务为中心的教学法，是师生通过用对话、交流和意义创生等方式，让学生完成一系列根据其发展需求而设计的教学任务，使学生通过做事情去达到学习目标。这一教学模式能够支持信息技术课程、通用技术课程、科学探究课以及理科实验课。

（1）任务导入，设计活动

（2）任务呈现，整体感知

（3）小组活动，实施任务

（4）关注要点，分析操练

（5）小组汇报，交流评价

（6）检查小结，评价反思

6．情景体验式教学模式

通过创设与现实生活类似的情境，让学生在思想高度集中，但精神完全放松的情境下进行学习。主要用于实现情感领域教学目标，在认知教学的某些领域也有广泛应用，如英语教学。

（1）创设情境，激发情绪

（2）自主活动，深入体验

（3）启发总结，领悟转化

7．思维发展型教学模式

思维发展型教学模式强调教学活动对学生思维发展的影响，注重培养学生的思维能力，符合一种"授之以渔"的教学思想。在这种教学模式中，人们通常借助思维导图或概念图组织学习内容，要求教师以引导学生思维、创建思维冲突为主要教学手段，并鼓励学生和教师在教学活动中形成良好的思维品质。

（1）思维目标要记牢——教学目标设定

（2）认知冲突不可少——问题情境创设

（3）思维图示理思考——隐性思维显性化

（4）适时工具来引导——显性思维工具化

（5）变式运用火候到——高效思维自动化

在思维发展型课堂中，思维导图、概念图和思维工具八大图示法是常用的工具，其逻辑关系如图 2-4 所示。

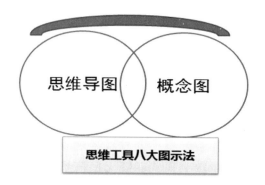

图 2-4   思维发展型课堂中的思维工具

8．主题研究式教学模式

主题研究式教学模式是指学生在教师指导下，从自然现象、社会现象和自我生活中选择和确定研究专题，并在研究过程中主动地获取知识、应用知识、解决问题的学习活动。

（1）确定主题，明确目标

（2）设置情境，激发动机

（3）探讨解决方案，提供学习支持

（4）组织学习活动，开展深度研究

（5）完成主题，形成成果

（6）总结评价，成果交流

（7）形成作品，展示作品

9．项目学习教学模式（Project-Based Learning，PBL）

项目教学法是师生通过共同实施一个完整的"项目"工作而进行的教学行动。它应该满足下面的条件：项目应用要有清晰的任务说明，最终作品应具有一定的教育价值。在项目工作过程中，要让学生能学习到新的教学内容，并能利用项目将理论知识和实践技能相结合。

项目制作过程最好能与社会实际项目的工作过程有一定的直接关系或相似关

系。这样可以紧贴社会，锻炼学生独立制作工作计划的能力。学生在教师指导下可以自行组织、安排学习任务，并且要提高学生在项目制作过程中发现问题、分析问题和解决问题的能力。

在项目学习中，应先向学习者安排一个大型的实用项目，要求学习者以合作小组的形式完成项目。在项目学习中，为保证项目质量应注意严谨的项目设计流程，规范项目参与者的行为，尽量减少项目学习中的"搭便车"行为，在保证项目质量的情况下以促使每个学习者都能得到成长和发展。

项目教学的流程主要包括以下几个步骤。

（1）确定项目任务

（2）制作项目运行计划

（3）素材收集

（4）资料分析

（5）成果准备

（6）项目展示或结果应用

10．面向科学探究的项目学习模式

在项目学习中，应先向学习者安排一个大型的实用项目，要求学习者以合作小组的形式完成项目。与普通的项目学习相比，科学探究性项目学习更注重项目运行过程中学习者的探究性，要求项目参与者像学者（或研究人员）开展研究活动一样执行项目，并在项目的运行过程中得到学习。

（1）抛出假设（论点）

（2）精细的研究方案设计（含流程设计、实践活动设计、数据采集规范）

（3）开展探究（可基于仿真模型的探究，也可是面对真正项目的探究）

（4）采集论据（要注意保证数据的信度和效度）

（5）论证研究结论（以数据分析论证研究结论）

（6）延伸推理

（7）发布成果

11．面向 STEM 的跨学科教学模式

美国马里兰州教育部提出的面向 STEM 的教学模式，可称为跨学科教学的典范性设计。在这一教学模式中，设计者提出了 5E 的思路。

（1）引入（Engagement）——识别问题及制约因素

（2）探究（Exploration）——研究/设想/分析观点

（3）解释（Explanation）——建造、实现和沟通

（4）延伸（Extension）——拓展观点/创造与重构

（5）评估（Evaluation）——测试、优化和评估。

这一模式的内部结构及内部要素之间的逻辑关系如图 2-5 所示。

图 2-5　面向 STEM 的跨学科 5E 教学模式

12．基于情境理念的跨学科培养教学模式

基于情境理念的跨学科培养教学模式是指在信息化环境下强调创设情境并支持项目学习的一种教学模式，在这一教学模式中，项目中包含的知识点可能是跨学科的，需要多个学科的知识基础的支撑，同时其学习效果又能回馈到相应的学科中，促使学习者在多个学科中都能得到发展。

（1）明确课程本质、核心主题

（2）搭建学科课程群

（3）教学内容重组与选择

（4）教学进程的艺术与情感设计

（5）多样化教学活动及类型的重构

这一模式中，应该注意满足以下 3 个方面的要求，其关系如图 2-6 所示。

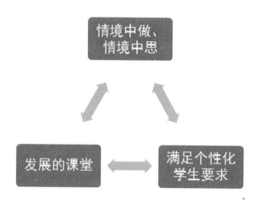

图 2-6　基于情境理念的跨学科培养教学模式的基本要求

13．基于数字教材的合作型英语教学模式

基于数字教材的合作学习要求学生首先进行自主学习、独立探究，充分了解数字教材内容；然后以角色扮演模式组织教学活动，实现技能操练；本模式借助角色

与情景激发学生学习动机，给予学生身临其境的感觉，从而提升教学质量。

（1）创设情境，导入新课

（2）课堂测试，诊断学情

（3）讲授新知，针对训练

（4）角色扮演，技能操练

（5）合作探究，展示交流

（6）评价反思，布置作业

2.4　线上协作学习的理论与策略

基于计算机教学课件和线上交互平台所开展的线上协作学习（Computer Supported Collaborative Learning，CSCL[①]）是翻转课堂教学模式的常用组织方式。在翻转课堂教学实践中，线上协作学习活动的成败直接关系着翻转课堂的学习成效。在现代化的教学环境中，协作学习是建立在信息技术基础上的小组协作学习过程。因此，这个过程也被称为基于计算机技术的协作学习。

2.4.1　基于计算机技术的协作学习的概念

1. 协作学习的定义

CSCL，顾名思义，是指利用计算机技术（尤其是多媒体）和网络技术来辅助和支持的协作学习。CSCL 可以看作是协作学习与计算机支持的协同工作（Computer Supported Collaborative Working，CSCW）的交叉研究领域。事实上其相关技术产品也来自两个方面：一是将 CSCW 的相关技术与方案应用于协作学习，另一种是在基于网络的教学、学习支撑平台中增加协作学习的内容。

从 CSCL 的定义来看，CSCL 的含义可以分为两层：第一层含义指协作学习，即以分组的形式组织学生，使学生在加入某一小组后通过参与小组的活动实现相互学习、相互促进和共同进步的目标；第二层含义指信息技术的支持，即把信息技术作为一种促进学习的工具，学生可以通过这种工具开展学习。

2. CSCL 的应用

有关的学习理论已经证明，学生在应用知识和技能并把知识和技能讲授给别人的过程中受益最大，其学习效果最强。学习优秀者在给别人讲解知识和技能的过程中也客观上帮助了同学，使同学的水平也得到了提高。实质上这是一种双赢的策略，

---

① 黄荣怀. 计算机支持的协作学习（理论与方法）[M]. 北京: 人民教育出版社，2003.

也是协作学习的理论基础所在[1]。

调研发现，CSCL 的理念已经在很多学校被推广，很多教师已经把这种理念融合到自己的教学实践中，有的学校甚至把是否开展分组协作学习作为评价教师教学水平的指标之一。目前，CSCL 理论在教学活动中比较典型的应用有：信息技术教师利用项目教学法、工作室教学法开展教学，通过组织学习小组，以协作学习的方式产生作品；中学教师以仿真实验室、Blog 等为工具，开展分组实验教学；大学英语教师组织英语教学资源、构建教育资源平台，开展基于网络的英语角活动；部分教师以特定专题组织小组讨论，开展协作学习等[2]。

2.4.2　开展 CSCL 教学活动的必要准备

1. 科学、合理地构建分组，保证协作小组的凝聚力

（1）分组的原则

通过文献和相关案例，结合笔者对 CSCL 的理解和思考，笔者认为教师在分组时要遵循以下几项原则，以便提高协作小组的学习效率和协作力度。

① 本着学生自主自愿的原则，给予学生一定的选择权，但不是放任自流。在分组前可通过调查问卷让学生写下期望的合作者和最不希望的合作者，这样教师在分组时可以避免把学生最不希望合作的对象分在一组，避免学生之间的对立情绪。② 尽量采用异质分组。③ 避免把学生之间有上下级关系的学生分在同一组，比如：班长和副班长就不要分在同组。④ 采用混合分组的原则。每组中男女比例、能力强的学生与能力弱的学生之间的比例要尽量相同。组员之间的学习背景、学习方法、个性心理特征则要尽量保持不同。⑤ 对初步分组方案，教师不要急于公布，可先在小范围内征求意见。如果教师的分组方案与调查问卷的反馈信息有很大出入，教师就应提前与相关学生沟通，以缓解其不满反映[3]。

（2）组织学习小组时应该注意的问题

实践证明，在组织协作组的过程中，教师一定要慎重，不要让同学们之间隐藏的问题和矛盾表面化。比较常规的策略和方法是组织调查问卷，从以下几个方面对学生进行考查：① 学生的初始能力（成绩水平）。② 学生的学习风格（主要是认知风格）。③ 学生的性格和动手能力。④ 学生的智力水平。⑤ 学生期望的合作者。⑥ 学生希望回避的合作者。⑦ 学生希望在本活动中承担的角色。

在充分调查的前提下，根据调查问卷的反馈结果和教师对学生的了解进行分组

---

① 黄荣怀. 计算机支持的协作学习（理论与方法）[M]. 北京：人民教育出版社，2003.

② 马秀麟. 探究信息化时代教师角色[J]. 中国教育信息化，2006（03）.

③ 马秀麟，等. 对 CSCL 在教学实践中存在问题的思考[J]. 北京：中国教育信息化，2008（07）.

（注意，调查问卷的结果应对学生保密）。在组织小组过程中，尽量把初始能力差异较大、性格和智力水平不同的同学安排在一个小组内，保证分离需要回避的同学。

2．在开展协作学习前，应该对学生进行必要的指导或培训

由于对大多数学生来讲，他们对协作学习的过程和方法并不熟悉，有必要在开展协作学习前对学生进行必要的指导和培训，其目标是使学生（特别是协作小组长）明确小组的职责和小组管理方法，能够高效地协调小组内部的冲突。

不明确的教学目标或操作规范可能会使小组活动无所适从，严重挫伤各位小组成员的积极性，甚至导致协作学习过程的失败[①]。

2.4.3　对学习活动进行必要的监控与管理

研究发现，在组织协作学习过程中，很多教师缺乏对小组活动进行有效的监控和采取激励措施，部分老师对小组成员的监控和评价手段仅仅是"通过观察"。笔者认为：要避免小组成员的"搭便车"现象，应该加强教师对小组协作学习活动的监控。而具体的监控策略可以从以下几个方面考虑[②]。

1．对小组内部分工和活动策略加强监控和指导

教师必须了解各个小组内部是如何分工的，小组内部的分工是否能够避免部分同学的"搭便车"现象。小组内部活动采用了成绩分工法还是切块拼接法？这种方法对本活动的开展是否合理。

2．教师必须密切地观察小组活动，并及时给予指导

由于 CL 的目标是实现知识分享与协同学习。因此，在小组活动中，是否实现了知识分享，学习能力强的学生是否积极、主动地把自己的知识技能传授给水平较差的学生？水平较差的学生是否积极地参与了活动，并在这个过程中得到了提高？这些问题都是教师必须密切关注的问题[③]。

在这个过程中，教师必须注意观察各个小组的具体活动，并对小组活动中出现的问题给予及时的协调和指导。

3．给予小组成员必要的压力和激励

为减少"搭便车"现象的发生，教师必须在开展 CSCL 活动前明示可能采取的监控策略：例如课后抽查、随堂小考试、小组内监督、检查合作交流流程和数量等，给学习主动性不强的同学压力，促使他们有意识地去主动学习，促进知识分享的发生。

---

① 黄荣怀. 计算机支持的协作学习（理论与方法）[M]. 北京: 人民教育出版社, 2003.
② 马秀麟等. 对 CSCL 在教学实践中存在问题的思考[J]. 北京: 中国教育信息化, 2008（07）.
③ 马秀麟等. 对 CSCL 在教学实践中存在问题的思考[J]. 北京: 中国教育信息化, 2008（07）.

关于这一点，国内有些学者的做法值得仿效：① 教师随机提问。在巡视过程中或者活动结束后，教师可能会随机地询问某些同学一些问题，给同学们一定的压力，使同学们的知识不局限于自己擅长的部分，使之能够主动承担不擅长的任务。② 按序回答其他同学的质疑。在活动总结阶段，要求每个小组的成员排定顺序，然后按序回答其他小组对其作品的质疑，并把回答情况作为小组总成绩的一项指标。③ 随机从每个小组中抽出一个学生，让他们成对地与对方交流，给予对方评价①。

CSCL 实践的事实表明：由于小组之间存在竞争，各小组都希望对方小组的同学回答不出问题。这种方法可以给每位小组成员造成压力，促使小组内开展互帮互教活动，促使小组内各成员的全面发展。

4. 建构或选择有效的协作学习支持平台，督促学生利用平台开展 CL

正如许多一线教师所指出的，尽管目前可以使用的协作学习支持平台很多，各种探索学习支持平台的研究论文也很多。然而，当教师们匿名登录某些公开的博客群、论坛、聊天室时，却发现真正开展协作学习的主题很少，其教学实践的热度和学术研究的热度具有明显差距。调研发现，在很多以协作学习名义开办的公开论坛或博客中，并没有多少个真正开展协作学习的主题。

与此相反的情况是：在某些非匿名登录的小型论坛中，就某一学习主题展开讨论并积极开展协同知识建构的情况却要好得多。经过对这种情况的认真分析，笔者认为：

（1）基于 Web 2.0 理念的一些论坛、博客确实是一种非常有利的协同知识建构工具，有利于协作学习的开展②。

有关研究表明，对于一个学习问题，通过论坛或博客发布研究专题后，能够引导协作组成员参与专题讨论，进而促进学生之间的交流。更重要的是，各学生在发布问题和回帖的过程中一定会梳理自己的知识，使自己的知识体系得到重构和进一步的系统化。从另一个角度讲，由于各位学生的积极参与，也能够在论坛中形成不同风格的帖子，有利于不同学习风格的同学分享这些知识，使协作学习的范围从小组扩展到全班、甚至全校，进而提升了学习效率，提高了学生的积极性。

（2）以协作学习为目的而开设的论坛、博客需要强有力的主导者和激励措施。

调研发现，缺乏主导者和激励措施的协作学习平台往往处于一种观望者多而发帖回帖者少的境况，很难形成有规模的讨论和反思，不利于知识共享的发生，更不利于学习共同体的协同知识建构。

（3）允许学生把协作学习支持平台作为抒发情感、实现人际交往的工具。

锻炼学生的社会交往能力，使学生的社会性在协作过程中得到锻炼，也是协作

---

① 黄荣怀. 计算机支持的协作学习（理论与方法）[M]. 北京：人民教育出版社，2003.
② 马秀麟等. 对 CSCL 在教学实践中存在问题的思考[J]. 中国教育信息化，2008（07）.

学习的重要成果之一。因此，在使用协作学习平台的过程中，教师应该允许学生在完成个人作业的前提下抒发个人情感、交流思想感情，锻炼其社会性[①]。

5．组织汇报讨论会，实现知识分享

在教师监控下开展的课后协作学习，以 CL 方式实现学习小组内部的协同知识建构。为了使这一过程的成果能够在更大范围内产生影响，教师应安排一定的时间开展综合汇报和讨论。通过汇报讨论，一方面可以使学生发现作品制作中存在的问题，纠正其失误；另一方面还可以使各个学习小组之间相互分享成果，交流技术心得；另外，通过对小组汇报的控制，可以为小组的协作施加压力，促进小组内部的知识分享，避免"搭便车"现象的发生。

在综合汇报阶段，为了保证每一位学生都能得到锻炼，真正地实现知识分享，需要教师采取一定的措施，对汇报过程进行控制。① 要求每个小组选取一名学生作为汇报者，汇报者不能回答其他小组的质疑。② 对于其他小组的质疑，应该按照一定的规则选择回答者，只有在选定的回答者不能回答质疑时，其他成员才能回答。③ 通过给予积分等措施，鼓励其他小组积极思考，积极质疑，促使全体学生对问题的理解更加深入。④ 采取教师评价与各个小组评价相结合的方式对每个小组的作品和汇报情况进行评价，以保证评价的客观性、全面性和科学性。⑤ 教师应该对每个小组的作品和汇报做出点评，指出各个小组的作品中存在的问题，从而保证各小组学习活动的专业性、科学性、先进性[②]。

2.4.4　组织有效的评价策略，促进组员主动学习

在协作学习过程中，为了促使学生之间相互协作和相互指导，促使小组内部的学生之间能够互帮互学，真正成为一个和谐合作的团体。教师应该在评价方面进行充分的设计。

1．建立完整的评价体系，并对重点环节进行监控[③]

（1）强化对小组成员成长幅度的监控

协作学习的目标是学习而不是生产产品。所以学习水平的增长、技能的增加应该是协作学习效果的重要指标。为此，在协作学习的评价策略中，必须要强化对知识水平变化和技能增长幅度方面的考查。

这里可以参考 1978 年美国约翰逊·霍普金斯大学斯莱文教授创设的学生小组成绩分工法。在这一方法中，莱文采用个人提高分与小组总评分挂钩的量表，使每个成员的成绩评价采取进步制式。也就是说进步大、测验分数提高程度大的学生，所

---

① 马秀麟等. 对 CSCL 在教学实践中存在问题的思考[J]. 中国教育信息化，2008（07）.
② 马秀麟等. 对 CSCL 在教学实践中存在问题的思考[J]. 中国教育信息化，2008（07）.
③ 马秀麟等. 对 CSCL 在教学实践中存在问题的思考[J]. 中国教育信息化，2008（07）.

得的评价才高，整个小组的成功与否取决于各个成员总的提高程度[①]。

（2）加强对小组协作情况、互助情况的考查

为此，在开展协作学习过程中，小组成员之间取长补短、知识分享与交流是协作学习的重要内容。教师在实施教学评价时，必须充分地注意到小组内各学生的相互交流和分享情况，并在评价指标上给予较大的评价系数。为此，教师在设计评价量表时应对这些方面给予高度关注。

（3）把小组成员的协作成长作为重要的评价指标

为了在协作学习中克服个人"突出专长而更加弱化其弱项"这一现象，教师可以运用压力与激励并用的方法。在协作小组开始学习前，教师应明确要求学生通过协作学习从其他学生那里学得几项不擅长的本领。如果最终没有达到指标，则会受到一定的惩罚；如果完成得好，则讲授者与学生都能得到一定的奖励或加分。

2. 设计有效的评价表格，使每一个学生都明白教师对小组成员的监督措施

在开展协作学习前，教师应事先设置好一些必要的表格，用于对各个小组的协作学习情况和组内成员的表现进行监控。

（1）小组自评表与组内互评表

在协作学习过程中，每个小组成员都必须填写如表 2-3 所示的小组自评表和组内互评表。通过表 2-3，促使每个小组成员针对自己和组内同学的表现进行评价。

为了避免某些同学对自己的评价过高，协作组的小组长有权对小组成员的自评数据适度调整[②]。

表 2-3　小组自评表和组内互评表

考核项目	评分标准	小组自评						
		成员 1	成员 2	成员 3	…	…	…	…
学习表现	10 分							
所承担工作的重要性	10 分							
工作 1 及完成情况								
工作 2 及完成情况								
工作 3 及完成情况								
……								
工作效率	10 分							
小计								
结果								

[①] 马秀麟等. 对 CSCL 在教学实践中存在问题的思考[J]. 中国教育信息化, 2008（07）.
[②] 黄荣怀. 计算机支持的协作学习（理论与方法）[M]. 北京：人民教育出版社，2003.

（2）组间互评表①

在小组作品交流（或综合汇报）之后，各小组应针对其他小组的作品（包括汇报、答辩情况）进行评价，并把评价结果填写到"组间互评表"之中，如表 2-4 所示。

表 2-4　面向 CL 的组间互评表

组号	1	2	3	4	5	…	…	平均分
1								
2								
3								
4								
5								
…								
…								

（3）教师评价表

在各协作小组提交作品后，在综合汇报过程中，教师应该针对每个小组的作品和答辩、汇报情况进行评价，如表 2-5 所示。

表 2-5　教师评价表

考核项目	评分标准	教师评价						
		组号 1	组号 2	组号 3	…	…	…	…
学习表现	10 分							
所承担工作的重要性	10 分							
工作 1 及完成情况								
工作 2 及完成情况								
工作 3 及完成情况								
……								
工作效率	10 分							
小计								
结果								

除了对各个协作小组进行综合评价之外，教师还可以根据自己掌握的情况，直接对小组内的每个成员实施评价，及时地发现各个成员在协作学习中存在的问题，并给予纠正。

① 黄荣怀. 计算机支持的协作学习（理论与方法）[M]. 北京：人民教育出版社，2003.

2.4.5　组织协作学习时应该注意的问题

1.“协作学习”不等于“协同工作”

目前，很多研究都认为协作学习（CL）与协同工作（CW）有很大的相似性，导致部分教师把 CL 和 CW 混为一谈，造成教学理念上的混乱[①]。

CW，指协同工作，主要指项目运作过程中的协作，其核心目的是促使项目能够得到最快的发展和最优的质量保证。在这个过程中，是以项目的成功为最终目标的。而 CL，是指协作学习，主要指学习活动中学生之间的协作，其核心目的是实现小组内的知识分享与协同知识建构，促使各位学生在协作过程中都能够得到全面发展。因此，其最终目标不是生产出产品，而是使各位学生都能得到全面提高。

正是由于 CL 和 CW 在根本目标上的不同，导致二者在策略的选择、团队组建和评价指标方面都具有很大的不同。例如，在 CW 中，人们可以把能力较差的成员排除到团队外；而在 CL 中，水平较差的同学是大家帮助的重点。在 CW 中应该充分地发挥每个成员的专长，而在 CL 中则可能会为了培养某个同学的特定能力，而要求他去做其并不擅长的任务。

在一个优质的协作学习团队中，在团队组织、评价标准制定过程中必须充分地考虑以优等生带动差生并相互协作这一核心目标。如果在协作学习中主要以作品作为小组的总评基准分，忽视了协作学习的核心目的，就很可能导致各协作小组为了作品创优而不择手段。

2. 如何在协作学习中解决小组成员的全面发展问题

在协作学习过程中，最容易出现也最难避免的现象就是个人突出了自己的专长而进一步退化自己的弱项。从事信息技术课程教学的多位老师都发现了这一问题。有的老师指出：在开展"动画制作"这一分组活动中，各个组都提交了非常漂亮的作品。然而事后的考查发现：很多同学并没有掌握自己在本课程中应该掌握的全部内容，因为每位同学都以圆满地完成作品为目的，都充分地发挥了自己原有的特长，直接导致了"强项更强，弱项更弱"的后果。

这是协作学习的目的吗？答案是否定的。笔者认为，尽管学生的作品相当漂亮，但这个学习过程是失败的。作为协作学习，必须使学生得到全面发展[②]。

3. 如何科学而合理地分组

科学地组建协作小组是成功实现协作学习的根本前提。分组的核心问题是如何把学生划分到不同的学习组中，这就涉及按照什么标准对学生进行分组的问题。学生是协作学习的主体，如果分组不恰当造成学生对分组情况不满意，就会严重地打

---

① 马秀麟等. 对 CSCL 在教学实践中存在问题的思考[J]. 中国教育信息化，2008（07）.
② 马秀麟等. 对 CSCL 在教学实践中存在问题的思考[J]. 中国教育信息化，2008（07）.

击学生的协同性，容易引起学生的消极和厌烦情绪，从而影响学生的积极性、主动性和创造性。

研究发现，由学生自由组合的分组可能导致部分学生找不到可加入的活动组，这些学生由于不能及时地加入学习小组中而遭受心理创伤，致使被老师强制分配到某个小组后也情绪低落，很难积极地参加活动。与此同时，小组中的其他成员也在某种程度上表现出了对这些新成员的歧视（敌视），造成了同学间的不和谐。

部分研究者指出，单纯依据成绩强制组合的分组策略，会导致小组内聚力比较差，其协作学习的效果并不理想。

4．如何提高学生在协作学习过程中的积极性，避免"搭便车"现象

在以小组为单位开展的协作学习中，最容易出现的问题是"搭便车"现象。常见的情况是：部分同学认为"既然小组总成绩人人有份，那么我只需等待'天上掉馅饼'。"因此，每次小组学习中，总有部分成员处于观望者状态，消极地参与小组活动。如何才能避免这种现象发生呢[①]？

5．采取何种评价机制是最有效的

在协作学习过程中，为了促使学生之间相互协作和相互指导，促使小组内部的学生之间能够互帮互学，真正成为一个和谐合作的团体。教师应该在评价方面进行充分的设计。

在探索协作学习控制方案的研讨会上，有的老师明确提出："我们也明白常见的评价方式有诊断性评价、形成性评价和总结性评价[②]，在 CSCL 中应该通过点评小组成果、小组自评和个人自评 3 种方式开展评价。但在实际的教学活动中，很多评价只能停留在'观察'的水平上，往往缺乏客观性。对于协作学习中的'搭便车'现象，往往很难真正地、客观地评价并纠正他们。因为协作学习过程中的观望者，并不一定就是'搭便车'者，更不能只依据在协作学习平台中的发帖数量来武断地评价学生的学习水平。"

2.5　项目学习法的理论与策略

在翻转课堂教学中，人们经常把学习内容设计为教学案例或者可供学习者操作的项目，然后借助项目学习法组织教学活动，要求学习者以小组合作的形式完成项目，并在小组协作的过程中达成教学目标。在此过程中，为保证项目质量，教师应注意设计出严谨的项目运作流程，规范项目参与者的行为。

---

① 黄荣怀. 计算机支持的协作学习理论与方法[M]. 北京: 人民教育出版社, 2003.
② 何克抗，李文光. 教育技术学[M]. 北京: 北京师范大学出版社, 2006.

2.5.1　项目教学概念

1．项目教学的含义

"项目教学"一词在教育领域内的正式应用最初出现在美国，美国教育家克伯屈于 1918 年在哥伦比亚大学《师范学院学报》第 19 期上发表了《项目教学法在教育过程中有目的的活的应用》一文首次提出了项目教学的概念。

项目（任务）教学是建立在建构主义教学理论和杜威的"从做中学"理论基础上的一种教学方法，是建构主义理论和杜威的"从做中学"在教育教学中的一种具体应用。这种教学方法主张教师将教学内容隐含在一个或几个有代表性的项目工作中，以完成项目作为教学活动的中心；学生在完成项目的动机驱动下，通过对项目进行分析、讨论，在老师的指导、帮助下，通过对学习资源的主动应用，在自主探索和互动协作的学习过程中，找出完成项目的方法，最后通过项目的实施来实现意义的建构[①]。

项目教学可以被界定一种教育理念、一种教学模式、一种教学策略、一种学习策略、一种教学方法、一种学习方法等各种不同的见解，每种见解都是有道理的。项目教学包含着建构主义理论、杜威的"从做中学"理论等教育思想，是一种突破了传统教学"以课堂为中心，以教科书为中心，以教师为中心"的教育理念，可以指导各种不同层次的教育，因此项目教学可以界定为教学策略和学习策略。项目教学有着先进理念的支持，有教学策略的指导，有教学方法和学习方法的实施程序和技术，因此项目教学也可以界定为一种教学模式和学习模式。

项目的英语翻译为"Project"。《英汉辞海》给出了 Project 的 3 个解读：一是具体的计划或设计；二是规划好的事业（如明确陈述一项研究工作，研究项目）；三是课外自修项目，通过由一组学生作为课堂学习内容的补充和应用来研究的问题，往往包括学生最感兴趣的各式各样的智力和体力活动（王同亿，1990 年）。由于项目教学法是一种教学模式或教学方法，因此第三种义项较为合适。在本文中项目教学定义为：是师生通过共同实施一个完整的"项目"工作而进行的教学活动，它既是一种课程，又是一种教学方法。此时，项目是指以生产一件具有实际应用价值的产品为目的的任务[②]。

项目教学的目的是在课堂教学中利用"项目"把理论与实践教学有机地结合起来，充分发掘学生的潜能，提高学生解决实际问题的能力。在教师的指导下，以"项目"为载体，采取小组讨论、合作学习的方式，通过"完成项目任务"，以任务驱

---

① 宋士俊. 基于项目教学理论的信息技术课教学研究与实践[D]. 北京师范大学硕士学位论文，2010.
② 宋士俊. 基于项目教学理论的信息技术课教学研究与实践[D]. 北京师范大学硕士学位论文，2010.

动进行的学习。在此过程，教师不是把掌握的现成知识和技能传递给学生作为目标，而是让学生人人参与动手实践活动，从中感受学习的过程，体现"手脑并用、学做合一、学以致用、知识与技能并重"①的职业教育教学指导思想。学生在完成项目任务的过程中体验掌握知识、技能的乐趣与创新的艰辛，培养学生学会发现问题、解决问题，增强信心、激发学习兴趣、增强团队合作的意识，通过学生"作品"展示，分享小组成果，培养自我评价和赏析的能力。

2．项目教学的理论依据

项目教学实践是建构主义教育思想、教学原则、教学设计、教学方法和方式的具体体现。建构性学习在项目学习过程中可以激发学生的探究能力，以便在教师的指导下，在探究的过程中建构自己的知识。在项目教学中，项目教学能促进学生问题定向的能力，学生围绕着问题，积极探索、发现新知识，锻炼和培养新的学习和研究能力以及职业能力，而且可以使学生充分展开社会性学习，突破传统课堂教学的局限性。在建构主义的指导下，项目教学能为学生创造适当的学习环境，充分激发和促进学生的学习积极性，使学生的被动学习变为主动学习，提高教学的效率。项目教学法废除了传统的单向填鸭式的教学方式，换之以学生的自我知识建构。以学生自我管理为主导的新兴教学模式，促进了学生知识的内部生成。项目教学总是以项目小组的形式开展，并借助教师或专业人士的指导、咨询和协助。多位学生的合作形成了项目学习共同体或实践共同体。各位学生在这个小组中相互学习，取长补短，博采众长，从而达到社会化的学习效果。

项目教学开展"从做中学"突破了以知识为核心的课程观，换之以真实的或模拟的工作任务为中心，以项目为主线，融合各种相关专业与社会知识的学习，突出实践，突出以项目为中心的知识、技能、能力、素质的综合学习，让学生利用各种校内外的资源及自身的经验，采取"从做中学"的方式，通过完成工作任务来获得知识与技能。特别是项目教学能够激发学生自己探究知识，引导学生自主、自动地获取知识、技能和能力，促进了学生的全面发展。项目教学强调现实、强调活动，与杜威的实用主义教育理论是一致的②。

2.5.2　项目教学的设计策略

1．项目教学的特征

在项目教学的组织过程中，应该注意，项目教学具有九大重要特征③。

---

① [美]阿妮塔·伍德沃克. 教育心理学[M]. 陈红兵，张春莉，译. 南京：江苏教育出版社，2005（3）.
② 宋士俊. 基于项目教学理论的信息技术课教学研究与实践[D]. 北京师范大学硕士学位论文，2010.
③ 程俊静. "项目教学法"在"网络课程中的应用"[J]. 职业教育研究，2005（5）.

（1）项目教学的本质特征是能培养学生的创造性。在项目教学过程中，由于坚持创新性的学习观，着重培养学生的创造精神、创造能力、发散式思维、创造性思维。因此，项目教学是培养学生创造性的学习过程，是翻转课堂教学模式中的常用策略。

（2）项目教学的内容特征表现为具有综合性、社会性、实用性、挑战性。教师要根据学生和课程的实际情况，在项目设计时要注意创设包含能激发学生兴趣的内容，而且要选择新的、有发展前途的、就业前景较好的社会现实内容来教、来学，然后还要考虑把其他相关知识点也纳入项目中，保证项目对课程知识体系的覆盖度，从而实现对各个知识点的同步学习、同步实践。

（3）项目教学的活动特征体现在真实性和趣味性。当学生开展项目时，由于知识是与任务紧密联系的，因而他们能够看到知识对于完成任务的有效性，能很大地激发学生的学习兴趣。学生的兴趣是项目活动得以启动和开展的重要保证。

（4）项目教学的主体特征体现在学生的自主性和探究性。把学生真正地置于主体地位是项目教学主体的特征。在项目教学过程中通过培养学生的自主意识、自主能力、自主习惯来充分发挥学生的创造能力，促进学生在学习过程中的自我实现、自我创新和自我发展。

（5）项目教学的目标特征体现为具有多维性和综合性。学生通过项目教学能够将多种能力综合起来，形成学生的专业能力、方法能力、社会能力、工作态度和职业素质。

（6）项目教学过程具有实践性。在项目教学过程中，主要通过学生提出问题并解决问题，在项目的运行和解决问题的过程中来了解知识的组织和创造过程。

（7）项目教学的形式具有开放性。在项目教学过程中，学生可以不受时间和地点限制研究自己感兴趣的问题，促使学生关心现实、了解社会、体验人生，积累丰富的经验和实践知识。

（8）项目教学的评价特征具有形式性和多维性。为了有效地评价学生所取得的进步和成绩，应该采取多内容、多形式、多方法、多主体、多时段的多元化评价方式，考评的主要目的在于对学生在项目学习过程中所建构的知识、所获得的专业技能、方法能力和社会能力等做出全方位的评价。

（9）项目教学中的教师要有创造性和创新性。教师要借项目教学引导学生把项目与社会现实结合起来，并进行深入地学习，这就要求教师有很强的创造性和应变能力。项目教学可以帮助教师实施整体教学，推动教研、教改的开展。在教学过程中，教师要认真观察学生的学习进展及兴趣，掌握学生的特点并提出个别化的教学建议。

2．项目教学法的实施条件

项目教学法是师生通过共同实施一个完整的"项目"工作而进行的教学行动。它应该满足下面的条件[①]：

（1）项目应用要有清晰的任务说明，最终作品应具有一定的教育价值。在项目工作过程中，要让学生能学习到新的教学内容，并能利用项目将理论知识和实践技能相结合。

（2）项目制作过程最好能与社会实际项目的工作过程有一定的直接关系或相似关系。这样可以紧贴社会，锻炼学生独立制作工作计划的能力。学生在教师指导下可以自行组织、安排学习任务，并且要提高学生在项目制作过程中发现问题、分析问题和解决问题的能力。

（3）项目要具有一定的知识、技能的应用难度，符合学生实际，能引起学生兴趣，而且还要求学生运用已有知识，通过项目制作学习新的知识技能，学到解决实际问题的有效方法。

（4）在项目完成后，要有具体的成果作品，并且需要师生共同评价项目工作成果和学习方法。

3．项目教学法原则

在应用项目教学法的过程中，应遵循以下原则[②]：

（1）要坚持以学生为中心、以教师为主导的原则

在项目教学活动中，要考虑学生已有的知识和技能，根据杜威"从做中学"的理论，学生通过自己所学的知识和技能参与项目任务的实施，充分让学生自己动手。在项目任务的实施过程中，学生要不断地学习和实践，克服项目任务中的困难，通过激发学生的兴趣与好胜心，完成项目。在整个项目任务完成过程中，学生是项目任务的主体，教师主要起指导、辅助、协调和监督的作用。

（2）坚持以实践为中心原则

在传统的教学方法中，学生主要通过听讲获得知识与技能，导致学生的实践机会和实践技能普遍缺乏，学生的社会适应能力不强。项目教学的引入旨在将实践引入教学中，使学生通过实践掌握知识和技能，并逐步形成综合应用能力。

（3）项目的开放性原则

项目的确定最好能由学校、教师、学生共同决定，并紧密联系社会热点，而且一个项目要经过不断地补充与修订，从而保证项目在执行中有很强的科学性和可操作性。在项目内容上，问题的解决手段和方法允许多样化，问题也可以没有确定和

---

① 吴言．项目教学法[J]．职业技术教育，2003．（7）．
② 肖胜阳．在计算机课程教学中开展项目教学法的研究[J]．电化教育研究，2003，（10）．

唯一的答案，使学生能够充分地发挥自己的创造性。

（4）项目的适度性原则

项目的确定与使用应该是一个循序渐进的过程，项目教学的效果要在实践中不断地检验，而且项目的运行流程也要在实践中不断地完善。因此，项目任务在开发上要分阶段、分层次地进行。

2.5.3　项目教学法的教学流程

在项目教学中，教师的主导作用和学生主体作用是互动的。教师负责设计出合理的任务，通过环环相扣的教学过程，推动学生主体作用的发挥，使学生能够主动地完成各项任务。学生的主体作用发挥得越充分，就会发现更多问题；当问题无法解决时，就会求助于同学，求助于教师。此时，教师为学生所推动，可以深入发挥其主导作用，主导推动主体，主体促进主导，直至完成整个教学项目。项目作为师生互动的中介，推动整个教学过程的进行；由于学生、教师的推动，项目本身也会发生一些事先不可预知的变化，可能发生更深层次的拓展。项目教学过程是教师、学生、任务三者积极的互动过程。

1. 项目教学流程中的关键步骤

项目教学的流程[①]主要包括以下几个步骤。

（1）确定项目任务

通常先由教师提出几个项目题目，学生根据自己的实际情况，组内共同讨论，确定项目题目、项目目标和任务。当然学生也可以自己选择喜欢的题目，教师可以给予适当的指导和分析。

（2）制作计划

在项目制作前，要在小组内部进行讨论，确定详细内容，并根据小组各个成员的不同情况，分配项目子任务，制定项目工作分配及计划表，设计项目步骤和程序，并由教师指导、认可。

（3）素材收集

在项目制作前，学生要根据本组制作的项目计划，进行素材收集和整理，教师作为参与者也要准备素材，并给学生提供相应的帮助。

（4）资料分析

各小组对收集的素材和资料进行进一步的加工和整理，并有意识地把新旧知识和技能应用到项目制作过程中。素材的质量决定着项目最终的结果和效果。

---

① 许彦芳. 研究性学习在计算机教学实践中的应用[J]. 职业教育研究，2005，（9）.

（5）成果准备

各位组员按照已经制作好的工作分配表，采取各自负责及成员合作相结合的形式，确立工作步骤和工作程序。

（6）项目展示或结果应用

先由学生对自己的工作结果进行自我评估，再由教师进行检查评分。师生共同讨论，评判项目工作中出现的问题、学生解决问题的方法以及学习行动的特征，并进行必要的归纳和点评。

2．项目的组织

在项目教学过程中，教师是项目任务的指导者、咨询者、组织者。教师要在教学过程中掌握学生的实际情况，就要充分地利用各小组组长。通过小组成员向小组长汇报自己任务的进度，促进小组成员及时地感知角色、激励学习行为的发生；而小组长要及时地向教师汇报项目的进度和出现的问题，对项目运行的整体流程进行必要的控制。当然，小组成员也可以直接向指导教师汇报，并提问。教师也要主动地巡视、检查并督促各小组项目的实施情况，随时发现问题，随时进行指导，及时了解掌握各组项目的进展。

在项目小组内，小组长要根据项目计划，给每个组员分配任务，并填写好组内分工活动明细表，及时地规范组内学生的行为，使项目的实施有法可依，有据可查。

2.5.4　项目教学中的关键技术

在项目教学中，为了保证项目教学的质量，需要认真做好项目的选择，要保证项目自身的质量和代表性，同时要注意教学活动的有效组织。因此，在实施项目教学的过程中，应该注意解决好以下几个关键技术[①]。

1．项目的选择

项目是教学活动的载体，是学习活动中必须要进行的一系列活动的依托物。学生在完成指定的项目后，必须要提交相关的成果（作品）。教师则要根据学生提交的成果（作品）对学生进行评价。因此，恰当的项目选择是教学活动成功的关键。

首先，项目应具有一定系统性。项目教学中的项目实施应该是一个系统的教学过程。在项目体系中，项目中各子任务之间既可能是总分关系，也可能是平行关系。项目子任务之间通过项目目标的内在逻辑关系关联在一起。在各项目子任务中，不同的子任务对于学生技能和知识的要求也不一样，对学生的相关能力素质的训练和提高也不一样。

---

① 宋士俊. 基于项目教学理论的信息技术课教学研究与实践[D]. 北京师范大学硕士学位论文，2010.

其次，项目应满足社会性特点。在信息技术课教学中进行项目教学，所选择的项目要具有较强的实践性，能与社会实际联系紧密。它既可以是企业中做过的项目，也可以是教师模拟企业行为而设置的虚拟项目。它应该对学生未来的就业、生活和学习都有一定的价值，可为学生以后的生活和就业提供知识、能力或素质。

第三，项目任务必须具有可操作性。项目教学中的项目要充分地考虑到项目实施的可行性。首先，项目设计要充分地考虑到学生的实际能力，项目要符合学生的信息技术水平。其次，项目要最终能形成成果（作品），以便于进行评价。最后，在教学过程中，项目的运行流程要能够被很好地控制，以便顺利完成最终的教学目标[①]。

2．项目的确定

项目的主题主要是由教师根据课程要求和学生情况来确定的。项目要能体现本课程中学生应掌握的目标知识、技能与态度，而且要能够使学生充分地运用课程知识和技能，提高项目的功用性和可行性。项目的主题应尽量与学生的生活、工作紧密联系，具有很强的实用性，从而能提高学生学习的积极性和实践性。另外，项目的真实性、趣味性也是学生最终完成项目的重要动力[②]。

3．项目教学的过程控制

以项目教学法开展教学，需要先组织项目组，并利用小组协作学习的方式开展项目教学。其具体的教学过程可以借鉴协作学习的相关理论和方法，通过形成性评价、组内自评、组间竞争、汇报与讨论等多种手段控制学习者的学习过程，避免某些成员的"搭便车"现象，从而保证每个学习者都能够通过项目教学获得发展。

在利用项目教学法开展教学的过程中，一定要注意项目教学和公司的项目运作之间有本质的不同，"协作学习"也与"协同工作"有本质的不同。协同工作（公司的项目运作）以优质地完成项目为目标，应让每个项目组成员都充分地发挥自己的专长，使项目的产品达到最优。而项目教学的目标是使每个学习者都得到发展，因此在项目的运行过程中，应该兼顾每个学习者的原有知识结构、知识水平，使每个学习者的弱项都能够在项目运行过程中得到锻炼，而且最好能把弱项变成强项。

---

① 宋士俊. 基于项目教学理论的信息技术课教学研究与实践[D]. 北京师范大学硕士学位论文，2010.
② 宋士俊. 基于项目教学理论的信息技术课教学研究与实践[D]. 北京师范大学硕士学位论文，2010.

第 3 章　翻转课堂的教学设计综述

教育信息化的深化为教学模式的变革提供了很好的物质基础和支撑平台，基于因特网的各类新型教学模式如雨后春笋般地快速萌芽并成长起来，MOOC 教学、SPOC 教学、翻转课堂教学、讨论式教学等新型教学模式均建立在强大的线上学习支持系统的基础上，依靠线上学习环境实现了"提供学习资源""不限时空的交互与分享"，为学生提供了全方位的学习支持，在提升教学效率、促进教学质量方面发挥着日益重要的作用。

3.1　教学设计的概念及流程

3.1.1　教学设计的概念

1．教学设计的定义

对于教学设计，何克抗教授于 2001 年指出，教学设计是运用系统方法，将学习理论与教学理论的原理转换成对教学目标（或教学目的）、教学条件、教学方法、教学评价等教学环节进行具体计划的系统化过程。

2．教学设计的核心概念及步骤

在教学设计中，核心步骤主要包括以下 5 个方面：① 教学目标分析；② 问题情景创设；③ 教学活动过程设计；④ 准备教学资源与学习环境；⑤ 教学活动过程的评估。

这 5 个方面的逻辑关系如图 3-1 所示，其中，教学活动的评估贯穿于数学活动过程的每一个阶段。在教学设计的每一个环节中，都应及时评估并反思，以便改进与优化。

3．教学设计过程中要注意的核心问题

在教学设计过程中，需要解决两个核心问题。

首先，要明确教学目标的设定是否对高级认知目标有所体现，如果有，在哪里？如果没有，应该如何修改？

其次，对于问题情境或教学活动过程，是否围绕高级认知目标的达成予以安排？如果没有，如何修改？

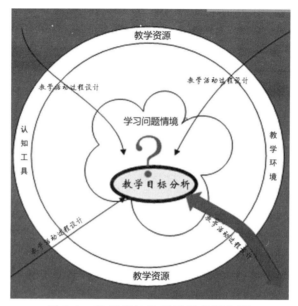

图 3-1　教学设计的要素及关键步骤

3.1.2　以学为中心的教学设计

由于翻转课堂教学是典型的以学为中心的教学模式，因此，本节仅讨论以学为中心的教学设计。

1．以学为中心教学设计的原则[①]

在以学为中心的教学设计中，应该注意满足以下几条原则。

（1）以问题为核心驱动学习：学习问题是在真实的情景中展开，是一项真实的任务。

（2）强调以学生为中心，各种教学因素作为一种广义的学习环境支持学生的自主学习。

（3）强调对学习环境和学习生态圈的设计，形成有利于学习任务展开的学习生态，强调学习任务的复杂性。

（4）强调设计多种自主学习策略，使得学习能够以学生为主体展开。

（5）强调协作学习的重要性，要求学习环境能够支持协作学习。

（6）强调面向学习过程的质性评估，反对以简单的技能与知识的测试作为唯一评价依据。

2．以学为中心的教学设计的一般流程

基于信息技术的发展和信息化教育的要求，人们逐渐探索出了信息化环境下以学为中心的教学设计的一般流程，如图 3-2 所示。

---

① 何克抗，李文光等. 教学系统设计[M]. 北京：北京师范大学出版社，2003.

3．基于 ASSURE 的教学设计

ASSURE 模式，是提供给教师使用的模式，是系统地整合教学媒体与技术，帮助教师计划、组织和实施教学过程的指南，它用于指导教师在课堂教学中如何使用教学媒体和技术，以创建出符合新教学理念的有效教学流程。

ASSURE 的结构如图 3-3 所示。

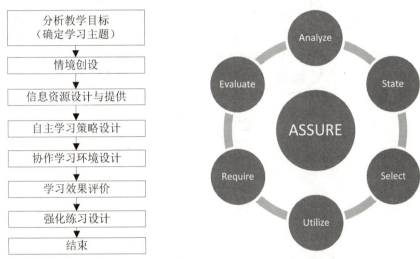

图 3-2　以学为主的教学设计的流程　　　　图 3-3　ASSURE 模式

ASSURE 与图 3-3 中各个要素之间的对应关系是：A（Analyze Learner）——分析学习者特征；S（State Objectives）——阐明学习目标；S（Select Methods, Media & Materials）——选择教学策略、媒体和材料；U（Utilize Media, Materials）——运用媒体与材料；R（Require Learner participation）——要求学习者参与并响应；E（Evaluate & Revise）——评估与修订。

ASSURE 要求：教师应根据学生的不同特色和内容有效地选择教学媒体和资源组织，并有针对性地组织教学活动。教学设计的目的是促进学习者主动地利用资源和媒体实现主动学习，在此过程中要鼓励学生与教师、同伴和学习环境进行交互，而不是被动地接受知识。

3.1.3　教学过程设计

教学过程设计是对于一门课程或一个单元、甚至一节课的教学全过程进行的教学设计。对一门课程或单元的教学设计称为课程教学设计，对一节课或一个知识点的教学设计称为课堂教学设计。

教学过程设计必须依据课程标准进行课程教学设计，在得到该课程完整的目标体系之后，才能开始课堂教学设计。教学过程设计的模式[①]如图 3-4 所示。

---

① 何克抗，李文光等. 教学系统设计[M]. 北京：北京师范大学出版社，2003.

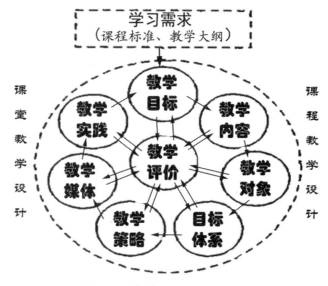

图 3-4　教学过程设计模式图

　　根据不同的教学目标和教学内容，又可以采用不同的教学方式：对适合课堂教学的内容，进行课堂教学设计；对适合学生进行主动探索学习的内容，进行自主学习教学设计。最后，按照设计好的方案开展教学实践，并做出相应的评价和修正[①]。教学过程设计的程序如图 3-5 所示。

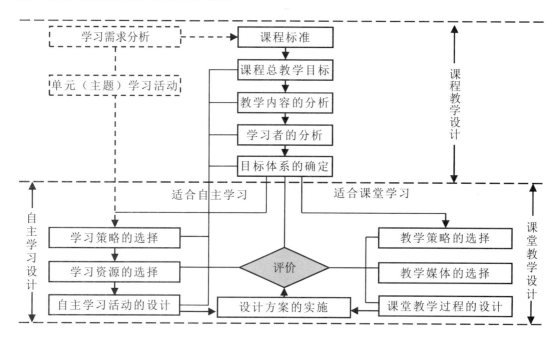

图 3-5　教学设计的流程

① 何克抗，李文光，等. 教学系统设计[M]. 北京：北京师范大学出版社，2003.

课程标准中规定的或根据教学大纲中教学目的所拟定的总教学目标是教学过程设计的出发点，同时又是教学过程设计的最终归宿。

课程教学设计主要包括学习需求分析、教学目标分析、教学内容分析、教学对象分析，在对信息技术课进行课程教学设计（也是教学分析）时，要注意信息技术课的特点，在设计时要充分地运用任务驱动策略和问题解决策略。课程教学设计的最终结果是形成目标体系，包括该课程每一章、节（或每课）的教学目标和其中各知识点的学习目标，以及该学科的整体知识能力结构体系。

3.2 翻转课堂教学设计思路及流程

3.2.1 教学设计的思路及关键问题

在基于翻转课堂模式理念开展教学活动时，应该高度注意两方面教学目标的实现：① 从知识、技能培养的视角看，应保证学生对学习内容的完整掌握，不因翻转课堂模式而导致学习质量下降；② 从翻转课堂模式的教育价值的视角看，应把翻转课堂模式教学活动作为培养学生综合素质的良好平台，借助翻转课堂模式教学活动使学生的综合素质得到最大程度的发展。

1. 翻转课堂模式教学实践的指导思想

翻转课堂模式仅仅是一种教学模式，翻转课堂模式的教学组织，必须与其他具体的教学策略有机地结合起来，主动地把项目教学法、基于问题解决的学习策略、发现学习和自主学习的教学理论渗透到翻转课堂模式的教学过程中。在这个过程中，需要教师在学习资源组织、教学策略设计等方面充分思考，把组织导学案、设置疑问、引领思考有机地结合起来，从而激发学生强烈的内在动机。从国内开展翻转课堂模式教学实践的情况看，多数教师在这方面思考不足，导致翻转课堂模式流于外在形式。

另外，从开展翻转课堂模式教学活动的成功经验来看，信息化的教学环境、e-Learning 学习理论的支持、学生对数字化学习工具的灵活掌握是翻转课堂模式教学的重要特点。

2. 翻转课堂模式教学实践前需解决的关键问题

任何一种教学实践，都离不开教学内容设计和教学活动组织两个方面，这两个方面相辅相成，贯穿教学实践的始终。

（1）教学内容设计

为了组织一次有效的翻转课堂模式教学活动，需要教师在教学设计理论的指导下，首先完成学习支持系统的建设和教学内容设计，并构造适应学生特点的学生环境。为此应在以下 3 个方面做好工作。① 在每个知识模块前组织有效的导学案。由于导学案的目标主要是向学生呈现知识要点、概念，以此来激发学生内在的学习动机，引导学生自主地组织学习活动。因此，导学案的内容既要注意知识点之间的深度和广度，又要体现问题的层次性、递进性和体系性。② 为每个知识模块的自主学习过程提供高效的学习支持，提供不同类型的学习资源与导航。③ 设计出两个层次的学习任务，分别支持面向知识点的学习和综合问题解决能力的培养。

（2）教学活动组织

在翻转课堂模式下，对新知的学习发生在课堂之外，对知识的分享与社会性建构则发生在课堂分组讨论阶段，由于这些阶段的知识建构都由学生自主完成，教师很难在现场对每个学生的学习过程一一地监控。因此，在这种模式下，部分知识基础较差的学生很容易成为讨论过程中的"旁观者"、小组协作中的"搭车者"。为了保证翻转课堂模式的教学质量，教师必须拿出一套有效的策略，监控学生自主学习的效果，尽量使每一个学生都能取得最大程度的发展[①]，充分地发挥出协作效益。

（3）强化学习动机

态度和动机是影响学习效果的两个关键因素，缺乏动机的在线交互很难取得优质的学习效果。在导学案设计阶段，要注意通过案例、符合学生特点的问题激发学生的内在动机。在组织教学活动的时候，则要加强对学生学习活动的监控，及时掌握学生的学习进程并及时反馈，从而进一步加强其外在动机。

研究发现，在以翻转课堂模式开展教学活动时，若要求学生以匿名方式参与学习支持系统（Learning Support System，LSS）中的活动，那么不论视频点播，还是在线互动与交流，其参与数量和质量都很差。其根本原因在于：当匿名用户缺乏外部监控的控制和激励时，其学习动机明显不足。而在实名制的 LSS 中，学生会在潜意识中约束自己的行为，并希望自己的学习行为得到教师和伙伴的认可，有利于学习活动的规范化。因此，应要求全体学生实名制使用 LSS 平台。

虽然人们希望基于网络交互平台给予师生平等地异步交互的机会，但并不需要设计成完全自由放任的状态。笔者认为，在翻转课堂模式的自主学习过程中，学生的学习仍然需要教师的鼓励和引导，大量学生都希望自己的努力能够得到教师的赞赏。因此，教师以实名参与交互平台，不但不会影响学生的自主交互，还可以激发学生参与讨论的积极性，更能规范学生在平台中的言行[②]。

3.2.2　翻转课堂教学活动的工作流程

翻转课堂模式的特征是把传统的学习过程翻转过来，让学生在课外时间完成针

① 黄荣怀. 计算机支持的协作学习：理论与方法[M]. 北京：人民教育出版社，2003：32-35.
② 马秀麟，曹良亮，杨琳，等. 对 CSCL 在教学实践中存在问题的思考[J]. 中国教育信息化，2008（13）：72-75.

对知识点和概念的自主学习，课堂则变成了教师与学生之间互动的场所，主要用于解答疑惑、汇报讨论，从而达到更好的教学效果。因此，翻转课堂教学模式的教学过程可以分为 4 个阶段：导学阶段、自主学习阶段、课堂分享阶段和教师总结阶段。

在这 4 个阶段中，导学和自主学习是学生自主学习新知的过程，既可要求学生个体独立地学习与探究，也可以通过小组协作的方式开展。课堂分享则是以学生分组讨论、并通过自由讨论和头脑风暴实现其社会性知识建构的过程。教师总结则是学生知识体系的完善与提升阶段，教师的点评应该高屋建瓴地对学生的讨论内容进行分析与总结[①]，从更高层次指出学生在新知学习过程中存在的问题，从而能够对学生起到醍醐灌顶的效果。其工作流程如图 3-6 所示。

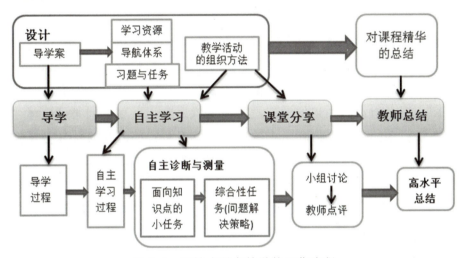

图 3-6　翻转式课堂教学的工作流程

从图 3-6 中部的流程分段可以看出，翻转课堂模式的教学可以分为 4 个阶段，图 3-6 顶部一行呈现出教师在翻转课堂模式教学中的职责和价值，而底部的一行则显示出学生在翻转课堂模式教学中的职责及其可采用的学习策略。

另外，翻转课堂模式仅仅是一种教学组织方式，翻转课堂模式教学活动的开展，必须与其他具体的教学策略有机地结合起来，主动地把项目教学法、基于问题解决的学习策略、发现学习和自主学习的教学理论等渗透到翻转课堂模式的教学过程中。在这个过程中，需要教师在学习资源组织、教学策略设计等方面充分思考，把组织导读、设置疑问、引领思考有机地结合起来，从而激发学习者强烈的内在动机。从国外开展翻转课堂模式教学活动的成功经验来看，信息化的教学环境、e-Learning 学习理论的支持、学习者对数字化学习工具的灵活掌握是翻转课堂模式教学的重要特点。

---

① 马秀麟. 信息技术课程教学模式研究[J]. 中国教育信息化，2009（9）：66-68.

3.3　翻转课堂教学活动的组织

3.3.1　以翻转课堂组织教学活动的工作要点

作为一种新型的教学模式，翻转课堂有利于学生根据自己的认知风格和学习习惯安排学习进度，能够很好地解决"因材施教"的问题，有利于培养学生的自主学习能力，对学生协作、创新能力的培养也具有较好的促进作用。因此，翻转课堂教学模式在近几年受到了许多学者和一线教师的关注，很多中小学也开展了基于翻转课堂模式的教学实践。然而，随着教学实践的深入，对翻转课堂教学模式的认识也出现了一些反复，其原因既有学生家长对人才培养模式在认识上的误区，也有部分不良翻转课堂所产生的不良影响，其根源在于部分家长和教师对翻转课堂教学中教师的角色定位不够准确，部分教师对翻转课堂教学环节缺乏系统的教学设计。

由于翻转课堂把对新知识的学习安排在课堂之外，所以教师必须为学生的课外自学环节提供完备的学习支持和教学控制，这就对教师的教学设计和教学控制都提出了很高的要求。为了组织一次有效的翻转课堂教学活动，教师需要在以下两个方面做好工作。

1．为翻转课堂准备足量的资源，为学习提供充分的全方位支持

（1）在每个知识模块正式开展学习前，组织有效的导读

由于导读的目标主要是向学生呈现知识要点、概念，以此来激发学生内在的学习动机，引导学生自主地组织学习活动。因此，导读部分的内容既要注意知识点之间的深度和广度，又要体现问题的层次性和递进性。基于导读的设计目的，导读的内容必须满足以下基本要求：① 在导读模块中提出的案例或者任务必须符合学生的年龄段特点和心理特征，应尽可能地引起学生的共鸣，从而促使学生对本模块的学习内容产生强烈的内在动机。② 在导读模块中，通常以提问或者设问的形式向学生提出具体的学习问题，对于这些问题，既要注意问题的覆盖面，保证问题能够覆盖本模块的全部关键知识点；还要注意相关问题之间的层次性和递进性，从而保证设问的深度和广度。③ 在信息化的教学环境下，如果学习支持系统允许，可以基于导读问题创建链接到各级各类学习资源的超链接，从而建立起以导读问题为汇聚点的立体知识体系，以便为学生提供一套基于导读知识点的导航体系。

（2）为每个知识模块的自主学习过程提供高效的学习支持

在以翻转课堂教学模式开展教学活动中，能否为学生提供丰富的学习资源以支持学生的自主学习过程，是关系着翻转课堂成败的决定因素。在这个方面需要教师

精心思考，认真实施，通常包括两个方面的要求：① 提供种类丰富的学习资源，以适应不同类型、不同层次的学生的需求。为了提供有效的学习支持，教师应该为学生提供 PPT 教学课件、PDF 格式的文本资料、面向案例的微视频、学习论坛中的相关讨论帖（热帖），以及与该环节相关的基本学习任务。② 以清晰的知识地图呈现知识结点之间的逻辑关系和资源的分布情况。为此，人们通常借助思维导图工具绘制关于教学模块的知识地图。在此知识地图中，知识结点及其连线一方面反映了教师对这个教学模块中相关知识点之间关联性的理解，另一方面也起到了导航的作用，学生可以借助这个知识地图便捷地找到相关的学习资源。

（3）设计多种层次的学习任务

对于基于翻转课堂开展自主学习的学生，为了保证学习效果、便于学生自主诊断学习效果，必须布置一定量的学习任务，促使学生基于任务驱动的方式抓紧时间自主学习。为了满足不同阶段、不同层次的学生的需要，笔者认为，对于学习任务的设计，也应该分成两个层次。① 适量设计面向知识点的作业。由于习题与作业是促使学生在实践中提高技能的必要手段，是学习过程中自我监控、自我诊断的常用方法。因此，为了保证学生课下自主学习的学习质量，应该紧密结合教学目标和课程内容的要求，向学生发布适量的面向知识点的、紧密结合教学案例的、短小精炼型作业。面向知识点的作业是对每一个学生的基本要求，每个学生都必须达到面向知识点作业所要求的知识水平和操作能力要求。利用面向知识点的作业，促使学生及时地自我诊断，发现自主学习过程中的不足。因此，面向知识点的作业要紧密结合教学目标和学习内容，最好能与学习资源中的微视频案例有较高的相似度，应该便于学生模仿。② 设计面向问题解决策略的任务。教学活动的组织，并不以要求学生掌握几个简单的操作步骤为最终目标，而是以传授解决实际问题的手段和策略为最终目标。因此，在翻转课堂的教学中，要注重对学生这方面能力的培养。为此，应在每个章节末尾，要求学生完成一定质量的综合性作业。综合性的作业应该以培养学生的问题解决策略为主要目标，是对面向知识点的基础性任务的延展和拓展，其最终目的是提升学生利用所学的知识和策略解决社会现实问题的能力。对于面向问题解决策略的综合性任务，建议以小组协作的方式开展学习。小组协作的学习模式，可以保证学有余力的学生得到更大的发展，同时小组活动中的社会性建构，也有利于基本知识和技能较差的学生获得较快的提升。

2．对学生的自主学习过程、讨论分享状况进行必要的管理和引导

（1）对学生的自主学习环节进行必要的组织和监控，避免"搭便车"现象

在导读内容的导引和学习资源的支持下，自主学习效果是关系着翻转课堂成败的决定因素。因此，如何组织课外的自主学习活动，才能保证各类学生都有效地开

展学习并避免"搭便车"现象就变得非常重要。人们常用的策略是：① 对于面向知识点和简单操作技能的内容，建议学生结合导读内容，通过观看微视频并结合教材独立自学，并在此基础上独立地完成任务单中的相关子任务，从而达成学习目标。② 对于面向问题解决策略层面的综合性学习内容，则建议以小组协作的方式开展学习，通过异质分组、小组协作完成学习任务。在此过程中，应借助于相互监督、填写个体责任任务单、组员互评等手段避免"搭便车"现象的发生。

（2）控制课堂讨论和点评环节，使讨论与分享过程完备、有效。课堂讨论和点评是实现知识建构、知识分享和知识提升的主要阶段

在这一过程中，教师可在课堂上随机指定 3～4 名学生为一组，相互检查作业的完成情况，相互讨论和分享在自学过程中的心得以及解题思路。另外，教师还应主动听取学生的讨论，搜集学生讨论中出现的焦点问题，然后认真地思考与归纳，凝练出能够真正反映教师水平的观点和方法，并在点评环节给全体学生高层次的指导。

尽管翻转课堂在提升学生的创新能力和自主探索能力方面有很大的优势，然而由于国内的学生与家长已经习惯于"教师讲、学生听"的传统授课模式，其推广仍然存在着很大的阻力。这就需要从事翻转课堂教学的一线教师遵循翻转课堂的教学规律，精心地进行教学设计，严密组织教学活动，保证翻转课堂的教学质量，从而使翻转课堂教学模式逐步得到学生和家长的认可。

3.3.2　翻转课堂教学中对自主学习的监控与管理

1．对翻转课堂模式自主学习实施监控的思考

近 5 年来，笔者带领教研团队对"翻转课堂模式自学过程监控和管理的策略"进行了探索和优化，重点关注自主学习阶段的内部监控与引导措施，其目的是通过提升学生的效能感来激发其内在动机，进而提升其学习积极性和学习效率。

（1）及时的评价与反馈对提升学生学习效能感、激发学习动机很关键

教学实践证实，及时的评价和反馈对学生的自主学习很重要，多数学生都希望自己做出的业绩能够得到教师和同伴的认可，这种认可会提升其效能感，促进他们更加努力地投入下一阶段的学习中。

为此，笔者在新知自学阶段为学生新增了"在线监控、实时反馈"策略，借助知识可视化和学习进度可视化的理论和方法，向学生实时地反馈其学习进度与状态；在线上交互协作阶段则借助"标签云""参与度示意图""交互占比图"等手段及时地反馈学生的交互状态，使学生能及时地掌握自己和团队的进展。

多轮实践活动已经证实，这些举措是非常有效的，也是很有必要的。

（2）适度的外部压力对学生克服惰性非常必要

人都是有惰性的，学生也不例外。缺乏外部压力和激励的学生很难把足够的时间和精力投入学习活动中。在翻转课堂模式的自主学习阶段，以"拖动视频快进"浏览微视频的学生屡见不鲜，走马观花式学习的学生比比皆是。

① 基于教学平台的线上自主学习进程监控系统是必要的

独立、完整地观看教学平台中的微视频并适时地自诊断学习效果，是翻转课堂模式自主学习的第一阶段，也是成功实施翻转课堂模式的最关键阶段。然而，"根本不看""快进浏览""在截止日期最后一刻才匆匆扫两眼"是很多学生应对翻转课堂模式自主学习的常见手段。这种方式的课前自主学习，根本达不到预期的效果。

教学实践发现，在教学平台中增加自主学习进程监控功能，监控并记录学生在线学习的时长并及时地向他们反映其学习进程，能够督促学生克服"惰性"，极大地提高他们在线自学的时长，激发其积极性，从而达到较好的教学效果。另外，及时地统计并公告优质发帖和优质发言，对于促进学生努力思考、深度学习，也具有重要作用。

② 在协作学习阶段务必想方设法解决"搭便车"现象

为了改进主体意识不强、喜欢"搭便车"学生的学习行为，在课前新知的学习阶段，应采取一系列的激励措施激发学生的参与意识、思考意识，进而培养其实践意识、主体意识。通过建立 "课堂随机抽查提问""以小组最低成绩作为小组最终成绩""按序回答教师提问""奖励突出贡献者"等规则，给处于小组学习中的每个成员施加外在压力，促使其积极主动地参与到合作中，规避懈怠偷懒、无效参与等行为。"以小组最低成绩作为小组最终成绩"等策略的实施促进了小组内部的协作，使"默默无闻"的"羞涩"学生能够被其他组员关注，同时这部分学生自身也有了较清晰的"存在感"。

③ 在课内分享阶段应强化对基础薄弱者的监控和鼓励，重新思考协作学习效益

小组分享、汇报能综合体现学生的自主学习情况和小组的合作水平。在翻转课堂模式教学实践的初探阶段，笔者主要采用了奖励主动者、鼓励创新等措施来促使学生高质量完成小组任务，并鼓励学生积极主动地上台汇报。但教学实践发现，上台汇报的人往往是组长或者平时表现比较活跃的学生，部分主体意识不强的学生则表现为懈怠、不作为等。因此，增加了"指定汇报人"、限定"主讲者与回答质疑者应为不同成员"等措施来减少此类现象的发生[①]。

另外，在课内分享阶段，教师应对小组讨论情况进行必要的监控和指导，主导各小组讨论的走向。与此同时，还要关注小组各成员的共同进步，把小组成员之间

---

① 赵兴龙. 翻转课堂中知识内化过程及教学模式设计[J]. 现代远程教育研究，2014（3）：55-61.

的互帮互学、知识薄弱同学的进步程度作为协作效益的重要考核指标。通过"计量各小组的建设性成果"策略，减少小组讨论过程中的低层次重复，鼓励各小组拿出有水平、有分量的技术方案或者作品来。

（3）个体角色认知、群体感知有利于协作过程中的学生实现自我调节

在课前的协作学习中，由于教师不在现场，学生有较多自主发挥的空间，是全方位培养学生实践技能、主体意识的关键时期。然而，由于缺少教师监控，部分主体意识本身不强的同学可能会产生懈怠、依赖组长等行为。为了提升协作效率，笔者增加了"角色认知、群体感知、及时反馈"等有效控制策略。

在翻转课堂模式教学实践初期，学生们普遍具有很强的从众心理，而且多数学生的时间管理能力不强。因此，使学生及时了解优秀同伴、其他优质学习组的进展情况，能够鼓励学生积极参与到协作过程中。为此，笔者借助"标签云""小组成员间交互关系图""小组成员发帖百分比"等图示化数据，及时向学生呈现小组协作的状态，进而激发了其参与线上讨论的积极性，促使更多学生实现深层次的协作学习。

角色认知与认可，能促使学生明确自己在小组中的角色定位，并乐于贡献。接受角色定位，可使小组每个成员明确其责任和权利，引导学生在小组协作出现分歧时有效地协商并承担相应的职责，保障成员之间的互相尊重和深度交往等。另外，学生对小组合作中的角色认知与认可是其社会意识的一个重要体现。本研究发现，学生对协作学习中角色的认可对学生个体正确地认知自己的社会角色，更好地了解自己的个性特点都很有意义。

2. 翻转课堂模式自主学习阶段监控模型形成

影响翻转课堂模式自主学习质量的决定因素是学生参与自主学习的时长、效率和投入深度。基于5年多的教学实践，笔者对翻转课堂模式自主学习阶段监控策略的认识逐渐清晰，并逐步形成了较为有效的控制模型。

（1）监控模型的构成要素及其相互关系

在翻转课堂模式的自主学习过程中：① 学习过程中的及时评估与反馈对提升学生的效能感、激发学生的学习积极性作用明显；② 协作过程中的"标签云""交互关系图"和"个体发帖百分比"对于学生的群体感知、自我学习调节作用显著；③ 学习支持系统的友好性、学习资源的质量会直接影响学生的学习效率及投入深度；④ 教师对优质发言、优质发帖的统计与表扬能极大地促进深度思考的发生。

上述4个方面的协同与联合，可以提高学生的学习积极性，甚至能够改进学生的学习流程。事实上，在此过程中，学生的实际投入量是实现教学目标、达成学习质量的基本保障，学习动机（含内部动机和外部动机）则是关键，是学生参与学习

活动的驱动力。缺乏动机的学习活动是不可能达到高质量、高标准的，本研究所倡导的"知识可视化""标签云""交互关系图"等机制就是在有意识地强化学生的内在动机，而"及时评估与反馈""学习进度可视化""教师随机提问"等措施则以强化学生的外部动机为目的[①]。

因此，有效的翻转课堂模式自主学习控制模型应该从达成知识目标的策略、激发学习动机和实践参与度这 3 个维度来思考，其主要内容如表 3-1 所示。

表 3-1　翻转课堂模式自主学习控制模型

策略及成效 / 阶段		达成知识目标的策略	激发学习动机				实践参与度
			内部动机		外部动机		
			激发求知欲	效能感	外在压力	激励措施	
学习支持系统（资源特征及组织方式）		由点到面 渐进建构 联想、顿悟	面向知识点 趣味性 知识可视化	面向知识点易于掌握	进度反馈	积分奖励	
课前新知的自主学习	线上独立自学（个体）	首次：微视频 后续：微文本 配合：自诊断 联想与启发	问题驱动 启发性强 知识可视化 联想、顿悟	微视频 微文本 微知识 自诊断	进度可视化、实时反馈	平时绩点 积分奖励	在线监控
	线上协作学习（交互）	以互帮效果 作为协作效益	问题驱动 同伴启发 角色认知 群体感知	发帖占比 标签云	标签云 交互图 发帖占比	优质帖 计数 积分奖励	角色认知 群体感知 自我调节
课内交流与分享	小组讨论	关注弱者 计量建设性成果	问题驱动 质疑与解惑	新观点 优质发言 新问题	组内互评 组间竞争	优质点 计数 积分奖励	群体感知 自我调节
	小组汇报	关注弱者 总结优质发言	问题驱动	优质发言 同伴鼓励	随机提问 组间竞争	优质点 计数 积分奖励	教师引导 学生竞争
教师点评与巩固		高水平的总结与提升	问题驱动、答疑解惑 高屋建瓴、提升巩固		课后习题		

（2）基于翻转课堂模式自主学习控制模型的教学效果

依据优化的翻转课堂模式自主学习控制模型组织教学活动，最终的教学效果非常理想。利用 SPSS 进行学习成绩的差异显著性检验，发现第 3 阶段的班级平均成绩与第 1 阶段教学的差异非常显著（班级平均成绩提高了 7 分），而加强了外部监

---

① 赵海霞. 翻转课堂环境下深度协作知识建构的策略研究[J]. 远程教育杂志，2015（5）：11-18.

控措施的第 2 阶段教学实践的学习成绩也很好。

进一步分类跟踪学生成绩，笔者发现：三轮成绩的差异主要表现在班级后进生成绩的变化上。也就是说，按照优化后的控制模型组织翻转课堂模式教学活动，班级后进生的进步比较大，这也从侧面反映了后进生的个体惰性较强，其自主学习过程仍需要教师及时地引导、监督和激励。事实上，缺乏对后进生的监督和引导，是部分翻转课堂模式教学活动失败的根本原因。在这些失败的翻转课堂模式案例中，由于教师只强调学生学习的自主性而疏于引导和监控，缺乏必要的外在监控和督促，就会导致部分惰性较强的后进学生虽屡屡逃脱必需的课前自主学习却得不到警示和惩罚，进而使这一不良行为变得合理并普及。当这种现象积累到一定程度，就必然会导致班级学习成绩的严重两极分化。

3.3.3　翻转课堂模式中常见的问题及其解决策略

自 2010 年笔者开始翻转课堂模式的教研以来，已经陆陆续续开展了 5 轮教学实践。在这 5 轮教学实践中，也发生了一些具体问题，经过师生的共同努力，都取得了较好的效果。

1．如何处理学生对翻转课堂模式教学的抵触情绪

与国外的学生相比，国内的学生通常较为内敛，更习惯于传统的授课模式，不善于课堂争论和自主探索。而翻转课堂教学模式要求学生自主学习并积极参与讨论，会增加学生的课外学习负担。因此，贸然基于翻转课堂教学模式开展教学，经常会引起部分学生的抵触情绪。在笔者开展教学的班级中就曾出现过非常激烈的抵触情绪。

针对学生出现的抵触情绪，笔者主要采取了以下解决策略：① 以循序渐进的方式引入翻转课堂模式。对于首次启用翻转课堂模式的教学班级，应该先选择难度较小的知识模块开展翻转课堂模式的教学，不要直接把高难度课程内容设计为翻转课堂教学模式。为了减少其课外学习的压力，在头几次开展翻转课堂模式教学时，可在课堂内先预留 10 分钟左右供尚未适应翻转课堂模式的学生自主学习新知，然后再进入课堂讨论环节。② 对于个别抵触情绪比较强烈的学生，教师要做比较全面的学习者分析，掌握引发这种情绪的根本原因，然后通过座谈、个别辅导、帮助他们融入优秀团队等手段减少其抵触情绪。③ 对于个别自主学习能力不强、协作能力不强的学生，应该鼓励其他同学主动吸纳他们，使他们感受到班集体和协作小组的温暖，通过小组的帮助，使之在自主学习能力和协作能力方面得到发展。

2．如何监控学习者的自主学习情况

为了监控学习者的自主学习情况，笔者主要采取了以下举措，并且取得了较好的效果。① 要求学生针对教学案例和微视频在线撰写评论；② 鼓励学生在教学论坛上就自己的疑惑发帖并征集解答；③ 鼓励学生通过教学论坛主动解答其他同学的疑问；④ 教学服务平台自动记录学生观看各个微视频的时长；⑤ 允许学生多次修正自己作业和作品中的瑕疵，争取做出完美的作品；⑥ 对学生的阶段性作品和成果，教师要及时地评价并给学生反馈，从而使教师及时地获得关于学习进展情况的第一手资料，使学生感受到教师的关注，保护学生的学习积极性。

3. 在小组协作学习过程中，如何减少小组成员中的"搭便车"现象

在翻转课堂教学模式下，基于小组协作学习方式组织课外探究活动是教师经常采用的一种方式。在小组协作的过程中，知识基础较弱的学生容易成为小组协作中的"旁观者"和"搭车者"，导致翻转课堂模式教学中的两极分化现象。

为了减少小组成员中的"搭便车"现象，笔者主要采取了以下几个策略。① 让全体学生都明白"协作学习"不是"协同工作"。生活中的协同工作是以生产出高品质的作品为最终目标，而协作学习是以使每个学习者都得到成长作为最终目标。协同工作要尽可能发挥出每个小组成员的特长，从而使作品达到最优；而协作学习则需要修复小组成员中的"短板"，使小组中的最弱者在其他成员的帮助下得到最大程度的提升。② 制定清晰的评价指标体系并使每个学习者都了解这个指标体系。在这个指标体系中，要鼓励小组内部的相互帮助，以小组成员的进步作为小组协作效益的评价标准。③ 制定"随机抽查提问""以小组最低成绩作为小组最终成绩""组间挑战""按序回答教师提问"等规则，给处于小组学习中的每个成员施加外在压力，减少小组成员的"搭便车"行为。④ 要求每个小组都必须按时向教师提交小组分工表、小组互评表。⑤ 要求每个小组成员及时向教师提交工作任务单，说明自己在小组协作中所承担的角色、自己对角色的认知，以及自己在这轮协作学习中所获得的最大进步。⑥ 组织课堂讨论，通过挑战赛、随机提问等方式检查学生的学习效果，并给予客观评价[①]。

通过这些手段，既减少甚至杜绝了小组协作中的"搭便车"现象，也保证了翻转课堂模式的严谨性和持续性。

3.4　教学效果评价的设计

对翻转课堂教学效果的评价，向来不是仅重视知识传递、知识掌握这一个维度。根据第 1 章所讨论的翻转课堂的教育价值和误区分析，笔者认为对翻转课堂的教学

---

① 马秀麟，曹良亮，杨琳，等. 对 CSCL 在教学实践中存在问题的思考[J]. 中国教育信息化，2008（13）：72-75.

效果，应该从知识掌握基础、学习的综合素质（含自主探究意识、时间管理能力、协作能力、自我效能感）等诸多方面开展。因此，在笔者开展翻转课堂教学的若干年中，对于翻转课堂教学效果的评价，主要从以下两个方面展开。

1. 知识技能水平

教育的核心目标之一是让被教育者掌握足量的知识，以适应社会对人才的需要。因此，学生对知识、技能的掌握程度，仍是翻转课堂教学效果的主要考查目标。

对学习者知识技能的掌握程度的考查，主要可借助学生期末机考成绩（注重操作能力考查的无纸化测评成绩）和学生所制作的作品质量、作品设计说明书来体现。

通过综合考查学生的机考成绩、学生作品的质量、作品设计说明书所蕴含的思维方式等信息，可以比较客观地评价学生在这一模块是否达到了预期的知识培养目标。

2. 学生综合素质的评价

根据国家对人才培养的战略要求，创新能力、协作能力培养已经成为人才培养的重要内容，教学过程不仅仅是向学习者传递知识（授之以鱼），还要求学习者掌握学习方法、工作方法（授之以渔）。

根据 1.3.4 节所讨论的翻转课堂的教育价值，对翻转课堂教学效果的评价还应重点考查学生综合素质的发展。对于学生综合素质的评价可主要参考 4 个方面的数据：① 学生自主学习能力的变化与发展情况；② 学生在学习活动中态度与动机的保持情况；③ 学生的协作能力以及对集体活动的认可度；④ 学生的时间管理能力、焦虑管理能力水平。

为了达到对学生综合素质实施评价的目的，笔者特意为翻转课堂教学评价准备了《北京师范大学计算机公共课学习力测评调查问卷》，同时搜集了 LASSI 量表、CUCEI 量表、自我效能感测评（一般）量表，可在教学过程中随时使用这些量表实施测评。

除了各类调查问卷和量表外，对学生综合素质的评价还可借助学生作品和学生的实际协作状况，通过分析学生作品的质量、检查各学习小组提交的作品设计说明书、对课内讨论过程的录像开展内容分析，获取翻转课堂教学状态的第一手数据，以便比较客观地反映翻转课堂的教学质量。

对学生综合素质的评价指标，请参阅附录中的两份量表和一份调查问卷。

第 4 章　翻转课堂学习支持系统的建设

现代翻转课堂，离不开信息化环境的支持。教育信息化为"学生为主体"的教学提供了物质基础和可能性。学习支持系统的建设与支持，是现代化翻转课堂的必要条件和基本特征。

4.1　翻转课堂教学模式对学习支持系统的要求

翻转课堂教学模式下，学习支持系统（Learning Support System，LSS）是必不可缺的，不论用于重现课堂教学内容，还是布置作业与作业评价，以及为学生提供一个不限时空的交流与自主学习环境，都离不开学习支持系统的支持。

4.1.1　翻转课堂学习支持系统的结构模型

学习支持系统，也称为学习管理系统（Learning Management System，LMS）、学习内容管理系统（Learning Content Management System，LCMS）、教学服务平台，它是信息化环境下开展教学活动的重要助手，在翻转课堂教学中的地位是不言而喻的。

基于笔者开展翻转课堂教学的实践，笔者认为真正地支持翻转课堂教学的学习支持系统必须在资源的质量与数量、学习行为管理、学习过程监控等诸方面统筹考虑，形成有效的学习支持系统。

翻转课堂学习支持系统的结构模型如图 4-1 所示。

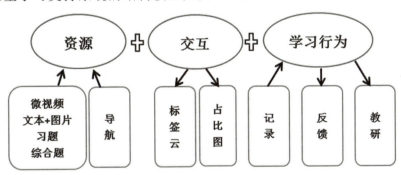

图 4-1　翻转课堂学习支持系统的结构模型

4.1.2　翻转课堂对学习支持系统的要求

现代化翻转课堂模式的学习，离不开学习支持系统的帮助。MOOC 教学实践中出现的"高入学率、低完课率、高辍学率"的现象已经证明"忽视学习者特征和个性化指导、片面强调学习资源"的学习支持是难以胜任翻转课堂教学要求的。在改进 MOOC 不足的基础上，人们提出了 SPOC（私有的、个性化的开放式线上课程）课程模式，这一模式才能符合翻转课堂对学习支持系统的要求。

1. 翻转课堂型 LSS 的学习资源应是个性化的，要符合学生年龄特点和认知风格

教育技术的研究者认为：在 MOOC 教学平台中，可以先设计出适应大量回应和互动的教学活动，然后借助大型开放式网络课程的网络来处理大众的互动和回应[①]。然而，这一理想化模型的学习成效却不如人意。因此，翻转课堂型的 LSS，不再强调资源的类型多而齐，而是更强调资源的个性化特点，要根据学生的年龄特点和认知风格，分别向学生提供文本类型、PPT 类型、微视频类型的学习资源。不同类型资源的开发，要充分地考虑到课程内容的特点和学生的特征，保证学习资源的有效和获取方式的便捷。

除了通过 LSS 向学生提供各类视频资源外，还应提供能够支持学生巩固知识和自主诊断的测试题、与视频资源配套的操作素材等资源，以便学生利用这些素材模仿教学案例实施操作，或者利用测试题进行自诊断。

2. 翻转课堂型 LSS 的视频资源应切割标注，具备清晰的导航体系

在服务于翻转课堂的 LSS 平台中，应尽可能少用课堂实录型大视频（在 MOOC 平台中多见），而是多用面向知识点的微视频，强调视频资源的短、小、精，强调内容对案例的针对性、与学习者的适应性。如果必须使用时长较大的视频片段，则需要对视频片段适当切割，并在关键位置给予标注，以便学生在使用这类视频时，能够快捷地定位到自己所关注的内容。

与普通的信息系统不同，翻转课堂型 LSS 的最终目标是为学生提供一个高效的、个性化的学习支持环境，向学生清晰地呈现学习资源。有研究证实，线性堆积的大量资源非但不能对学生的自主学习起到支持作用，反而有可能扰乱学生的学习过程、影响学习效率，这是因为学习资源之间逻辑性的弱化会严重地影响学生对整个课程体系的把握以及对整体知识的有意义建构和同化[②]。因此，以立体化、可视化的技术直观地呈现出知识结点之间的逻辑关系，对于 LSS 的建设至关重要。在翻转课堂型 LSS 中，教师应以概念图为基础构造面向整个知识模块的知识地图，并借助知

---

① 樊文强. 基于关联主义的大规模网络开放课程（MOOC）及其学习支持[J]. 远程教育杂志，2012（06）：31-36.
② 马秀麟，赵国庆，朱艳涛. 知识可视化与学习进度可视化在 LMS 中的技术实现[J]. 中国电化教育，2013（1）：121-125.

识地图把全部资源链接到知识地图的相应结点之下。利用知识地图，能帮助学生直观地看出为完成某一学习目标所需经历的学习路径、所需掌握的先备知识。学生在明确自己的知识起点后，便可按图索骥，逐步学习，直至达成最终目标，减少了自主学习的盲目性。同时，学生还可以通过一条完整的知识路径发现自己的原有知识和新知识之间的联系，以便学生将新知识纳入已有的认知结构中，从而实现新旧知识之间的同化和顺应，丰富和调整自己的认知结构[①]。

3．翻转课堂型 LSS 应要求全体学生实名注册，满足对学生实时监控的要求

态度和动机是影响学习效果的两个关键因素，缺乏动机的学习活动很难取得优质的学习效果。研究发现，在以匿名用户开展教学活动的 LSS 中，不论视频点播，还是在线互动与交流，其数量和质量都明显较差，其根本原因在于：当匿名用户缺乏外部动机的控制和激励时，其学习动机明显不足。而在实名制的 LSS 中，学生会在潜意识中约束自己的行为，并希望自己的学习行为得到教师和伙伴的认可，有利于学习活动的规范化。

因此，在翻转课堂型 LSS 中，应要求全体学生实名制使用 LSS。首先，实名制的 LSS，有利于阻止隐客（只浏览而不回复的学生）的出现，对于一个学习共同体的学习论坛来说，隐客的大量存在不利于学生间的交流与沟通，不利于思想的碰撞，从而也就失去了论坛的目的和意义。因此，要促使学生间的交流、沟通、探讨，就必须解决隐客现象，促使学生自由、积极、大胆地发表自己的观点，增进学生间的互动和沟通。其次，实名制的 LSS，使 LSS 对学生的实时监督和管理成为可能。借助 LSS 管理和控制功能，可以记下每个学生的每一个学习步骤，并及时地把相关记录向学生反馈，然后结合教师的表扬、批评等手段对学生的学习过程进行引导，从而充分发挥教师的主导作用，激发学生的外在学习动机。

4．翻转课堂型 LSS 应能够实时反馈学生的学习进度，实现学习进度可视化

现代化的 LSS 应能自动地记录每个学生访问和使用学习资源的情况，把学生点播微视频的时长、应用习题开展自诊断的得分等信息实时地标记到知识地图中，为每个学生创建一个实时反映其学习进度的知识地图，实现学生学习进度的可视化。

基于反映学习进度的知识地图，能够帮助每一个学生及时地了解自己在各个知识点上的学习进度，从而帮助他们及时地发现薄弱环节，查缺补漏。另外，借助面向学生的、反映学习进度的知识地图，还可以克服单纯微视频（微课）教学的弊端，从而引领学生联想，减少"知识碎片化"现象的发生，有利于学生对新知识的同化，保证学生知识体系的完整性。

---

① 赵国庆. 概念图、思维导图教学应用若干重要问题的探讨[J]. 电化教育研究，2012（5）：78-82.

5．建构基于翻转课堂课程的模块化学分积累与认证体系

在学习进度可视化的翻转课堂型 LSS 支持下，学生在每一个模块的进步都可被实时获取并监控。基于此，对翻转课堂类课程内容的建设和组织，不妨小型化、模块化；对学生学习进度的管理，则小学分化、子课程化。从而逐步建立起以课程模块为单元的学分积累与认证体系，减少学生在相关课程中的重复投入，逐步建立并健全以课程模块为基础的学分银行体系[①]。

6．翻转课堂型 LSS 应强化教师的作用，突出教师的"显性领导"

尽管很多研究都建议把交互平台中教师的"显性领导"转化为"隐性领导"，但笔者在教学实践中发现，在多数交互平台中，没有教师"显性参与"的平台往往很难真正地开展一系列与学习有关的讨论，而且由于部分学生的惰性，交互平台在运行一段时间后就会成为无人过问的"信息荒岛"。

虽然人们希望基于网络的交互平台给予师生平等地异步交互的机会，但并不需要设计成完全自由放任的状态。笔者认为，在学习过程中，学生的学习仍然需要教师的鼓励和引导，大量学生都希望自己的努力能够得到教师的赞赏。因此，教师以实名参与交互平台，不但不会影响学生的自主交互，还可以激发学生参与讨论的积极性，更能规范学生在平台中的言行，减少与课程内容无关的帖子的数量。从另一个视角讲，由于教师在知识掌握、分析能力方面都应该比学生强，能够更准确地把握本学科的知识点及其之间的结构关系。因此教师的参与可以从更高的层次发现学生交流中的问题，并及时给予引导[②]。因此，在翻转课堂型 LSS 中，教师应该以实名参与活动并以平等的心态对学生进行组织和管理。此时，学生所面对的，既不是面对面授课过程中的"师道尊严"，也不是完全隐身的无组织状态。

4.2　建构以微视频为核心的教学资源库

4.2.1　视频资源的概念及类型

随着教育信息化的推进，基于大量视频资源开展教学活动已成为"翻转课堂""MOOC 教学"等教学模式的重要支持手段，如火如荼开展的"MOOC 教学"、翻转课堂等都离不开视频学习资源的支持。

教学视频资源作为媒体素材的一种，在计算机和网络的助力下，已经广泛地应

---

① 郝小平. 我国学分银行制度的模式选择和架构设计[J]. 远程教育杂志，2015（01）：30-38.
② Barnes C. MOOCs: The Challenges for Academic Librarians [J]. AustralianAcademic&Research Libraries，2013（ahead-of-print）：1-13.

用于学校的课堂教学中，并发挥着重要的作用。视频因其集声音与图像于一体的特点，具有形象生动地显示教学内容、调动学习气氛、提高学习兴趣等功能。随着视频资源在教学中的广泛应用，人们也不再满足于简单的视频录制，而是更关注教学视频的设计，使视频资源不断向着"短、快、精"的方向发展。尽管目前还没有学者对教学视频资源进行准确的分类，但从教学视频资源的录制方式和视频资源的播放时长等因素看，视频资源常常被分为"课堂教学录像"、"三分屏视频"和"微视频"3 种形式。

4.2.2　不同类型的视频资源在学习支持过程中的表现

1. 以视频资源支撑在线学习的体验效果

（1）基于视频资源开展教学活动，已经得到了绝大多数学生的认可。借助各种形态的视频资源，能够辅助学生认知，提高教学效率。在三分屏视频、课堂实录视频和面向知识点的微视频 3 种形式中，面向知识点的微视频具有更高的认可度[1]。

（2）"不论课堂实录型的教学视频，还是三分屏型的教学视频，95%以上的学习者都没有耐心从头至尾地观看长达 45 分钟的整个视频。拖动进度条、'快进'是很多学习者常用的方式。尤其是事实性知识和概念性知识类的视频，被'快进'的现象更频繁[2]。"这一现象，很容易"导致学习者的知识基础不够牢固。研究发现，学习者实际用在学习上的时间比预期的时间要少，多数学习者在进入网上学习界面不久，就会转到其他网站；'快速浏览'和'略读'已经成为很多学习者基于视频学习资源开展学习的不良习惯"[3]。

（3）与长达 45 分钟的课堂实录视频和三分屏视频相比，微视频在知识点的针对性、学生点播的灵活性、实际点播量及利用率方面，都有很大的优势。因此，短小、精干的微视频，应该是当前学习资源建设的主流方向。

（4）在以微视频为基础开展教学活动的过程中，容易出现"知识碎片化"和"知识体系性"不强的现象。这就需要教师在组织视频资源的过程中要有意识地向学习者呈现全局性的知识结构，借助思维导图等工具绘制知识地图，使学习者及时地了解当前微视频资源在整个模块体系中的准确位置，促使学习者尽快地把微视频中所呈现的新知识同化到已有的知识体系之中[4]。

2. 视频资源的类型与课程内容类型之间的关联性

（1）在面向知识点的微视频中，课堂实录型微视频更有利于事实性知识和概

---

① 马秀麟，毛荷，王翠霞. 视频资源类型对学习者在线学习体验的实证研究[J]. 中国远程教育，2016（5）：32-39.

② 马秀麟，毛荷，王翠霞. 从 MOOC 到 SPOC：两种在线学习模式成效的实证研究[J]. 远程教育杂志，2016（3）：43-51.

③ 吴丽娜. 基于翻转课堂模式的高中信息技术课教学的研究[D]. 北京师范大学，2014.

④ 马秀麟，赵国庆，朱艳涛. 知识可视化与学习进度可视化在 LMS 中的技术实现[J]. 中国电化教育，2013（01）：121-125.

念性知识的学习，而"操作流程实录+画外音解说型"的微视频更有利于程序性知识的学习。另外，理工科的大多属于实验、某种设备的用法介绍，也适合以"操作实录+画外音式"的微视频进行讲解。

（2）对于策略性知识的学习，多数学生则更喜欢课堂实录型微视频。从笔者开展教学的具体实践活动看，基于课堂实录型微视频并配合小组协作方式的协作学习，非常有利于策略性知识的养成，对于学生形成"综合应用所学的零碎知识解决复杂现实问题"的能力，具有很好的促进作用。

4.2.3 对在线学习系统中视频资源建设的建议

1. 关注以微视频为核心的结构化资源包的生成，并最终形成知识元

（1）面向案例或知识点的微视频更受学习者欢迎

研究数据证实，与长达 45 分钟的课堂实录视频相比，面向案例或知识点的短小微视频更受学生欢迎。由于这类微视频针对性强、内容定位准确，便于学习者根据自己的需求及时点播，所以在学习资源建设的过程中，应重点关注教学目标分解和教学案例的设计，进而实现相应微视频的建设。

另外，在微视频的设计过程中，还要根据学习内容的类型和特点，选择恰当、合用的微视频类型，思考：是做课堂实录型的微视频还是画外音式的微视频？哪类微视频更适合当前的课程内容？

（2）创建以微视频为核心的资源包，以便满足不同类型学习者的需求

首先，在学习资源的建设中，一定不要忽视文本材料的作用。尽管微视频对知识结点的作用非常大，但当学习者已经看了一遍微视频，或者只是需要了解知识结点中的某些细节时，文本资源的作用就非常突出。此时，学习者会非常希望有一份完整的文本材料呈现在屏幕上，以便借助文本材料快速地找到所需的细节。

其次，应同时向学习者提供具有自诊断功能的自测题，只为知识点配套微视频的资源开发是不完整的。一个完整的资源包，除了有符合课程内容要求的微视频外，还应该向学习者提供具有自诊断功能的自测题，并附带完成这些自测题的素材，从而满足学习者自我检测、自我诊断的需要。

因此，在优质的学习支持系统中，应该为每个知识结点构造一个以微视频为核心的资源包，它是一种结构性的资源，其中应包括文本资源、PPT 课件、微视频、测评题等。基于这种资源包，允许学习者根据自己的喜好、认知风格、学习习惯从中选择符合需要的学习资源，从而为不同认知风格的学习者提供符合其需求的学习支持[1]。

---

[1] 赵国庆. 知识可视化2004定义的分析与修订[J]. 电化教育研究，2009（3）: 15-18.

如果把围绕一个知识结点的所有资源和信息所构成的整体称为知识元，那么知识元的组建，应以面向知识点的微视频为核心；然后围绕微视频，至少向学习者同时提供解说词性质的文本资源和具有自我诊断功能的素材资源和最终作品。另外，还可以在"知识元"中封装对学习资源的必要描述信息和组织信息，把知识点之间的关联也集成到知识元结构之中。

2．以知识地图呈现知识体系，并构建高效的导航体系

与普通的信息系统不同，LMS 的最终目标是为学习者提供一个高效的学习支持环境，向学习者清晰地呈现学习资源。有研究证实，线性堆积的大量资源非但不能对学习者的自主学习起到支持作用，反而有可能扰乱学习者的学习过程、影响学习效率，这是因为学习资源之间逻辑性的弱化会严重地影响学习者对整个课程体系的把握以及对整体知识的有意义建构和同化[①]。因此，以立体化、可视化的技术直观地呈现出知识结点之间的逻辑关系，对于 LMS 的建设至关重要[②]。

在现代化的 LMS 中，教师应以概念图为基础构造面向整个知识模块的知识地图，并借助知识地图把全部知识元连接到知识地图的相应结点之下。例如，笔者的课程《多媒体技术与网页设计》中"图像处理"模块的知识地图如图 4-2 所示。

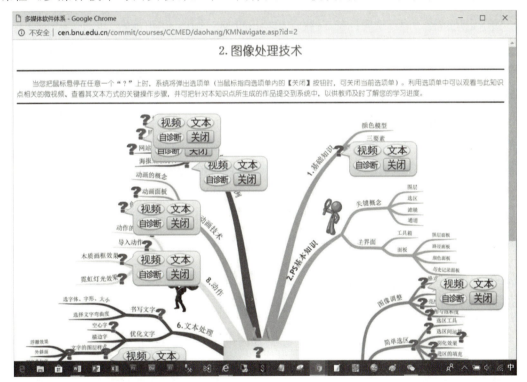

图 4-2　基于知识地图的微视频资源导航体系

---

① 马秀麟，赵国庆，朱艳涛. 知识可视化与学习进度可视化在 LMS 中的技术实现[J]. 中国电化教育，2013（1）：121-125.
② 赵国庆. 概念图、思维导图教学应用若干重要问题的探讨[J]. 电化教育研究，2012（5）：78-84.

在这个知识地图中，每一个问号标记都是一个知识结点，对应着一个知识元的资源包，其中包含了微视频、文本性材料和自诊断资源。当鼠标在问号标记上悬停时，就会弹出悬浮窗。此时，学习者可以通过此悬浮窗内的超链接调用该知识元内的相应资源。

利用知识地图，能够直观地看出学习者为完成某一学习目标需经历的学习路径、需掌握的先备知识。学习者在明确自己的知识起点后，便可按图索骥，逐步学习，直至达成最终目标，减少了自主学习的盲目性。同时，学习者可以通过一条完整的知识路径发现自己原有知识和新知识之间的联系，便于将新知识纳入已有的认知结构中，从而实现新旧知识的同化和顺应，丰富和调整自己的认知结构①。

3．建立有效的监控和反馈机制

从笔者利用"北京师范大学计算机公共课教学平台"开展教学活动的实践看，不论教学论坛的应用水平，还是微视频资源的点播数量，都与平台内部的管理机制有很大的关系。研究发现：与匿名平台相比，在实名制平台中，学生参与讨论和点播的积极性更高，而且无效帖子的数量和无效点播的次数都很少；带有激励和反馈机制的 LMS 能更有效地激发学生的动机，可以促进有效学习行为的发生。

鉴于上述规律，笔者认为：在支持在线学习的 LMS 中，应尽可能做到以下两点。（1）以实名制形式管理学习者。实名的学习者会在潜意识中约束自己的行为，并希望自己的学习行为得到教师和伙伴的认可，有利于学习活动的规范化；（2）及时向学习者反馈其学习进度，并给予适当程度的激励。

鉴于以上原因，现代化的 LMS 应能自动地记录每个学习者访问和使用学习资源的情况，把学习者点播微视频的时长、应用习题开展自诊断的得分等信息实时地标记到知识地图中，以便该学习者及时地了解自己在各个知识点上的学习进度，从而帮助学习者及时地发现薄弱环节，查缺补漏。借助面向学习者的、反映学习进度的知识地图，还可以克服微视频（微课）教学的弊端，引领学生联想，减少"知识碎片化"现象的发生，有利于学习者对新知识的同化，保证学习者知识体系的完整性。

4.2.4　建构以微视频为核心的翻转课堂学习支持系统

1．微视频在教学中的价值

针对课堂教学过程录制的三分屏模式录像，其教学效果并不好，很少有学生能够在没有课堂氛围和教师约束的情况下完整地看完 45 分钟左右的三分屏教学录像。而且多数学生反映，在长达 45 分钟的课堂三分屏录像中，由于网络速度的限制和

---

① 马秀麟，岳超群，蒋珊珊. 大数据时代网络学习资源组织策略的探索[J]. 现代教育技术，2015（7）：82-87.

课件标注的不足，学生无法做到"随机进入"，经常发生学生花了很多时间也无法找到所需内容的现象。在这种条件下，简短的（时长在 5 分钟左右）、针对知识点的微视频应运而生。

　　教育技术的相关研究已经证实：基于知识点（或者面向具体任务）录制的抓屏微视频，对于课程的教学具有重要作用。由于这种微视频面向具体任务，以录制屏幕操作过程为主，能够真切地反映教师的规范操作，而且每个微视频的时长都在 5 分钟以内，不会超出学生的认知负荷。因此在 LSS 中，应该更多地利用这种微视频来解决教学中的重点问题、难点问题。

　　图 4-3 呈现了在笔者的 LSS 平台中播放"SQL Server 2000 服务器应用方法"微视频的操作界面。

图 4-3　安装 SQL Server 2000 的微视频

　　在如图 4-3 所示的微视频界面中，左侧的视频文本给出了完成这个任务所需的简要操作步骤，以便学生在正式观看视频前预习，或者为半熟练的学生提供操作思路。右侧的主界面是一个视频播放窗口，可在这个窗口中播放微视频，以微视频片段演示出实施这个任务的详细操作过程。

2．微视频教学资源的组织

　　由于微视频片段较短，因此在一门课程中，可能涉及上百个、甚至几百个微视频文件。因此，对微视频资源的管理和导航非常重要。为了使学生能够便捷地获取相关微视频，可以借助思维导图和知识管理的相关理论，利用思维导图工具绘制知识网络图，并以知识网络图展示出各个知识点之间的逻辑关系，并且把相关的微视频文件链接到各知识点之下，建立一种基于知识地图的微视频导航体系。

随着教学研究的深入，人们对教学活动中的学习资源已经不仅仅满足于微视频的状态，而是希望把每一个小型教学案例作为课程来进行详细设计，把创设情境、教学活动设计与控制、开发教学视频片段（微视频）、学习效果测试与诊断等有机地结合起来，把与每一个微型教学案例相关的所有资源都组织为一个有机的整体，使之成为微课。

在微课模式下，微视频就不再是一个独立的个体，而是微课的有机构成部分，能够更好地发挥微视频的作用和价值。

4.3 学习资源的管理与学习支持系统建设

4.3.1 基于知识管理与共建共享理念的学习资源开发

本节将以《Photoshop 图像处理》这一章为例，说明在基于知识管理的相关理论指导下，网络学习资源的设计与组织过程。

4.3.1.1 教师应积极创建并组织学习资源

按照建构主义关于学习的理论，教师在进行学习资源设计前期必须完成学生分析、教学目标分析等重要环节。对于学生分析部分，限于篇幅不再赘述，这里仅就教师对资源的组织过程展开讨论。

1. 分析知识点间的逻辑关系

我们认为，学生的学习过程是一个以旧的知识体系同化和顺应新知识的过程。因此，作为教师，协助学生理顺学习内容中各个知识点之间的逻辑关系，是非常有利于在学习过程中完成意义建构的。因此，在教师组织学习资源的过程中，主要采取以下策略：

首先，要求教师采用"思维导图工具"的分析方法，建立起学习内容中知识点间的网络联系图。这种方法又称为知识建模分析法，它可以帮助教师在详细分析教学内容的基础上描述出知识点之间的关系，不仅可用于学习内容的鉴别和序列化，而且有助于学习活动的设计。例如，在分析 Photoshop 的知识体系后，得到的知识网络图如图 4-4 所示[①]。

[①] 杨开城. 以学习为中心的教学设计理论[M]. 北京：电子工业出版社，2005.

网状结构的知识地图能够比较详细地说明各知识点之间的联系，是教师设计和组织实训项目的指导，是 LSS 平台网页设计过程中组织和描述网络资源的依据，是设计网络导航图和学生组织自己的个人知识体系树的主要参考。因此，教师进行学习资源设计的首要任务就是开展知识结构分析，探究各知识点之间的逻辑关系，并利用思维导图工具绘制出知识网络图。

2．设计多种学习情景，促使学生完成显性知识与隐性知识的相互转化

笔者的 LSS 平台采用了自主学习和协作学习两种策略支持教学活动。通过多种方式的融合，为学生建立了一个能够促进学生学习、积累知识和共享知识的环境，从而尽可能把带有隐性特质的那部分知识，能够通过具体的语境（context）和载体表现出来[①]，并以多种方式鼓励学生开展自主学习和协作学习。

例如，教师以任务驱动方式组织电子教案，尽量布置基于问题的实训题目，鼓励学生开展协作学习，并为学生提供网上专题论坛、兴趣小组、问题征解、你问我答等多种网络学习环境。

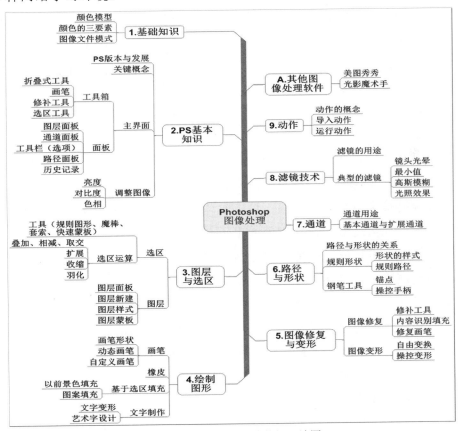

图 4-4　Photoshop 模块的知识地图

---

① 马秀麟，毛荷，王翠霞. 从 MOOC 到 SPOC：两种在线学习模式成效的实证研究[J]. 远程教育杂志，2016（7）：43-51.

3．在 LSS 中依据知识点之间的逻辑关系组织学习资源

在 LSS 中，信息的组织方式主要有超文本方式、主页/页面方式、目录指南式、指示数据库方式。为了体现对知识间逻辑关系的管理，教师可以用两种方法组织各类学习资源：其一就是传统教学网站采用的资源管理方式；其二是基于知识网络图的资源组织方式。

（1）传统教学网站的资源管理方式——横向组织资源

通过分析资源在教学中的作用，教师可及时地将资源分类整理，并上传到 LSS 平台的相应数据库中。在这种资源管理方式下，网站中的资源大多采用主页/页面方式和目录指南式来组织，学习资源被按照所属类别进行存储和标记，同类资源则被按照线性顺序堆放。在这类 LSS 中，学生们需先通过主页面进入到不同的服务模块，然后才能在相应的模块中顺序查找所需的资源。由于这种管理方式以线性排列方式为主，缺乏对知识点之间其他联系的存储，不利于多种视角的随机进入，不利于学生的联想与顿悟，对于学生的有意义建构存在着局限性。

（2）基于知识网络图的资源组织方式——纵向组织资源

为了使学生能够方便地获取某一知识点的相关知识：包括电子教案、经典案例、程序示例、相关作品、习题、网络讨论等内容，教师建构了基于知识网络图的纵向导航体系，为学生提供了一个知识地图。学生只需通过知识地图，就能直接定位到知识点，并可通过知识点之下的超级链接，获取与此知识点相关的各类资源。这是一种基于知识点的纵向管理方式。

例如，在电子教案的每一章，教师都提供了知识网络图。在这些知识网络图中，教师采用了 HTML 语言的 MAP 技术对知识网络图上的特定知识点建立超级链接，利用这种超级链接来组织学习资源。由于教师已在知识网络图的各个节点上设置了超级链接，可以把与这个知识点相关的电子教案、经典案例、程序示例都组织到这个链接下，甚至问题征解、兴趣小组、网上论坛模块中与此知识点相关的知识都被有机地组织到这里，使学生通过鼠标单击就可以很容易地得到与这个知识点相关的所有内容。

基于知识网络图的导航系统较好地描述了知识点之间的联系，明确了各个知识点之间的相关性，是一种与学生的发散性思维方式相似的管理方式。需要注意的是，如果以这种方式组织资源，要求师生在向数据库中装入学习内容时，必须明确指出该资源在知识网络图中的准确位置。

应用实践证明，以上述两种方式结合起来组织资源，形成基于知识点管理的立体结构，便于学生从不同角度检索和应用资源，明确知识点间的层次关系、渐进关系，有利于学生在学习过程中完成意义建构。

4.3.1.2　鼓励学生应用并重组、创新学习资源

1．学生获取和应用学习资源

只有在拥有很多知识的情况下，个人的知识管理才有意义，因此学生进行知识管理的第一步是知识的学习（也叫知识的获取）与积累。通过 LSS 平台，学生首先得到的是教师组织好的学习资源，这些对于学生来说是已经结构化、系统化的显性知识。学生可以通过 LSS 提供的站内搜索的功能，快速地获取自己想要的学习资源。

另外，学生还可以利用百度等公共服务网站提供的搜索引擎、FTP 等工具，搜索并下载自己需要的学习资源；学生还通过 LSS 平台参与论坛讨论，扩充资料查找的力量，同时在讨论中接受新观念，开阔了视野，提升了其信息获取能力。

2．学生对学习资源的重组与创新

在应用 LSS 平台开展教学活动的过程中，应让学生能充分地利用教师设计的资源开展学习。在这个过程中，要求学生必须完成知识的归类整理，必须能够利用系统提供的 Blog 建立起自己的知识框架（或者说形成公开的个人电子笔记），以显式体现自己的知识建构。也就是说，教师要促使每一个学生都既成为知识网络图的使用者，又成为个人知识树的组织者。

在这个过程中，教师可以给学生提供只有标题的、能够体现知识间逻辑关系的知识树（一棵没有树叶和小树枝的秃树），学生的职责是根据自己的学习情况、理解水平不断地丰富这棵知识树。即在使用 LSS 平台开展学习的过程中，学生可以把自己认为重要的电子教案、程序示例、兴趣小组的特定专题、学生论坛中有价值的内容通过超级链接组织到个人知识树的相应分支中。

学生在自己参与讨论、撰写日志（学习笔记、学习心得）以及通过 LSS 平台获取知识后，在头脑中会对知识按照一定的主题进行重新分类与组织，从而实现由显性知识到隐性知识的转变。由于这种组织和分类最终可以通过个体知识结构树体现出来，促使学生再把隐性知识显性化。而且学生自行组织知识结构树的过程，本身就是梳理个体知识结构的过程，也是一种知识的重组和创新过程。

分类和组织知识的目标是形成自己的知识管理框架，尤其是形成专题分类。一般说来，科学的专题分类有助于把收集到的资源系统地储存，以便使用时快速撷取。在 LSS 中，学生可以通过链接其他同学做好的优秀 Blog、教师讲义和教师做好的知识网络图、主题网站、个人主页等优秀资源，使之按照个体的认知风格有机地组织起来，成为优质、便捷的学习路径，以便在任何时间可以方便地进行浏览与学习。这个过程能够真正地把个人知识外化为组织知识，使教师、学生的知识框架图能够被其他同学共享。由于平台中集中了风格各异的、数量众多的个人 Blog，也有利于

不同认知风格的学生选择适合自己认知特点的内容开展交流、学习。

4.3.1.3　应用效果评价及反思总结

实践发现，通过网络平台，学生可与学习伙伴和教师进行交流，获取别人的经验、技巧、情感，形成自己新的结构化的知识或者经验、技巧等，是一种分析和组织知识的过程，也是一种重要的知识创新。

基于知识管理的《Photoshop 图像处理》网络学习资源设计，在学习实践中取得了良好的效果。得到了师生的肯定，同时也在师生的共同努力下实现了多次完善。基于知识管理进行网络学习资源设计，为网络学习资源的设计提供了一种设计思路，同时也有许多问题需要进一步研究。总之，尽管本节中的部分思想还不够成熟和完善，但文中进行的分析和得出的结论，都是笔者研究了大量文献并结合实际开发经验所得出的，希望本文能够抛砖引玉，把知识管理应用于学习资源的研究推向深入。

4.3.2　大数据时代网络学习资源组织策略的探索

e-Learning 是在网络环境下进行教育与学习活动的一种模式，这种模式在当前的教学领域被广泛地应用。在学生充分地享受基于网络平台开展自主学习的快乐之时，也面临着学习资源过泛、资源质量参差不齐、学习过程迷航等问题。2013 年，笔者所在的教研团队就网络学习效果在北京师范大学开展了一轮面向一线教师和学生的调研。从学生方收集到的数据来看，有近 60% 的学生并不把学习支持系统（learning support system，LSS）作为课后辅助学习的主要手段，其原因在于"难以便捷地找到所需的资源"和"教学平台中的资源与教材内容没有区别，还不如看课本"；有的学生甚至认为"在有了疑惑时，如果登录课程学习平台查找解决办法，还不如'百度百科'快。"[①]为此，笔者带领教学团队，针对 LSS 的现状和存在的问题开展了一系列研究。

4.3.2.1　大数据时代的数据处理与呈现模式

从信息系统的发展历程来看，面向教育教学环境的信息系统因其处于高校或科研院所之内而起步较早，对企业信息化和管理现代化都起到了非常重要的引领作用。然而，近几年的 LSS 却鲜有技术和功能上的突破，企业和商业部门的信息系统已经走在了时代前列，并引领人们进入了大数据时代。大数据的管理方式和应用理念，必将对 LSS 的建设产生重要影响。

---

① 马秀麟，朱艳涛，等. 北京师范大学网络学习平台使用情况调查报告[R]. 北京: 北京师范大学教务处，2013: 10.

1．大数据时代支持数据的自动推送，强调个性化和针对性

大数据时代，后台数据的规模和低价值性决定了最终用户不会直接使用整体数据；终端用户获得的数据一定是该用户感兴趣的部分，是那些经过抽取并能够满足用户个性化需求的数据。搜索引擎的出现，其实并没有真正解决用户与资源之间的矛盾。用户使用关键词搜索信息时仍会出现大量的冗余信息，并不得不对其重新筛选。因此，搜索引擎并没有有效地解决互联网信息过载的问题。这就要求大数据系统在提供数据支持的过程中完成符合特定用户个性化要求的数据抽取，并以恰当的方式呈现给终极用户。

一个好的资源组织与推送策略不仅能解决用户对信息检索的需求，使他们能很容易地找到所需的资源，而且能实时记录他们的基本信息及扩展信息，实时追踪并推测他们的进一步需要。然后，针对用户的需求为他们推送资源，才能有效减少他们在资源搜集方面的困扰，并按照他们的个性化特点，最大限度地为他们提供真正的服务。

2．大数据时代的数据服务应该能够根据现状实时反馈

在网络时代，由于数据的动态性、时效性，使得数据始终处在不断变化的环境中，因此需从信息动态演化的视角来分析与挖掘数据中隐含的有用信息。

任何一个支持大数据运营的信息系统都必须注重对信息的实时分析与反馈，并能够依据实时分析结果实现资源的分析与管理，从而满足最终用户的个性化要求。在个性化的反馈系统中，由于用户的兴趣爱好可能随着时间而改变，所以表示用户兴趣的特征词的重要性也可能随着时间而改变。由于未知的新词不断出现，从而造成描述用户兴趣的特征空间是动态的。因此，在数据处理的过程中，一定要注重信息的动态与时效性。

3．数据输出的模型化与可视化

相比于传统的数据资源形式，大数据具有开放性、复杂性、多样性和海量性等特点。同时，网络数据的组织形式也非常丰富，不仅包含文本、图像、声音、动画等传统的数据形式，还存在着具有复杂结构甚至无结构的抽象数据。为了更好地呈现数据，便于终端用户更准确有效地理解输出数据，对表达语义的信息数据进行模型化与可视化是十分有必要的①。信息可视化、知识可视化技术已经成为当前大数据处理与呈现的重要手段。

4．对大数据的应用应具有实时性与高效性，建立在数据挖掘的基础上

在网络时代的今天，一方面，由于数据时刻处于动态变化的过程之中，需从信

---

① 许彦如. 考虑偏好的网络数据可视化分析[D]. 上海: 华东师范大学，2012:（5）.

息动态演化的视角来分析与挖掘数据中隐含的有用信息，才能保证数据分析结果的时效性。另一方面，在大数据时代的背景下，数据处理与呈现模式发生了巨大变化，数据量的爆炸性增长使得人们很难像以前那样依靠经验、手工的计算和人脑的指挥等人工方式来找出关于数据较为全面的知识。也就是说，由于大数据的价值密度低，要想从大量的数据中及时地获取有价值的信息，必须借助网络环境中的信息化平台，满足包含大量在线或实时数据分析处理的需求①。

4.3.2.2　大数据管理对学习资源管理的启示

1. 以知识点为核心，组织学习资源，构造知识元

（1）传统的学习资源组织策略及其特点

从资源的组织方式来看，目前国内外常用的数字化资源组织方法主要有元数据组织法、分类组织法、主题组织法 3 种类型②。使用元数据组织法对网络信息进行描述、识别和选择应用，既可以人工完成，也可以用计算机程序自动处理，具有简练、易于理解、可扩展等特点，在处理网络信息资源中具有得天独厚的优势③；但也因其要求描述的元素种类繁多，至今无法形成统一的标准，在一定程度上影响了数字化资源的组织。分类组织法是一种历史比较悠久的方法，相对来说发展得比较完善，在信息组织领域中应用最广；分类组织法通常以学科、专业等为界限，采用树形结构，方便用户检索和查询。主题组织法一般直接以表示信息的关键词作为标识，按照关键词的顺序组织和检索，并能揭示关键词间的相互联系；使用主题组织法也存在一定的缺陷，主要在于查询信息资源时会出现过多的命中资源，从而加大了用户筛选资源的难度。

（2）把学习资源链接到知识点，构建以知识点为核心的知识元

在智能化的 LSS 中，学习资源一定不能线性堆放。当前，LSS 的建设应借助主题组织法的理念，以知识点为核心（主题），把学习资源直接挂接在知识点之下，构成知识单元包（简称知识元）。也就是说，一线教师把与此知识点相关的文本、图片、微视频、演示文稿等各类资源挂接在知识地图的知识点标记之下，构成一个关于此知识点的资源集合。

对学生来讲，知识元就是一个以知识点为核心的资源包、数据集。它是一种结构性的资源，包括文本资源包、PPT 课件、微视频、测评题、关于该知识点的论坛帖，由学习内容、语义描述、学习活动、格式信息、生成性信息等部分构成。基于

---

① 《中国电子科学研究院学报》编辑部. 大数据时代[J]. 中国电子科学研究院学报，2013（1）：27-31.
② 马秀麟，白凤凤. 基于知识管理的网络学习资源的组织[J]. 中国教育信息化，2007（10）：60-62.
③ 马秀麟，白凤凤. 基于知识管理的网络学习资源的组织[J]. 中国教育信息化，2007（10）：60-62.

知识元，允许学生根据自己的喜好、认知风格从中选择符合自己要求的学习资源，为不同认知风格的学生提供符合其需求的支持[①]。

2．构造动态知识地图，清晰呈现知识点（知识元）之间的逻辑关系

与普通的信息系统不同，LSS 的最终目标是为学生提供一个高效的学习支持环境，向学生清晰地呈现学习资源。有研究证实，线性堆积的资源非但不能起到对学生自主学习的支持作用，反而有可能扰乱学生的学习过程、影响学习效率，这是因为学习资源之间逻辑性的弱化会严重影响学生对整个课程体系的把握以及对整体知识的有意义建构和同化[②]。因此，以立体化、可视化的技术直观地呈现出知识元之间的逻辑关系，对于 LSS 的建设至关重要。

在"知识元"中封装了对教学资源的必要描述信息和组织信息，这其中也包括知识点之间的关系。明确了课程的关键知识点之后，应该由一线教师以"知识地图"的形式对已有知识元进行组织和排列，将知识点间的逻辑关系以可视化的方式呈现出来。通过知识地图，就可以清晰地看出各个知识点之间的上下位、从属、包含、并列等关系。

利用"知识地图"，能够直观地看出学生为完成某一学习目标需经历的学习路径、需掌握的先备知识。学生在明确自己的知识起点后，便可按图索骥，逐步学习，直至达成最终目标，减少了自主学习的盲目性。同时，学生可以通过一条完整的知识路径发现自己原有知识和新知识之间的联系，便于将新知识纳入已有的认知结构中，从而实现新旧知识的同化和顺应，丰富和调整自己的认知结构[③]。

3．建立资源应用评价体系，及时实现资源筛选

在学生基于知识地图的导引就某一知识元开展自主学习时，LSS 要及时地记录学生在每一份学习资源上的耗时，并要求学生对学习资源的等级进行评价。在测试完成后，生成关于学习资源的测评报告，存储在 LSS 的后台数据库中。

基于学习资源的评价成绩，由 LSS 对学习资源按照所属知识点进行排序与筛选，及时调整知识单元内部资源的顺序，降低劣质资源的使用优先级，把质量不佳、访问量低的资源逐步排除出去。

4．基于关键词，构建面向论坛发帖的资源重组与重构体系

教学经验已经证实，不同年级的学生对同一知识点的理解过程有共性。通常前一届学生多次出错的知识点也是后一届学生容易出错的地方，很多学生的疑难问题

---

① 余胜泉，杨现民，程罡. 泛在学习环境中的学习资源设计与共享——"学习元"的理念与结构[J]. 开放教育研究，2009，15（1）：47-53.
② 马秀麟，赵国庆，朱艳涛. 知识可视化与学习进度可视化在 LMS 中的技术实现[J]. 中国电化教育，2013（1）：121-125.
③ 马秀麟，赵国庆，朱艳涛. 知识可视化与学习进度可视化在 LMS 中的技术实现[J]. 中国电化教育，2013（1）：121-125.

都能在前面几届学生的讨论中找到解答。因此，如果能把以前学生针对某些知识点的讨论帖链接到对应的知识点之下，使当前学生便捷地获得师兄师姐们对这一知识点的看法和冲突过程，必然能促使当前学生更加准确地把握这一知识点①。

由于学生在 LSS 论坛中的发帖比较随意，论坛的内容通常也比较凌乱。对于小型的智能化 LSS 而言，系统应该为一线教师提供浏览论坛发帖并有选择地向知识点创建超链接的功能，从而保证教师能够便捷地把精华帖及其讨论过程及时挂接到知识地图的相应锚点之下。对于大型的智能化 LSS，则应借助中文分词和知识科学的有关研究成果，实现基于帖子关键词的自动分类与挂接。

5. 要面向学生和一线教师开放"资源重组"功能，满足其个性化要求

（1）尊重一线教师的需求，使一线教师能充分地呈现自己对知识体系的理解

从教学有效性的视角来看，对课程内容、知识体系和教学活动把控得最好的应该是一线教师，学生最熟悉的也是自己老师的认知习惯、学习路径。因此，动态知识地图的构建必须由一线教师主导，要能真正地反映一线教师的个性化需求，并真正地体现出一线教师对课程内容的思考和理解。

（2）针对学生的认知习惯和知识状况，支持学习资源的推送

对学生来讲，LSS 应能对学生的学习过程进行主动记录与跟踪，并能够根据每个学生的学习状况组织必要的自适应测评，然后依据自主测评情况给学生提出学习建议，实现学习资源的智能化、个性化推送。

另外，针对现有资源的评价与筛选，也要密切结合学生已有的操作状况，并实时地对资源进行排序和筛选。

6. 创建支持资源共享、共建的机制

基于互联网的开放和共享精神，LSS 中的学习资源库应始终保持开放，不仅支持教师随时补充、删除知识点，还要允许学生调用、上传新的学习资源。教师可根据教学内容和自己的教学设计、教学活动方案来修订知识地图并提供给学生，以满足其个性化教学需求；学生亦可利用已有的知识点，"组装""拼接"个性化的知识地图，并分享给其他学生。至此，学生不再单纯地只是知识的消费者，也变成了知识的生产者。知识点的创建和共享，可以帮助学生从整体上把握所学内容、加深对所学知识的理解、提高学习的积极性并培养互助和共享精神。

4.3.3 面向一线教师的学习资源重组

随着 e-Learning 的普及，网络学习资源建设与知识可视化已成为学习支持体系

---

① 马秀麟，金海燕. 基于关键词标注的教学论坛内容组织方法研究[J]. 现代教育技术，2009（12）：87-91.

的核心内容。在这个过程中，一方面，为了呈现知识点之间的逻辑关系，知识地图、概念地图、知识网络图等概念喷薄而出，与其配套的 MindManager 等工具在网络学习资源开发过程中被广泛地应用。基于知识地图的导航体系，对于引导学生更好地理解知识体系、"随机进入"各知识点并开展学习都发挥了重要作用[①]。另一方面，各种类型的知识以图片、微视频、动画的方式呈现在屏幕上，以直观形象的方式引导学生思考，对提高学习效率也有重要意义。

4.3.3.1　在 LSS 中实现知识可视化的设计思路

为使一线教师也能利用 LSS 便捷地创建知识地图，建立各个知识点到相关资源和素材的链接，应该由 LSS 向一线教师提供动态建立、修改知识地图的功能，并能够根据每个学生的阅读情况、作业情况分别标注其学习进度，从而实现知识结构可视化和学习进度可视化的目标。

1. 由 LSS 提供动态知识地图的意义

目前，主流的通用型 LSS 都没有为一线教师提供动态创建知识地图的功能。在这些平台中，一线教师只能把制作好的知识地图、图像和视频作为资源打包上传，上传后的资源被线性依次排列，无法体现资源之间的立体连接关系，影响了学生对各类资源的应用。

从各学科教学的实际情况看，只有一线教师最了解自己学生的需求，也只有一线教师才能清晰地描述课程的知识结构和知识体系。而其他专家、学者制作网络课程美则美矣，但总是与当前的教学活动存在着一定的隔膜。

如果能在 LSS 中，为一线教师提供一套上传学习资源并任意链接和组织学习资源的功能，通过这个功能可以便捷、动态地生成知识网络图，形成一套对资源实施纵向管理的新体系，对于更好地呈现和管理学习资源，无疑具有重要的意义。

2. 由 LSS 提供面向一线教师的知识地图并实现导航的设想

在现代化的学习支持系统中，教师应以概念图为基础构造面向整个知识模块的知识地图，并借助知识地图把全部学习资源链接到知识地图的相应结点之下。例如，笔者的课程《多媒体技术与网页设计》中"音视频处理技术"模块的知识地图如图 4-5 所示。在这个知识地图中，每一个问号标记都是一个知识结点，对应着一个知识单元的资源包，其中包含了微视频、文本性材料和自诊断资源。当鼠标在问号标记上悬停时，就会弹出悬浮窗。此时，学生可以通过此悬浮窗内的超链接调用该知识单元内部的相应资源。

---

① 张海森. 2001—2010 年中外思维导图教育应用研究综述[J]. 中国电化教育，2011（8）.

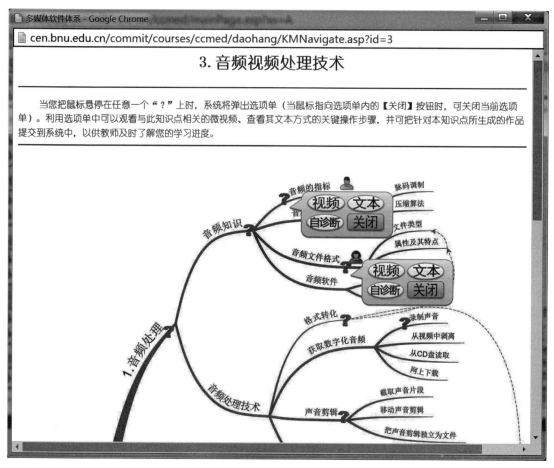

图 4-5　基于知识地图的微视频资源导航体系

　　利用知识地图，能够让学生直观地看出为完成某一学习目标所需经历的学习路径、需掌握的先备知识。学生在明确了自己的知识起点后，便可按图索骥、逐步学习，直至达成最终目标，减少了自主学习的盲目性。同时，学生还可以通过一条完整的知识路径发现自己原有知识和新知识之间的联系，便于将新知识纳入已有的认知结构中，从而实现新旧知识的同化和顺应，丰富和调整自己的认知结构。

　　在学习支持系统的建设中，基于知识地图的学习资源组织策略，一方面为资源的组织与管理提供了很好的支持，另一方面还为学生应用学习支持系统开展学习提供了很好的导航能力。

4.3.3.2　以知识地图管理与组织学习资源的关键技术

　　为了讲解面向一线教师设计知识地图并组织学习资源的关键技术，本节以《多媒体技术与课件开发》课程中的"音视频处理技术"模块为例，讲述实现这一功能的关键技术和操作流程。

1．预设案例简介

针对《多媒体技术与课件开发》课程中的"音视频处理技术"模块，目前已经创建了大量资源，其资源类型主要包括微视频、面向知识点的测试题、每个案例的文本材料等。

为了体现这些资源之间的逻辑关系，按照知识结构、以立体化的模式组织这些学习资源，从而为学生提供很好的导航体系，并以知识地图来实现对学习资源的组织与管理。

2．实施思路

本案例要求以知识地图组织学习资源并为学生提供导航体系，这就需要教师认真分析课程内容的知识结构，利用思维导图工具绘制出表达知识结点及其逻辑关系的知识地图，然后在知识地图上以特殊的符号标记出知识结点。对于每个知识结点，其对应的超链接有 3 个，依次为微视频、配套文本和自诊断（包含素材和测试题）。这些链接通过一个小图片组织在一起，并被放置于一个可随时隐藏的层对象（<Div>）中，然后这个层对象被挂接到知识地图内相应知识结点的热区上。

基于这一思路，利用网页设计技术，针对每个知识结点创建默认状态下的层对象，在每个层对象中包含一个内置图片，由图片控制 3 个超链接，分别指向与此知识结点相关联的微视频、素材、自测题目和配套文本材料。内置图片的结构如图 4-6 所示。其中右下角的"关闭"按钮用于隐藏层对象自身，当鼠标在其右下角的"关闭"按钮上划过时，此层对象自动隐藏，以保证整个知识地图的清洁。

图 4-6　面向知识结点的层对象及其内置图片

3．操作步骤

（1）绘制知识地图

① 教师认真研读《多媒体技术与课件开发》中"图像处理知识"的学习内容和解题策略，厘清其知识结构，在头脑中形成清晰逻辑体系。

② 启动思维导图软件 iMindMap，绘制出本模块的完整知识地图。

③ 在 iMindMap 中，利用菜单 File→Export 命令并选择文档类型为 image，在随之弹出的"保存文件"对话框中输入新文件名称并单击 Export 按钮，把 iMindMap 绘制的思维导图存储为 JPG 格式的静态图片（知识地图）。

④ 先选择一个标志性的小图片（本案例选择一个"问号"图片）作为知识结

点标记。然后，以 Photoshop 软件打开刚刚生成的知识地图图片文件。接着，把作为知识点标记的小图片（"问号"图片）粘贴过来，在知识地图的每个知识结点上都粘贴一份。最终，整个知识地图就变成了已明确标注知识结点的新型知识地图，如图 4-7 所示。

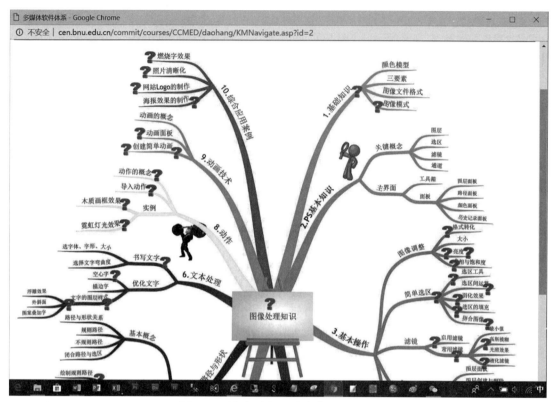

图 4-7　已经标注知识结点的知识地图

（2）为知识结点创建公共代码段，建立面向知识结点的层对象、内置图片及内链接

① 启动 Dreamweaver，新建一个网页文件并保存为临时文档。

② 利用菜单"插入"→"布局对象"→"Div 标签"命令，为当前网页插入一个层对象（ID="OK0"）。不使用 CSS 样式表，而是直接利用内联式样式对这个层标签设置其属性。相关代码如图 4-8 所示。

```
9   <div style="position:absolute; left:670;top:196;width:160px;height:80px; z-index:1; visibility:visible;" id="OK1">
10
11  </div>
```

图 4-8　新建立的层对象（内联式样式码）

③ 把插入点放在这个层对象内部，直接插入其内置的小图片对象（该小图片如图 4-7 所示）。

④ 针对此内置图片对象，利用 Dreamweaver 的图像热区技术，为每个项目建立热区链接。最终形成的代码如图 4-10 所示，这段代码就是面向每个知识结点的公共代码。需要强调的是，对于不同的知识结点，这段代码中的坐标值（left:670；top:196）、层对象名称（OK1）、内置热区的标记（Map1）均属随时变化的量，在图 4-9 中已经被用圆角矩形圈了出来。

⑤ 把当前层对象的默认状态修改为"不可见"，即在图 4-9 的第 9 行中，把其中属性项"visibility:"的值"visible"修改为"hidden"，表示层对象"OK1"默认为不可见状态。

```
9   <div style="position:absolute; left:670;top:196;width:160px;height:80px; z-index:1; visibility:visible;" id="OK1">
10  <img src="markpic.gif" width="160" height="75" border="0" usemap="#Map1" />
11  <map name="Map1" id="Map1">
12    <area shape="rect" coords="31,9,84,35" href="#" />
13    <area shape="rect" coords="90,10,148,34" href="#" />
14    <area shape="rect" coords="26,40,81,61" href="#" />
15    <area shape="rect" coords="86,39,148,59" href="#" />
16  </map>
17  </div>
```

图 4-9　在层对象中内建图片并创建热区链接

（3）利用 Dreamweaver 为知识结点挂接资源

① 启动 Dreamweaver，新建一个网页文件 KnowGraph. html 并保存，然后利用"附加样式表"功能借用已存在的 main. css 进行页面初始化。

② 利用菜单"插入"→"图像"命令把已经制作好的知识地图图片插入当前网页中，设置此图片的宽度为 1024 像素，高度为 1000 像素。

③ 利用菜单"插入"→"布局对象"→"AP Div"命令，向页面中插入一个布局的层对象。利用"设计"视图底部的"属性"面板，把此 AP Div 的 ID 修改为 mytest。

④ 在"设计"视图中，以鼠标单击图片的方式使之被选中。然后，在"属性"面板的"地图"区块中选择"矩形热点工具"，接着以此工具针对地图中的某个结点拖动鼠标，构建一个热区链接。

⑤ 利用菜单"窗口"→"行为"命令，打开"行为"面板。在刚刚创建的热区处于选中的状态下，在"行为"面板中添加新行为"显示-隐藏元素"，设置层对象 mytest 为"显示"。在添加完毕，应把此行为的激发事件修改为 onmouseover。其含义是当鼠标在此热区上悬停时，显示出层对象 mytest。同理，再次为此选区添加新行为"显示-隐藏元素"。在添加完毕，重新配置此行为，使之满足："onmouseout"对应于"层 mytest（隐藏）"。最终获得的代码如图 4-10 所示。

```
22  <script type="text/javascript">
23  function MM_showHideLayers() { //v9.0
24    var i,p,v,obj,args=MM_showHideLayers.arguments;
25    for (i=0; i<(args.length-2); i+=3)
26    with (document) if (getElementById && ((obj=getElementById(args[i]))!=null)) { v=args[i+2];
27      if (obj.style) { obj=obj.style; v=(v=='show')?'visible':(v=='hide')?'hidden':v; }
28      obj.visibility=v; }
29  }
30  </script></head>
31
32  <body>
33  <img src="ditu2.jpg" width="1024" height="780" border="0" usemap="#Map" />
34  <map name="Map" id="Map">
35    <area shape="rect" coords="697,75,734,111" href="#" onmouseover="MM_showHideLayers('mytest','','show')"
36    onmouseout="MM_showHideLayers('mytest','','hide')" />
37
38  </map>
39  <div id="mytest"></div>
40  </body>
41  </html>
```

图 4-10　针对知识地图上的知识点创建热区链接并可控制层对象的代码

经过上述设置，已经实现了这样一种目标：在预览网页时，当鼠标在此知识结点上悬停时，就会显示出层对象 mytest；当鼠标离开这个知识结点时，就会隐藏层对象 mytest。

⑥ 目前的热区链接只控制层对象 mytest，功能很单一。现在需要把图 4-10 中的代码插到当前程序中：首先，把图 4-10 中的层对象"OK1"的左上角位置（left:670；top:196；）修改为当前知识结点的位置（left:697；top:75；）。然后，把图 4-10 内 9~17 行的代码复制到图 4-11 中的第 38 行之处。最后，由于在图 4-10 中定义的层对象被命名为"OK1"，因此，还需要把图 4-10 中第 36 行和 37 行中的 mytest 修改为 OK1。经过修改，获得如图 4-11 所示的新代码。

```
22  <script type="text/javascript">
23  function MM_showHideLayers() { //v9.0
24    var i,p,v,obj,args=MM_showHideLayers.arguments;
25    for (i=0; i<(args.length-2); i+=3)
26    with (document) if (getElementById && ((obj=getElementById(args[i]))!=null)) { v=args[i+2];
27      if (obj.style) { obj=obj.style; v=(v=='show')?'visible':(v=='hide')?'hidden':v; }
28      obj.visibility=v; }
29  }
30  </script></head>
31
32  <body>
33  <img src="ditu2.jpg" width="1024" height="780" border="0" usemap="#Map" />
34  <map name="Map" id="Map">
35    <area shape="rect" coords="697,75,734,111" href="#" onmouseover="MM_showHideLayers('OK1','','show')"
36    onmouseout="MM_showHideLayers('OK1','','hide')" />
37      <div style="position:absolute; left:697;top:75; width:160px;height:80px; z-index:1; visibility:hidden;" id="OK1">
38      <img src="markpic.gif" width="160" height="75" border="0" usemap="#Map1" />
39        <map name="Map1" id="Map1">
40          <area shape="rect" coords="31,9,84,35" href="#" />
41          <area shape="rect" coords="90,10,148,34" href="#" />
42          <area shape="rect" coords="26,40,81,61" href="#" />
43          <area shape="rect" coords="86,39,148,59" href="#" onmouseover="MM_showHideLayers('OK1','','hidden')"/>
44        </map>
45      </div>
46  </map>
47  <div id="mytest"></div>
48  </body></html>
```

图 4-11　为第一个知识结点添加层对象 OK1 及其内置链接之后的代码

⑦ 在图 4-11 第 40 行的末尾，可把语句"href= "#""中的"#"替换为具体的微视频文件名，并要在末尾添加一个辅助语句"target=_blank"。这一设置表示：当单击层对象"OK1"中内置图片上的"视频"热区时，将在新窗口中打开 href 所指定的微视频或网页文件。

⑧ 在层"OK1"处于显示状态时，如果鼠标在层 OK1 内部的"关闭"热区上划过，则应该自动隐藏层"OK1"。为此，需要在 43 行的"href= "#""后边添加语句"onmouseover=="MM_showHideLayers（'OK1'，''，'hidden'）""。

同理，按照第④～第⑧的操作步骤，在知识地图上为其他知识结点添加新的层对象及其子热区链接。

4. 需要强调的关键点

在建立第 2 个知识结点的热区及其下级链接时，由于图 4-11 中的层对象名称"OK1"和子热区链接名称"Map1"已被第 1 个知识结点所使用，不允许第 2 个知识结点再次使用这两个名称。因此，在处理第 2 个知识结点前，需先把图 4-10 中的层对象名称更新为"OK2"，把子热区链接名称更改为"Map2"，然后才可被粘贴为第 2 个知识结点的层对象及其内置热区项。

4.3.3.3 LSS 中可视化技术的反思与展望

本案例的优势在于允许一线教师直接向教学平台中上传知识地图并能把相关资源挂接到知识地图中相关结点之上。这一设想，很好地解决了以下 3 个方面的问题：① 知识地图能够很好地反映一线教师的教学思路。由于知识地图是由一线教师自主完成的，而一线教师才是最了解课程内容、教学目标和学生学情的，由一线教师自主完成的知识地图能够完美地体现其教学思想、教学设计思路。② 基于知识地图挂接学习资源，很好地呈现出了学习资源之间的逻辑关系。对学生来讲，这一策略使学生清晰地掌握了各知识点之间的层级关系，了解为了掌握某一知识点所必须经历的学习路径（前序知识点、后续知识点、关联知识点），便于学生联想、顿悟。③ 本设计很好地解决了学生在教学平台中的导航问题。由于以知识地图组织学习资源，使学生不至于在学习过程中迷航。非线性、立体化的导航体系，支持学生的随机进入，有利于学生自主确立学习进度和学习内容。

在肯定本设计的同时，我们也必须看到，本案例给出的技术方案仍有些烦琐，一线教师要想真正地掌握这一技巧，仍需要投入一定的时间和精力，认真地钻研其中的细节和关键点，以免"画虎不成"。

4.3.4 学习论坛资源的重组与再利用

随着教育技术的发展，LSS 平台在教学活动中发挥着越来越重要的作用，论坛、

Blog等成为学生进行知识分享的重要平台。学生在论坛（或Blog）中按照自己对知识的理解撰写帖子、参与讨论，有利于学生按照个体思维习惯对知识点及其内在联系进行梳理，使之规范化、条理化，是一种重要的知识重构过程。

4.3.4.1 对学习论坛资源实施重组的必要性

随着论坛（或Blog）中帖子数量的增加，帖子的无序性、同类帖子之间缺乏联系的缺陷逐步暴露出来。当论坛（或Blog）中帖子的数量达到一定规模时，学生常常难以从帖子的海洋中获取所需的内容。

针对教学论坛（或Blog）中同类帖子之间缺乏联系、不利于知识分享和社会知识建构的状况，笔者认为：如果以学科教学中的知识点为链接结点，建构教学论坛（或Blog）中各类帖子之间的联系，建立以知识体系为核心的导航系统，过滤掉一些与学科教学相关性低的帖子，就能提高优质帖子的利用率，使学生在参与讨论的过程中，能够快速地获取相关的帖子。通过论坛中的这种横向链接关系，引导学生在参与讨论的过程中开展联想，逐步扩大知识面，从而促进学生从不同的层次和维度思考问题，促使学生从多个角度实现意义建构[①]。

尽管Web 2.0已经提出了对信息标记和管理的方法、思想，而且Tag和RSS的思路也已在某些Blog中有所体现。然而，由于其标注关键词和超级链接管理都非常注重普适性，并不是面向学科教学的。因此在实际的教学应用中仍存在标注不够便利、对普通学生要求较高、其关键词并没有完全面向学科教学等缺点。

为此，笔者认为：在对教学平台论坛（或Blog）的管理过程中融入知识科学的文本聚类思想，使教学平台能够针对学科知识特点，选取特定的词汇作为特征向量，探讨知识点之间的联系，自动形成基于知识点联系的知识网络图，对于提高教学平台的服务水平、促进学生积极地进行意义建构是具有重要意义的。

4.3.4.2 论坛资源重组的设计思想

探求解决论坛资源重组问题的方法，其关键是解决对帖子的分析、聚类问题，即探索一种算法，解决如何依据帖子所反映的知识内容，为大量帖子建立基于知识体系的纵向关联的问题。

1. 指导思想

鉴于中文信息处理的特点，借鉴中文信息处理的最新成果，在这一任务中，首先要解决的是中文文档的分词问题，其次是解决如何使文本聚类、并使相关文档建立链接关系等问题。因此，需要解决好以下子任务。

[①] 马秀麟，金海燕. 基于关键词标注的教学论坛内容组织方法研究[J]. 现代教育技术，2009（6）.

（1）选择适当的词汇库作为基础语料库，并要求学科教师根据学科的特点组织专有名词、专业术语丰富基础语料库，作为实现分词的依据。

（2）选择有效的分词算法，对平台内尚未处理的帖子进行分词处理，并重点关注与学科关系密切的专业术语在帖子中出现的频率和位置。

（3）分析帖子内学科专业术语的作用、频率和权重，利用文本聚类的相关理论，计算帖子与关键词之间的相关度，并把计算结果填写到相关度表格中。

（4）利用动态网站设计的有关技术（ASP.Net 或 JSP），以可视化的方式呈现帖子之间的逻辑关系。

2．相关研究综述

从当前文本聚类分析的技术发展来看，文本聚类分析已经发展成为一项具有较大实用价值的技术，其目标是在分析文本内容的基础上，按照预先定义的文本类别，使多篇文本被自动归类。由于英文以单词作为语言的基本单位，每个单词表示一个固定的语义，每两个单词之间都有相对固定的分隔符号。因此，基于英语文本的聚类分析不需要考虑单词的划分问题。与英文的聚类研究不同，中文以汉字作为文字的基本单位，以词语作为语义的基本单位，不同的汉字被组织起来形成语义不同的词汇，而且在汉语形态的句子中词汇之间没有专门分隔符号。因此在中文环境下实现文本聚类分析的前提是分词，即把一个句子分隔成为若干个词汇，然后再通过分析、计算词汇描述的语义，实现文本的聚类。

从分词算法来看，现有的分词算法有三大类：基于字符串匹配的分词方法、基于理解的分词方法和基于统计的分词方法。比较上述 3 种方法，基于词表最大匹配的分词方法具有程序实现简单、开发周期短的特点，尽管其分词准确率仅有 95%左右，但已基本能够满足本研究的要求[①]。因此，笔者决定采用这种分词方案。

从文本聚类算法来看，常用的算法有 VSM（空间向量模型）、RBF（径向基函数方法）、参考上下文计算相关度的聚类算法（基于本体论词典的发展而形成的）等[②]。上述算法在文本聚类的研究中各有特色，都产生了重要影响。

由于传统的 VSM 在舍弃了各关键词汇在文档中的顺序关系之后，可以把文档简单地表征为由关键词汇表示的向量空间中的点的集合。因此，只需通过计算两个文档的向量集内部点之间的距离就能确定文档类别的归属。然而研究发现，以文本向量空间模型对文档进行初步表示以后，用于表达文本内容的向量空间的维数很大，甚至可以达到几万维，导致分类算法的计算量太大，而且过高的维数导致无法准确地提取文档的分类信息。因此降维是提高分类算法效率并提高其分类准确率的

---

① 贺艳艳. 基于词表结构的中文分词算法研究[D]. 中国地质大学硕士学位论文，2007.
② 丘志宏，宫雷光. 利用上下文提高文本聚类效果[J]. 中文信息学报，2007（11）：109-115.

重要手段。在这一思想的指导下，选择特征项并设置特征项在分类算法中的权重是文本聚类中常见的手段。其中文档频率、X2统计（CHI）是其常用的算法，而互信息算法（MI）的理论研究也有重要的应用价值①。

基于上述指导思想，针对学科的特点，采取以专业术语和专有名词为特征项的文本挖掘技术，开展知识点与论坛文本之间的相关度研究是完全可行的。

4.3.4.3 重组算法的思路与实施方案

1. 传统论坛的数据结构

论坛中的帖子一般可分为两大类，一类是主帖，一类是针对主帖的回帖。在传统的论坛中，仅需保存帖子的内容及其与回帖之间的关系即可。因此，其数据存储结构非常简单。论坛帖子表的存储结构通常如表4-1所示。

表4-1 论坛帖子的存储结构

主 ID	副 ID	主题	内容	发帖人	时间

在论坛中，所有帖子都有一个唯一的主 ID 号，主 ID 由 DBMS 自动生成，用于唯一地标记这个帖子。主帖的副 ID 号为 0，用于标记这是一个主帖。而所有的回帖都直接使用被回复帖的"ID 号& 副 ID 号"作为自己的副 ID 号。由于副 ID 号采用不定长的特征码表示方法，因此可利用副 ID 号区分当前帖子是对主帖的直接回帖，还是对回帖的回帖。

2. 对传统论坛数据结构的改进

为了能够实现对论坛内容的分词处理并记录帖子之间的内在联系，拟在传统数据结构的基础上，增加两个数据表。

（1）帖子关联度表

为了能有效地表示出各个帖子之间的知识关系，把他们组织到一个知识体系之中。在上述数据结构的基础上，首先要增加一个新数据表：帖子关联度表。其结构如表4-2所示。

表4-2 帖子关联度的存储结构

关键词	关联度	主 ID 号	副 ID 号

帖子关联度表的作用是记录帖子与各个关键词之间的关联度水平。

（2）词表

在文本分词和聚类过程中，基础性的工具是分词所依据的语料库。在本研究中，

---

① 李小红，许少华. 基于模糊向量和 BP 网络的 Web 文本自动分类方法[J]. 福建电脑，2006（2）：94-95.

笔者设计了如表 4-3 所示的数据表，作为词表的基本结构。

其中，词汇 ID 可由系统自动生成，是词汇的唯一性标记；词汇内容项用于保存常用的词汇、学科的专业术语和专业名词；频度项用于记载当前论坛中对应词汇出现的频度，默认值为 0；词汇的权重项则用于说明该词汇在学科中的重要性程度，默认值为1，最高值为5。

表 4-3　词表的结构

词汇 ID	词汇内容	权重	频度	计算值

另外，为了标明帖子是否已经被分词处理或关联度标注，在帖子表中增加一个新字段"处理状况"。对于已经进行过关联度标注的帖子，标记为"已处理"。

3．准备词表

（1）构造基础词表。构造基础词表的首要任务是选择一个应用较广泛的语料库内容作为基础词汇，并把语料库的内容填写到词表（表 4-3）的词汇字段中。

（2）丰富词表。要求学科教师根据所在学科的知识体系、教学内容构成、知识点的重要程度等要素，把学科教学中常用的术语、专有名词、具有特定语义的描述方法，都添加到词表中。

（3）优化调整词表。为了保证系统标注的效率和专用术语的完整性，首先调整一些虚词、助词的权重为 0；然后强化专业术语的权重级别，使专业术语能够优先被标注。因此可根据专业词汇的重要性程度，分别给予 2～5 级的权重。最后按照"权重（升序）"+"字符串顺序（降序）"的方式对词表排序。

通过上述处理，能保证专业术语和长字符串被优先标注，保证了诸如"北京师范大学"之类的专有名词不会被拆分为"北京""师范""大学"等多个词汇。

4．文本分析与标注算法

在基于匹配的算法中，相关理论证明，逆向匹配算法的精度较高，出现二义性的概率较低，因此本研究采用了逆向匹配算法[①]。即对一个发帖的内容与词表进行逆向匹配，并把成功匹配的结果记录到词表的相应词汇的"频度"字段中。

（1）获取待处理数据

首先从表 4-1 所示的帖子表中获取一条"处理状况"为空的记录，从中提取其字段"内容"的值，存储到变量 X 中，并记下该帖子的主 ID 号和副 ID 号。

（2）逆向匹配处理

按照如图 4-12 所示的算法，实现对一篇文档的逆向匹配处理。

---

① 刘新，刘任任. 一种基于逆向匹配算法的中文文本分类技术[J]. 计算机应用，2008（4）：945-947.

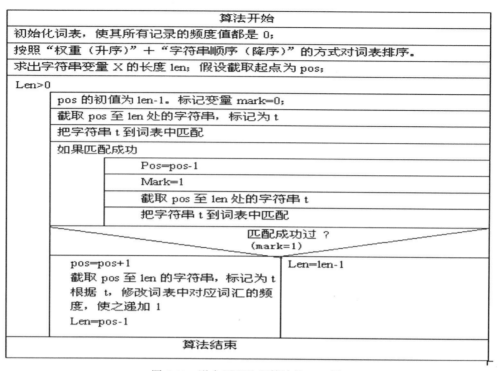

图 4-12　逆向匹配处理算法的 N-S 图

（3）登记匹配结果

首先按照公式"计算值＝权重×频度"对词汇表进行计算，求取本帖内容中用到的各个词汇的最终重要性程度，把计算结果存储到词表的"计算值"字段中，最后按照计算结果对词表进行降序排列。

通常需要根据帖子的长度、反映词汇重要性程度的计算值等数据，确定哪些词汇及其频度值需要纳入关联度表（表 4-2）中。在本研究中，笔者选择了公式"文本长度×0.01+词条重要性程度×0.2"作为衡量词条关联度水平的标准。

最后在帖子表（表 4-2）中，把本帖的字段"处理状况"标记为"已处理"。

（4）显示分析结果

根据关联度表格中记录的帖子与关键词条的关联度状况，在动态网页中通过文本超级链接、图像 Map 等技术建立帖子与知识点之间的链接关系，从而把师生在 LSS 平台中的讨论情况纳入教学知识体系中，以可视化的形态提供给学生。

4.3.4.4　帖子重组系统的运行与评价

1．系统运行说明

由于本算法的目的是对 LSS 平台中的讨论内容进行标注并建立各个发帖与知识点之间的链接，从而有利于学生在使用 LSS 平台学习的过程中开展联想，获取相关知识，所以对信息反馈的实时性要求并不高。因此，为减轻 LSS 平台的负担，并不需要实时地分析和运行本程序，只需在系统负荷较低时执行本模块，实现对未处理帖子的标注与链接。事实上，在实际的应用环境中，可把这一工作指定为服务器系统的一个任务，要求这个任务在每天 0 点左右自动执行一次。

2．运行效果

为了更清晰地说明本算法的运行状况，本文仅以高中物理教学的学生论坛为例进行简要说明。图 4-13 是进行关键字标注前的论坛的讨论界面。图 4-14 是已经进行了关键字标注之后的论坛讨论界面。

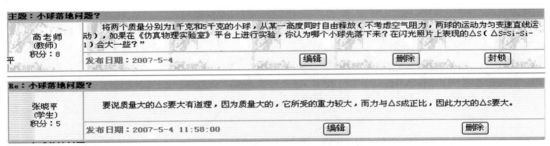

图 4-13　关键字标注前的论坛界面

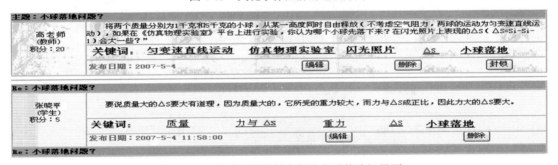

图 4-14　已经进行了关键字标注之后的论坛界面

对比图 4-13 和图 4-14，可以发现：在图 4-14 中每个发帖的末尾都生成了相应的关键词。通过每个关键词对应的超级链接，可以很快地跳转到对应的页面上，进行相关知识的学习或者参与对相关问题的讨论。另外，为了更清晰地表示知识的层次关系，在本案例中，已经根据主帖中的关键词"匀变速直线运动"，把图 4-14 所示的帖子链接到如图 4-15 所示的知识网络图内，以便学生在参与讨论时能够方便地获取其他类型的学习资源，进行相关内容的学习。

3．算法运行状况评价

在实际教学过程中，本算法能够自动地把师生的讨论情况纳入到学科知识体系中，使原本凌乱无序的各类帖子从知识结构的角度被组织起来，从而使学生可以更容易地获取与自己当前关注的知识点密切相关的各类帖子和各种学习资源，对于促进学生在个体原有知识结构的基础上进行意义建构是非常有效的。

由于算法基于数据库实现，因此在算法实现中可以充分地利用 DBMS 自身提供的各类优化算法提高程序的执行效率，从而有效地降低程序开发的复杂度。

本算法允许教师用户在应用 LSS 系统过程中不断优化其知识体系结构。首先，教师可以在使用系统过程中不断地调整和完善词表。在教师认为必要的情况下，允许他们清除所有帖子的处理状况信息，重建所有的关联信息。其次，由于本算法建立在分词算法的基础上，能够在系统运行过程中不断地收集没有匹配成功的单字，研究单字之间是否存在联系，进而发现针对该学科遗漏的重点词汇，并利用它们逐步地完善词表。

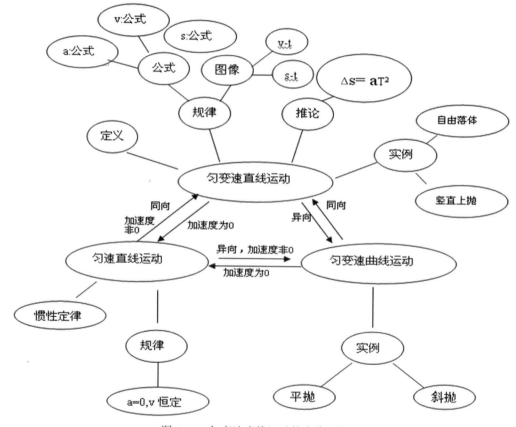

图 4-15　匀变速直线运动的直线网络图

4.3.4.5　总结与反思

1. 本研究的作用与价值

对 LSS 平台中学习资源的组织与管理不仅仅是信息科学的研究范畴，更需要教育科学、心理科学的指导，使学习资源内含的知识点及其逻辑关系能够体现出知识体系结构及其层次关系，有利于学生通过联想、图式、平衡等手段实现意义建构。

本算法的目的在于解决 LSS 平台中论坛帖子的无序问题，在算法的应用实践中，通过以专业术语和专业名词为关键词标注每一个帖子，并自动把帖子挂接到系统的知识体系树内，较好地实现了预期目标。本算法的实施为学生在参与讨论过程中快速地获取其他相关信息提供了重要支持，无疑对提高学生的学习效率，促使学生通过联想、同化、平衡等手段快速地建构知识体系都是非常有益的[①]。

2．本研究的不足

尽管在研究本算法的过程中，笔者阅读了大量关于分词和文本聚类分析的文献，但大多数文献的算法都是基于统计学的，算法比较复杂，计算量很大，不能适应教学论坛中并发用户数大、发帖量高而短小的特点。因此笔者对相关算法进行了简化，使之符合以 LSS 平台开展学科教学的特点。然而，这种简化也带来了一系列的问题，导致算法中出现了许多需要完善的地方。与大型的文本聚类算法相比，本算法还存在着以下不足：①　在解决系统学习、补充新词、完善词表方面仍有不足，需要教师的人工干预；②　仅仅实现了对论坛内容的关键词检索与标注，实现了帖子与帖子、帖子与知识点之间的关联，但对于大型文档之间的关联、分类缺乏更深入的探索；③　在呈现给学生的视图中，反映链接关系的表示方式也略显粗糙。

4.3.5　翻转课堂模式下微课资源包的应然结构

4.3.5.1　微课资源包的应然结构

2008 年年初，笔者开始面向知识点录制《多媒体技术与网页设计》课程的微视频并以线上微视频资源支持学生的课后自主学习，这是笔者教学团队以微课支持教学活动的开端。反思近 10 年的教学实践及微课教学思想的形成过程，逐步形成了关注知识结构、强调知识体系的微课学习支持系统。

1．微课资源包及其内部要素的构成

自 2010 年以来，微课教学、MOOC、SPOC 及翻转课堂教学模式等新教学理念出现并日益普及与发展，人们对微课的理解已经不再局限于微视频，而是向强化其课程属性的微课程方向发展，微课资源以及微课程支持的 MOOC 线上学习、SPOC 学习和翻转课堂教学模式得到了快速发展并反过来促进了微课自身的成长。

基于微课的课程属性，并结合初探期学生提出的微视频应"配套图文材料""配套素材""配套自诊断习题"等需求，在现代化教学设计理论的指导下，笔者重点对微课资源的内部构成要件及其结构进行了探索，提出了微课资源的构成要件及内部结构关系图，如图 4-16 所示。

---

① 马秀麟，金海燕. 基于关键词标注的教学论坛内容组织方法研究[J]. 现代教育技术，2009（6）.

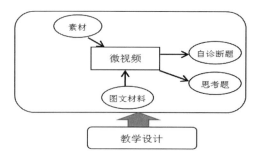

图 4-16　微课资源的构成要件及内部结构关系图

在整个微课的资源构成中，微视频仍然是微课的核心①。为了实现较好的学习效果，在每个微资源包中，首先，为每个微视频配套操作素材。配套的素材为学生依照微视频内容模仿和模拟实操提供了物质基础；其次，配套图文材料。图文材料能帮助学生更快地查找学习内容中的关键指标和细节，便于学生复习和把控细节；第三，配套与微课案例高度相似的自诊断习题。自诊断题能协助学生验证自己是否真正地掌握了该知识点，并发现学习中的不足之处。最后，配套少量思考题，以便从较高的层次引导学生反思整个案例内容，起到总结的作用。

基于如图 4-16 所示的微资源包内部结构图，笔者在 cen.bnu 平台中为每个微课（教学案例）补充了配套图文材料、原始操作素材、自诊断测试题。另外，为了更好地定位学习内容、激发学习动机，还为每个微课配备了以问题为核心、强调启发性的思考题，形成了能够引导学生主动思考、支持学生自主学习、自主诊断的结构化微资源包，很好地支持了 2010—2013 年《多媒体技术与课件开发》课程的教学，取得了良好的教学效果。

2．以知识结构可视化理论组织微资源包，体现资源包之间的逻辑关系

针对探索期发现的微课导致学生知识碎片化、知识结构不完整的问题，笔者自 2014 年开始了对微资源包之间关联关系的探索，在微资源建设中引入知识结构可视化理论，以解决微课教学过程中出现的知识点之间关系断裂、不利于学生实现知识点之间正迁移等严重问题。

2014 年初，笔者对 cen.bnu 平台中的微资源包进行了全面重构和重组。本轮改革的核心目标是：关注微资源包之间的衔接性，特别是要解决跨章节的各个关联资源包之间内在逻辑关系的呈现。为此，重点解决了 3 个问题：①　以知识可视化、思维导图等理论为指导，借助思维导图工具绘制整个章节的概念图，以知识点作为概念图中的结点，把微资源包作为知识点的附件挂接到概念图的相关结点上。借助概念图，向学生呈现微资源包之间的内在逻辑关系，促使学生了解微资源包的前驱

① 梁乐明，曹俏俏，张宝辉. 微课程设计模式研究——基于国内外微课程的对比分析[J]. 开放教育研究，2013，19（1）：65-73.

与后继，避免了学生因先修知识不足而导致的学习困难，帮助学生顺畅地从一个知识点迁移到下一个知识点。② 改革思考题的内容。在每个微资源包的思考题中，仅保留 1 道面向当前知识点的反思总结类题目，同时新增 1 道面向本知识点后继内容的题目。资源包中的原思考题主要面向本微视频，是对本知识点的精炼和总结；新思考题则增加了对后继知识点的引导和启发功能，新题目应具有启发性、引导性。③ 新增"导学案"模块，用于学习内容的导入。作为微课的导学案，应该精而小，能精准地覆盖知识点且具有趣味性和启发性，同时应符合大多数学生的年龄特点、已有知识水平和心理特征。另外，导学案的内容与前驱知识点的思考题要有机地结合起来。④ 开发跨知识点、跨章节的综合性习题，以考查学生的综合应用能力，促使学生形成全局性、整体性的知识结构，帮助学生建构起符合他们认知习惯的知识体系，促使学生形成整体观、体系化的知识结构[①]。面向知识联通性的微资源包的结构关系如图 4-17 所示。

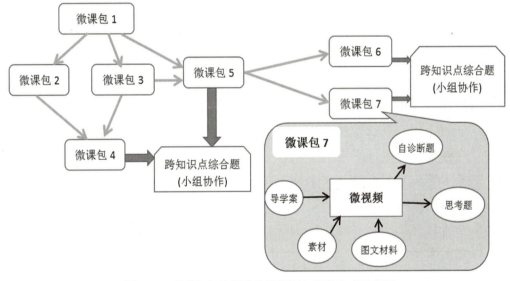

图 4-17　强化知识连通性的微资源包组织方式示意图

基于上述指导思想，笔者在 cen.bnu 平台中完成了以知识结构可视化理论为指导的微资源包组织体系和结构模式。在 cen.bnu 平台中，笔者首先以概念图呈现出整个章节的知识结构，作为整个模块的导航地图。在概念图上，每个知识点都是概念图中的一个结点，是以知识点名称为标记的超链接（即图 4-17 中的"微课包"标记）。当学生的鼠标在微课包标记上悬停时，就会自动弹出如"微课包 7"所示的悬

---

① 胡铁生. "微课"：区域教育信息资源发展的新趋势[J]. 电化教育研究，2011（10）：61-65.

浮窗，其中包含了与该知识点相关资源的全部超链接[①]。正如图 4-5 所呈现的效果，cen.bnu 平台中的每个微课均对应一个知识点，并由一个微资源包提供学习支持，每个微资源包内部都是高度结构化的，微资源包之间的箭头线表达出了微课之间的前驱或后继关系，并由相邻资源包内部的思考题和导学案建构起内在的逻辑关系，从而使它们紧密的关联起来。另外，建构在多个微课包基础上的"跨知识点综合题"巩固了微资源包之间的内在逻辑关系，其题目通常具有较高的难度，需要以小组协作方式组织教学活动来达成学习目标。

3. 构造嵌入精华帖，且包含交互成果的微资源包

多年的线上教学实践发现，不同年度的学生针对同一学习内容所发布的讨论帖具有很大的相似性，而且其难点和解题思路也很相似。因此，能否利用师兄师姐们的精华帖引领当前学生思考，促进当前学生实现深层次的学习？基于这一想法，笔者于 2016 年开始思考如何在微资源包中把前人的精华帖利用起来，并力图构造出包含前人优秀思考过程和成果的优质微资源包。

（1）构造关注优秀交互成果的资源体系

为了支持学生的线上协作，2007 年笔者就在 cen.bnu 平台中开发了线上交互功能（即教学论坛），允许学生在碰到疑难问题时在论坛中发帖，同时鼓励其他同学积极回帖、参与讨论。在论坛开设初期，允许学生匿名发帖，对学生们的发帖，教师也不做任何干预，发帖数量和质量不与期末评价挂钩。在这一阶段，论坛中帖子的数量较少，帖子的质量也不高。2010 年以后，为保证教学论坛的整洁和权威性，笔者开始要求学生实名发帖。另外随着翻转课堂教学模式的开展，为了鼓励学生积极讨论、多多线上协作，笔者决定把每个学生的发帖总量和优质帖数量作为考核指标计入其期末评价档案。因此，学生在 2010 年之后的发帖数量和质量均有大幅度提升。经过若干年的积累，在 cen.bnu 平台中已经积累了数量可观的学生讨论帖。

分析这些帖子，笔者发现：不同年度的学生针对同一学习内容所发布的讨论帖具有很大相似性，而且其难点和解题思路也很相似。因此，能否利用师兄师姐们的精华帖引领当前学生思考，促进当前学生实现深层次的学习？基于此，笔者于 2016 年开始尝试把现有的精华帖筛选、分类，然后把它们打包挂接到相应的知识点上。另外，为了更充分地利用学生协作学习的成果，笔者还收集了学生们在参与课内讨论时留下的热点问题（优质质疑点），也把它们挂接到相应资源包中[②]。

包含了前人讨论、协作成果的微资源包的内部结构如图 4-18 所示。

---

① 胡铁生，黄明燕，李民. 我国微课发展的三个阶段及其启示[J]. 远程教育杂志，2013（8）：36-42.
② 马秀麟，岳超群，蒋珊珊. 大数据时代网络学习资源组织策略的探索[J]. 现代教育技术，2015（7）：82-87.

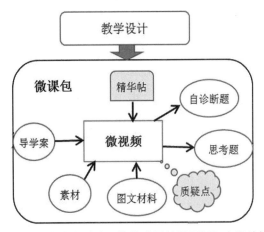

图 4-18　包含前人讨论、协作成果的微资源包内部结构图

（2）优秀交互帖对后续学习者的重要作用

在笔者以微资源支持翻转课堂教学过程中，把精华帖和质疑点内置到微资源包之后并没有引起微视频访问量的大幅度上升。但调查问卷的反馈信息已经充分地论证了新构件"精华帖""质疑点"的价值。甲同学说："看看师兄师姐们的讨论，才感觉到自己的肤浅。"乙同学说："精华帖使我一下子抓住了很多要点，要不是这些讨论帖，我根本想不了那么多。"丙同学说："太棒了！看到王师兄的想法，觉得特亲切，和我的想法一模一样！"丁同学说："看完这些帖子，我都无话可说了。我想说的事情都被他们说完了，我可咋发帖呀？"

从教学平台自动记录的学生点击情况看，"精华帖"区块是学生点击量比较高的模块，仅次于微视频和图文材料，这已经证明了精华帖在自主学习支持方面的重要性。其实，师兄师姐们的精华帖对当前学生梳理思路，全面掌握当前知识点，具有非常重要且无可替代的作用。另外，从部分学生的使用体验看，由于师兄师姐们发帖时的年龄、知识水平和心理特征与当前学生很相似，因此师兄师姐们的思维模式、解题策略很容易引起当前学生的共鸣，对于当前学生快速地理解学习内容、精准地把控知识都具有重要的引领、加速与提升作用。

4.3.5.2　面向翻转课堂的微课结构模型

自微课概念出现，已经有 10 多年的时间，以微课资源为基础的 MOOC 教学、SPOC 教学、翻转课堂教学模式也如火如荼。然而，对于"微资源包到底应包含什么？微课资源的内部构件是如何促进学习行为发生的？"等重要问题，却仍缺乏有教学实践支持的、落地性的实证研究。事实上，没有精心设计的微资源包的支持，所谓的 MOOC 教学、翻转课堂教学模式也很难实现其预期的教学目标。

1．微资源包内部结构及外在组织方式的结构模型

基于笔者教学团队接近 10 年的探索，形成了如图 4-19 所示的微资源包内部结构及其外部组织方式的结构模型。

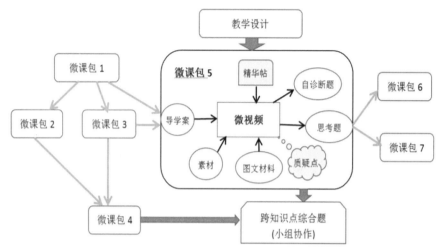

图4-19　微资源包内部结构及其外部组织方式的模式图

在图4-19中，笔者以微课包1、微课包2、微课包3……微课包7代表了教学实践中的每个微资源包，资源包之间的箭头线表达了资源包之间的逻辑关系。每个微资源包的内部结构则如"微课包5"所示，其主线为"导学案—微视频—思考题"，并需根据课程内容特点适当地配套素材、图文材料。自诊断题为学生提供了自我检查、自我诊断并及时检查自己学习效果的时机。另外，师兄师姐们的精华帖和质疑点则对拓展学生思路、提升其思考深度作用显著。

2．对微资源包内部结构及外在组织方式的思考

（1）与普通的课堂教学不同，微课程及其配套资源包结构应满足特定的要求

尽管微课教学也是教学行为的一种，应该遵循普通的教育规律，其资源建设与教学活动的组织都必须遵循教学设计的基本要求。但微课又具有独特的规律：首先，微课的"微"限制了资源的粒度，每个微课中所包含的内容都应该是"微型"的、"精炼化"的、强针对性的。其次，由于微课的"微"，也意味着学生不可能在一个微课上投入过多的时间与精力，这就要求每个微资源包中的构件都是必需的，不要超出学生的认知负荷水平。第三，每个微资源包中所包含的构件应是结构化组织的，而不是线性排列堆放的。每个构件都应具有独特的位置，并能在特定时刻发挥出特定的作用。

因此，微资源包的内部构件及其结构形式应比普通教学环节所要求的更精细，对每一个构件的把控应更严格，思考视角应更加"落地"。所以，对微资源内部构件及其结构的研究要比普通教学设计的要求更高、更细致。

（2）微课资源的结构应面向自主学习，强化学生的主体性

虽然微资源能够应用于任何一种教学模式和教学环节中，但在具体教学实践

中，微资源多数是面向学生的自主学习环境的。微课支持的 MOOC 教学、微课支持的翻转课堂教学模式，无一不以微课支持学生的自主学习（课前自学新知或课后复习旧知）为基本形式。因此在微资源的建设与组织过程中，应充分考虑资源的易用性、启发性和层次性，应尽可能用易于理解、能启发学生思考并符合学生"最近发展区"的难度、资源类型和组织模式来构建，微资源的构件及资源类型必须以适宜学生自主学习、强化学生的主体性为目标。

（3）微资源包的结构应关注知识的联通性，有利于促进学生知识建构的发生

从笔者以微课支持开展的翻转课堂教学实践来看，前几年的教学效果并不理想，出现了"学生两极分化严重""部分学生在答题或做题时就事论事、视野狭窄""知识体系碎片化"等不良现象，分析导致这些现象发生的原因，其根源主要有两个方面：其一，因缺乏必要的过程控制和学习进程监控体系，导致部分学生外部动机不足，出现了较多的"搭便车"和"偷懒耍滑"行为[1]；其二，微课对课程内容的碎片化导致了学生知识体系的碎片化，不利于整体性的知识建构。

对于"原因的第一个方面"，需要在教学平台中增加学习行为监控与反馈机制，从激发学生兴趣和适当施加外部压力两个视角提升学生的学习积极性，督促知识薄弱的学生在课外投入更多的时间和精力，主动地利用微资源自主学习。对于"原因的第二个方面"，则需要微课开发人员认真分析各个微资源包之间的逻辑关系，在课程内容碎片化的时候适当关注知识点之间的联通性，把微资源包建设与学生的整体知识体系建构目标、知识联通性等问题有机地结合起来[2]，以符合学生认知风格、年龄特点、心理表征的资源及其组织方式为学生提供全方位支持，从而使学习资源能容易引起学生的共鸣，激发学生的内在动机，并能实现知识点之间的正向迁移。

（4）对微资源结构的研究应建立在实证研究的基础上

尽管教育技术专家对教学设计的理论研究已经非常成熟，已经具有了丰富的理论成果，然而这并不能完全取代针对微课教学及微资源建设的探索，毕竟微课教学具有独特的规律和特点。笔者认为，纯思辨的方式并不能真正地从根本上解决微课建设中的问题，更不能解决微资源建设中普遍存在的资源类型单一、知识体系碎片化等痼疾，只有真正地结合教学实践，组织有效的教学活动，并在大量被试样本的支撑和解析下，才能真正地发现微课教学中存在的深层次问题，只有基于客观的实证数据提出的解决策略才有可能是真正有效的。因此，对微资源建构的研究应建立在实证研究的基础上，目前国外微课教学中普遍存在的"重实践、轻思辨"的现状也论证了这一观点。

---

[1] 马秀麟，赵国庆，邬彤. 翻转课堂促进大学生自主学习能力发展的实证研究——基于大学计算机公共课的实践[J]. 中国电化教育，2016（7）：99-106.
[2] 马秀麟，毛荷，王翠霞. 从 MOOC 到 SPOC：两种在线学习模式成效的实证研究[J]. 远程教育杂志，2016（7）：43-51.

4.4 翻转课堂中学习行为监控、反馈以及分析

4.4.1 面向学习行为的学习进度可视化

在实际的教学活动中，笔者还发现：学生对各先序知识的掌握程度、是否存在被遗漏的先序知识，对学生进入下一环节的学习至关重要。凡是先序知识薄弱、甚至遗漏先序知识点的学生，在后序的学习中，常常出现反应迟钝、理解不充分等问题，严重地影响他们对后序知识点的理解。与此同时，多数学生并不能清晰、准确地评价自己的学习情况，经常会想当然地认为自己已熟练掌握了某一知识点，而事实上则不然。因此，如果 LSS 能够及时地向学生反馈其学习进度，对于指导学生选择学习内容，查漏补缺，无疑是非常有价值的。

从主流 LSS 的功能和应用状况看，目前尚缺乏真正面向学生的、实时地反映学生进度情况的 LSS 平台。通过 CNKI，发现与此相关的研究，主要集中于以下几个领域：① 基于数据挖掘和数据推送技术的个性化学习的研究。比如何玲、高琳琦的"网络环境中学习资料的个性化推荐方法"[1]，程琳等人的"基于知识点对象的个性化学习系统实施"[2]。② 针对学生"电子档案袋"的相关研究。比如，王春岩的"自主学习模式中学生档案的建立"[3]。尽管这些研究都从不同的视角关注了学生的学习情况，但多数仍停留在理论研究层面，尚未能真正地应用于 LSS 中。

4.4.1.1 学习进度可视化概念的提出

借助项目管理学中"任务分解"和"进度计划"的概念，依托信息技术的手段，以知识网络图呈现学习活动中的关键步骤及其相互关系，在知识网络图上标注出每个学生对各知识点的掌握程度，使学生能够一目了然地看到自己的学习情况，及时地发现存在问题的薄弱环节并拿出补救措施，将是很有价值的，这就是学习进度可视化的概念。学习进度可视化，是面向学生个体、直观地标注学生学习进度的一种技术，它建立在知识地图的基础上，利用对知识地图中相关知识点的标注，反映学生的学习水平[4]。

在此方案中，教师可以通过知识地图内的结点及其联系表达学习活动中的关键步骤及其相互关系，学生则可以通过自己在各知识点上的表现来查看自己处于学习进程中的哪个阶段，尚有哪些不足。

---

① 何玲，高琳琦. 网络环境中学习资料的个性化推荐方法[J]. 中国远程教育，2009（2）.
② 程琳，杨明，邱玉辉. 基于知识点对象的个性化学习系统实施[J]. 西南师范大学学报，2006（10）.
③ 王春岩. 自主学习模式中学习者档案的建立[J]. 教学与管理，2010（11）.
④ 马秀麟，赵国庆，朱艳涛. 知识可视化与学习进度可视化在 LMS 中的技术实现[J]. 中国电化教育，2013（1）.

4.4.1.2　基于知识地图的学习进度可视化技术方案

1. 在 LSS 中实现进度可视化的设想

为了能标注学生的学习状况，需要解决两个问题：① 衡量学生对某个知识点的掌握程度；② 在知识地图中标注出学生对知识点的掌握情况。

（1）对学生学习状况的评价

要评价学生对知识点的掌握程度，可从学生"阅读教学资料时段、观看微视频的时段、单选题的正确率，简单操作题成绩、综合操作题的成绩"等 5 个方面来体现。为了做到这一点，在学生利用 LSS 阅读教学资料或者观看微视频时，必须由 LSS 自动记录学生每次点击链接的情况。为了能及时地反馈学生对知识点的掌握程度，学生应该主动地完成每个知识点下的单选题、简单操作题和综合操作题，并由 LSS 和教师把单选题、操作题的得分情况记录到后台数据库中。为此，需要在 LSS 中增加学习进度数据表，如表 4-4 所示。

表 4-4　学习进度数据表

进度 ID	学号	知识点 ID	阅读	微视频	单选题	简单题	综合题

（2）在知识地图中标注学习进度

在每个学生登录 LSS 并浏览知识地图时，应能看到自己在各个知识点处的学习进度。为此，需要在 LSS 绘制知识地图时，自动检索"学习进度数据表"，获取该学生在各个知识点上的学习情况。然后根据检索结果，以不同饱和度的颜色在各个图例底部绘制一组小矩形块，分别填充不同饱和度的色彩，从而反映学生对该知识点中不同类型内容的学习水平。

2. 在学生视图下知识地图的最终呈现效果

为了表现动态知识地图和进度标注的最终效果，图 4-20 给出了学生"张平"在访问"画图技术"模块时学生视图下的设计图。

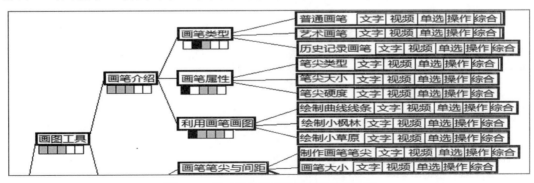

图 4-20　反映学生学习进度的功能设计图

在图 4-20 所示的学生视图下，4 级结点后面的"文字""视频""单选""操作""综合"都附带超级链接，链着相应的资源，而且在这些超级链接区块中，其背景色的饱和度体现了"张平"对该内容的学习情况。另外，在每个 3 级结点和 2 级结点下部，都有 5 个小矩形块，每个小矩形块对应一类学习内容，其背景色的饱和度越大，表示"张平"对该知识点中相应内容的学习越充分，掌握得越好。

为了获得较美观的效果，笔者决定把利用 IMindMap 绘制的知识地图与反映学习进度的功能设计图有机地结合起来，把学生的学习进度直接反映到知识地图的每个结点上，并利用结点上的灯泡亮度来反映学生对此问题的学习情况，如图 4-21 所示。

在图 4-21 中，每个知识结点标记了一个特殊记号"？"，并在"？"上附加了一个灯泡，灯泡的亮度直接反映了学生在此知识点上的掌握程度。通过图 4-21 可以看出，由教师制作的知识地图和反映学生学习情况的标注被有机地结合起来，使学生在打开某一模块后，能够直观地看到该模块中各知识点之间的逻辑关系，而且通过知识点图例底部的标记色，了解自己在各个知识点上的学习情况。在这个过程中，知识地图呈现了学习活动中的关键环节，是面向全体用户的。而针对知识点的标记则是面向当前访问者的，是个性化的图形，能够帮助当前学生了解到哪些知识点是薄弱的，哪些知识点是遗漏了的，促使学生查漏补缺，完善自己的知识结构。

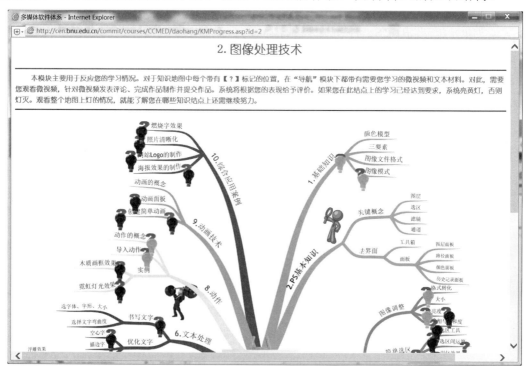

图 4-21　与知识地图密切结合的学习进度可视化最终视图

4.4.2　建构有效的线上学习行为记录、反馈与监控体系

近 8 年来，笔者带领教研团队对"线上自学过程监控和管理的策略"进行了探索和优化，重点关注自主学习阶段的内部监控与引导措施，其目的是通过提升学生的效能感来激发其内在动机，进而提升其学习积极性和学习效率。

4.4.2.1　建构翻转课堂环境中自主学习行为监控体系的必要性

在无线网络日益普及、智能手机和平板电脑已经进入寻常百姓家的大环境下，移动学习的优势是不言而喻的。然而，线上教学实践也已证实：在组织教学活动的过程中，教师一定不能忽视学生的"惰性"。如果只强调学生的主体性而忽视教师的主导性，或者只强调学生的自主性而忽视了学生的惰性，就会使学生的自主学习过程处于"放羊"状态，会严重地影响着移动学习的效果。

1. 及时的评价与反馈对提升学习效能感、激发学习动机很关键

教学实践已经证实，及时的评价和反馈对学生的自主学习很重要，多数学生都希望自己的学业成绩能得到教师和同伴的认可，这种认可会提升其效能感，促进他们更加努力地投入下一阶段的学习中。

为此，笔者在自学阶段为学生新增了"在线监控、实时反馈"策略，借助知识可视化和学习进度可视化的理论和方法，向学生实时地反馈其学习进度与状态；对线上交互协作状况，则借助"标签云""参与度示意图""交互占比图"等手段及时地反馈给学生，使其能及时地掌握自己和团队的进展。另外，及时地统计并公告优质发帖和优质发言，对于促进学生努力思考、深度学习，也具有重要的作用。

多轮实践活动已经证实，这些举措是非常有效的，也是很有必要的。

2. 适度的外部压力对学生克服惰性是非常必要的

人都是有惰性的，学生也不例外。缺乏外部压力和激励的学生很难把足够的时间和精力投入学习活动中。在线上自主学习阶段，以"拖动视频快进按钮"浏览微视频的学生屡见不鲜、走马观花式学习的学生比比皆是。"根本不看""快进浏览""在截止日期最后一刻才匆匆扫两眼"是很多学生应对线上自主学习的常见手段。这种方式的课前自主学习，根本达不到预期的效果。另外，在强调自主学习价值的移动学习环境中，部分学生在某一时刻的暂时性懒惰就很有可能导致相应知识点的学习缺失，而这种知识缺失通常会影响后续知识的学习；与此同时，学生的这种懒惰行为也会习惯性地传染到下一知识点的学习活动中。当这类知识缺失和懒惰习惯积累到一定程度，就必然导致学习进度滑坡，引发学生的学习焦虑，甚至会导致学生辍学。

因此，在教学平台中增加自主学习进程监控功能，监控并实时地记录学生的在线学习行为然后及时反馈给他们，对于帮助学生及时发现自己的不足、提醒学生克服"惰性"是非常有必要的，其外在状态则表现为学生的在线自学时长增加，学习积极性提升，从而达到较好的教学效果。

3．学习资源的质量及其组织方式，对激发学生的内在动机非常关键

首先，基于知识地图的微课资源重组，较好地呈现出了各个资源包之间的内在逻辑关系，能够帮助学生直观地了解学习内容的整体结构，便于学生从一个知识点迁移到另外的知识点。基于知识地图的知识体系可视化，减少了学生普遍存在的"知识碎片化"现象，有利于学生建立起全面的知识体系，并在同化、顺应理论的指导下不断地把新知识吸纳到自己已有的知识体系中，从而实现有效的知识建构。

其次，重新认识微课的内部结构。在微课中，微视频的价值毋庸置疑，然而当学生已经完成了对新知的第一遍学习之后（看过一遍微视频），学生会更加关注文本类型、图文类型的学习资源，因为这类资源能够帮助学生更便捷地定位到疑惑之点，可更快地了解细节、更精准地找到解决问题的方法。重构后的微课资源包在资源类型方面做了补充和丰富，能够满足不同层次、不同阶段学生的需要，学生对教学平台的满意度有了很大的提高。

第三，基于知识地图的学习进度可视化，使每个学生都能及时了解到自己的不足之处，促使学生在不足之处投入更多的时间和精力。这种引导是带有强烈的目标导向的，对每一个学生来讲都具有很重要的意义。另外，这种及时的反馈机制，使学生能够真切地感受到自己的每一次努力、每一点进步都得到了教师的关注，提升了其效能感，强化了其学习动机。

第四，前几届同学的精华帖和讨论过程对当前学生的自主学习很有价值。笔者发现，不同届别的学生在自主学习过程中碰到的难点往往是相似、甚至相同的，师兄师姐们的讨论帖反映了师兄师姐们思考的过程，而且师兄师姐们的思维方式、知识层次水平、语言特点与当前学生相似，更容易引起学生的共鸣。因此，在线上自主学习阶段，向当前学生呈现其师兄师姐们的精华帖也是一种行之有效的手段。

4.4.2.2　线上自主学习行为监控体系的技术实现

结合当前 MOOC 学习中普遍存在的"完课率极低"的现象，笔者认为：对既没有外在压力，知识基础又差距很大的公众群体来讲，优质的线上资源可能会瞬间点燃学生的激情，但是，这种激情却不足以维持学生完整、持续地学完一门课程。因此，在学习支持平台中建构微课资源应用状态的监控和反馈体系，用于监控学生的学习行为，并及时向学生反馈，对于提升翻转课堂的学习质量是非常重要的。

1．开发详细记录学习者学习行为的模块

在显示微视频或文本块的新窗口中，需要同时解决 3 件事情。其一，创建数据表，用于存储学习者的学习行为信息；其二，显示要播放的信息；其三，在 LearnMonitor 数据表中记录此学生在该资源上投入时长。

（1）数据表及结构的设计

为了能够记录每个学习者在每个微视频、文本素材上投入的学习时间，在学习支持平台的后台数据库中新建数据表，数据表的结构如图 4-22 所示，用以记录每个学习者的学习行为。

列名	数据类型	允许 Null 值
id	int	☐
bjno	nchar(8)	☑
kcno	nchar(6)	☑
xsno	nchar(12)	☑
spid	int	☑
zyno	nchar(10)	☑
zyType	nchar(2)	☑
wDate	nchar(12)	☑
wTime	nchar(8)	☑
TLength	int	☑
stat	int	☑

图 4-22　记录学生行为的数据表 LearMonitor 的结构

在如图 4-22 所示的数据表结构中，各个变量的含义及作用如表 4-5 所示。

表 4-5　记录学生行为的数据表 LearnMonitor 中各字段的含义

Id	Bjno	Kcno	Xsno	spId	zyNo	zyType	wDate	wTime	tLength
序号	班级号	课程号	学号	资源号	所属号	资源类别	学习日期	学习时间	时长
主键	外键	外键	外键	外键					

（2）在窗口中播放视频并把播放时间点记入 LearnMonitor 数据表

对微视频、面向案例的文本段，当学生单击与之相关的某一超链接之时，将会弹出新窗口，在新窗口中呈现该微视频或该文本段。

能够显示播放信息的程序段及相关代码如图 4-23 所示（程序名称为 videoBF.asp）。

```
1    <html><head>
2    <meta http-equiv="Content-Type" content="text/html；charset=gb2312">
3    <title>播放视频</title>
4    <link rel="stylesheet" type="text/css" href="../main.css">
5    </head>
```

图 4-23　播放视频信息的 videoBf.asp 的代码

```
6    <% if trim(session("loginname"))="" then
7            Response.Redirect("/commit/main/xsxx.asp")
8        end if
9    %>
10
11   <body bgcolor="#EEFFFF">
12   <!--#include virtual="/commit/conn.asp" -->
13   <!--#include virtual="/commit/public.asp" -->
14   <% spid=cstr(cint(trim(request.querystring("spid"))))
15       if len(spid)>0 then
16           Session("spid")=spid
17       else
18           spid=Session("spid")
19       end if
20       lb="1"
21       sqls="select * from spinfo where spid="+spId
22       set rs=cn.execute(sqls)
23       sptm=rs("视频标题")
24       sph=trim(rs("视频号"))
25       kch=trim(rs("课程号"))
26       mkh=trim(rs("模块号"))
27       bjh=trim(Session("kcno"))
28       spwj=trim(rs("视频文件名"))
29       fType=lcase(right(spwj,3))
30       if Session("spzy")=Empty then
31           Session("spzy")="http://172.22.83.3/"
32       end if
33       if kch="CCJSJ" then
34           if trim(rs("mark"))="B" then
35               wjm=session("spzy")+"spzy/"+kch+"/wsp/"+spwj
36           else
37               wjm=session("spzy")+"spzy/"+kch+"/nsp/"+mkh+"/"+spwj
38           end if
39       else
40           wjm=session("spzy")+"spzy/"+kch+"/"+mkh+"/"+spwj
41       end if
42   '先登记观看资源的学生信息
43       nDate=myDate()
44       nTime=myTime()
45       sqlst="insert into LearnMonitor(bjno,xsno,kcno,zyno,zyType,wDate,wTime,TLength,stat,spid)
46   values('"+bjh+"','"+Session("loginname")+"','"+kch+"','"+sph+"','"+lb+"','"+nDate+"','"+nTime+"',1,0,
47   "+spid+")"
48       cn.execute(sqlst)
49       sqls="select id,zyno from LearnMonitor where bjno='"+bjh+"' and xsno='"+Session("loginname")+
50   "' and zyno='"+sph+"' and wDate='"+nDate+"' and wTime='"+nTime+"' and zyType='"+lb+"'"
51       set rs=cn.execute(sqls)
52       myId=cstr(rs("id"))
53   '登记学生完毕
```

图 4-23　（续一）

```
54    %>
55
56    <table border=1 width=1240 height=600 background="../bkgndx.jpg" align=center>
57    <tr><td align=center colspan=2 valign=middle height=60 bgcolor="#ccdddd">
58    <p align=center class=bt2><%=sptm%></p></td></tr>
59    <tr><td valign=top width=640>
60    <table border=0 width=640 height=480><tr><td>
61    <% if fType="wmv" then %>
62    <OBJECT ID="MediaPlayer" WIDTH="640" HEIGHT="500"
63    CLASSID="CLSID:22D6F312-B0F6-11D0-94AB-0080C74C7E95" STANDBY="Loading Windows
64    Media Player components..." TYPE="application/x-oleobject">
65    <PARAM NAME="FileName" VALUE="<% =wjm %>">
66    <PARAM name="ShowControls" VALUE="true">
67    <param name="ShowStatusBar" value="false">
68    <PARAM name="ShowDisplay" VALUE="false">
69    <PARAM name="autostart" VALUE="true">
70    <EMBED TYPE="application/x-mplayer2" SRC="<% =wjm %>" NAME="MediaPlayer"
71    WIDTH="640" HEIGHT="480" ShowControls="1" ShowStatusBar="0" ShowDisplay="0"
72    autostart="1"></EMBED>
73    </OBJECT>
74    <% end if %>
75    <% if fType="swf" then %>
76    <object id="csSWF" classid="clsid:d27cdb6e-ae6d-11cf-96b8-444553540000" width="640" height=
77    "480" codebase="http://active.macromedia.com/flash7/cabs/ swflash.cab#version=9,0,28,0">
78        <param name="src" value="<%=wjm%>"/>
79        <param name="bgcolor" value="#1a1a1a"/>
80        <param name="quality" value="best"/>
81        <param name="allowScriptAccess" value="always"/>
82        <param name="allowFullScreen" value="true"/>
83        <param name="scale" value="showall"/>
84        <param name="flashVars" value="autostart=false"/>
85        <embed name="csSWF" src="<%=wjm%>" width="640" height="480" bgcolor="#1a1a1a"
86    quality="best" allowScriptAccess="always" allowFullScreen="true" scale="showall"
87    flashVars="autostart=true"
88    pluginspage="http://www.macromedia.com/shockwave/download/index.cgi?P1_Prod_Version=S
89    hockwaveFlash"></embed>
90    </object>
91    <% end if %>
92    <% if fType="flv" then %>
93    <div id="player5" style="width:640px; margin:0px; border:solid 5px #50031a; color:#ffffff; "><br
94    /></div>
95    <script type="text/javascript" src="swfobject.js"></script>
96    <script type="text/javascript">
97        var s5 = new SWFObject("FlvPlayer.swf","playlist","640","480","7");
98        s5.addParam("allowfullscreen","true");
99        s5.addVariable("autostart","true");
100       s5.addVariable("image","flashM-cebbank.jpg");
101       s5.addVariable("file","<%=wjm%>");
```

图 4-23　（续二）

```
102        s5.addVariable("width","640");
103        s5.addVariable("height","480");
104        s5.write("player5");
105    </script>
106    <% end if %>
107    </td></tr>
108    </table></td>
109    <td valign=top width=570>
110    <iframe id=myTalk name=myTalk width=570 height=500 scrolling=auto src="spTalk.asp"></iframe>
111    <%
112        myStr="<iframe id=myIns name=myIns width=570 height=0 scrolling=no
113    src='LearnMonit.asp?myId="+myid+"'></iframe>"
114        Response.Write(myStr)
115    %>
116    </td></tr></table>
117    </body></html>
```

图 4-23　（续三）

在如图 4-23 所示的代码中，第 1～5 行内容是网页的表头，用于定义网页的属性。第 6～9 行的代码用于控制用户访问权限，保证没有正常登录的用户不可以访问当前网页内部的视频资源。第 12～41 行的代码为 ASP 语句，用于获取当前所选资源的相关信息。

第 42～52 行的代码用于登记"学生正在查看此资源"的信息，其中第 43～48 行的代码负责在 LearnMonitor 数据表中增加一条新记录，而 49～53 行的代码用于获取新记录的主键值，以便未来在此记录中计时。

代码中第 57～106 行的语句负责根据视频格式选择不同的播放器，以便本播放窗口能胜任 wmv 格式和 flv 格式视频文档的播放。

代码中的第 111～113 行的语句用于呈现一个名字为"myIns"的嵌入式框架，由此嵌入式框架负责处理 LearnMonit.asp 程序。在此程序中，语句段"LearnMonit.asp?myId='+ myid+'"负责把当前资源的序号 myId 传送到 LearnMonit.asp 程序之中，以便由 LearnMonit.asp 程序测算记录学习者在此页面中停留的时长并记录回 LearnMonitor 数据表之中。

（3）对学生在此页面上的停留时间计时并记入数据表

负责计时并计入 LearnMonitor 数据表的程序为 LearnMonit.asp，实现预期功能的程序代码如图 4-24 所示。

在图 4-24 所示的程序代码中，第 9～11 行的语句是 JavaScript 代码，负责每隔 20000 毫秒（即 20 秒钟）刷新一次此页面。

每次刷新此页面，都会对数据表 LearnMonitor 进行更新，将根据前级程序传递而来的学习行为记录序号（myId），对数据表中的这条记录实施更新——每次刷新时会自动增加 20 秒。

```
1    <html><body>
2    <!--#include virtual="/commit/conn.asp" -->
3    <% '记录浏览者在本页面停留的时间
4        myId=cint(trim(Request.QueryString("myid")))
5        sqk="update LearnMonitor set TLength=TLength+20 where id="+cstr(myId)
6        cn.execute(sqk)
7        cn.close
8    %>
9    <script language="JavaScript">
10       myT=setInterval(function(){this.location.reload();  },20000);
11   </script>
12   </body></html>
```

图 4-24　计时器代码（LearnMonit.asp 程序代码）

如果学习者关闭了当前的视频显示窗口，则停止执行刷新，对当前学生、当前视频播放的计时立即结束。

2．以恰当的方式向学习者反馈其学习行为和业绩

根据后台数据表 LearnMonitor 中记载的各学习者在各个知识点上的投入情况，在某个学习者登录到学习支持平台之后，能够抽取该学习者在当前课程内各个知识点的得分值（由观看微视频的投入、观看文本文档的投入、在各个测试题上的得分），并根据得分情况在知识地图上标记，以直观的图示反映该学习者在各个知识点上的进度和业绩。

反映学习行为状态的进度可视化图示如图 4-25 所示。

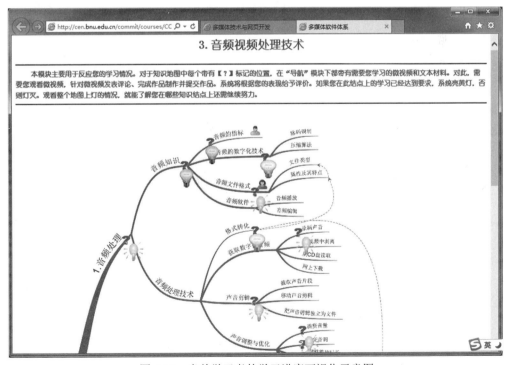

图 4-25　当前学习者的学习进度可视化示意图

在图 4-25 所示的进度可视化地图中，位于知识地图中的每个红色"?"代表一个知识点，在每个知识点上均有一个灯泡。系统将以灯泡的亮度表示当前学生在此知识点上的投入情况：完全黑色没有亮度的灯泡表示该知识点尚未被学习；带有亮度的灰色灯泡代表当前学习者已经有过学习，但学习的程度尚很不足；只有被充分学习的知识点，其对应的灯泡将显示为"皇冠"标记。当整个知识地图上所有的知识点都被彻底点亮或变成了皇冠，则代表当前学生已经学完了本模块的预定内容。

3. 以多种方式反馈并评价学习者的交互状态

学生们的协作和社会性知识建构水平、协作参与度、线上交互状况是影响学生线上学习效果的重要因素，应该把"激励学生积极参与交互，在讨论、分享与质疑中实现深度学习"作为翻转课堂线上学习的重要研究内容。

（1）建立"实名发帖、教师主导"的学习论坛

为保证教学论坛的严谨性，自 2013 年开始，笔者要求：① 论坛成员实名制，学习论坛中的每一个学生都必须实名，禁止匿名发帖；② 助教也作为论坛中的一员参与到论坛的讨论与分享中；③ 在实验班，教师会定期抛出一些关键性的话题供学生讨论。对于每个由教师抛出的话题，教师必须负责结题并定期点评。在对照班，则没有这一要求。

（2）针对线上发帖状况构建并运行"实时监控、定时反馈"机制

对论坛内的讨论状况，由 cen.bnu 平台每晚 8:00 及时总结，并向全体学生展示"标签云""交互关系图"与"个人发帖占比图"。以"标签云"呈现讨论的关键信息，以"交互关系图"真实反映小组成员之间相互交流状况，以"个人发帖占比图"反映每个学员的发帖量及权重。

笔者在 cen.bnu 平台中建构的学习者交互状态反馈图如图 4-26 所示。

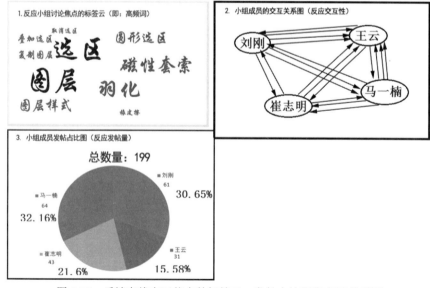

图 4-26　反馈在线交互状态的标签云、发帖占比图和交互关系图

4.5　建构面向学习者的学习资源推荐系统

随着网络技术的进步与数字化资源的普及，学习资源得到了迅速发展。网络中浩如烟海的学习资源使学习者眼花缭乱。为了使学习者能够在纷杂的学习资源中快速获得自己所需要的资源，有学者提出将电子商务中的个性化推荐思想引入到教育教学中。在实践过程中，应当以什么作为标准为学习者提供资源，提供什么样的资源是现实亟待解决的问题。

4.5.1　个性化学习资源推荐研究现状

个性化推荐是 20 世纪 90 年代作为一个独立的概念被提出来的，近年来随着 Web 2.0 技术的发展与学习资源的普及被应用于学习资源推荐。现有的个性化学习资源推荐大致可以分为 4 种，基于学习者特点进行推荐、基于学习者学习行为进行推荐、基于学习情境进行推荐、基于学习元信息模型进行推荐。

1．基于学习者的特点进行推荐

为了能够实现学习者推荐资源的个性化，符合学习者的学习兴趣偏好，研究者会根据学习者的个性化信息进行更有针对性的推荐。2012 年，孙歆、王永固等人提出了基于协同过滤技术的在线学习资源个性化推荐系统，该系统收集用户行为，建立行为模型，根据用户主观评价数据收集对资源的兴趣度，根据用户行为数据和评价数据预测用户可能感兴趣的资源，以此节省用户在线获取资源和信息的成本和时间[①]。该种推荐适合兴趣类零散型知识的学习，能够使学习者快速获得基于兴趣类的学习资源，对于逻辑性强的知识学习并不适合。

2．基于学习者的学习行为进行推荐

学习者的学习行为是指学习者在使用学习系统时，系统自动记录的学习者点击频率、视频观看时长、选看的资源类型等行为。丁旭在 e-Learning 平台的基础上，设计了一种以学习者为中心，用来分析学习者的学习需要、学习兴趣和学习行为习惯的学习行为分析模型。该模型可以合理地组织资源，满足学习者的学习需求，跟踪学习行为，发现学习者的学习行为习惯，以此可以向学习者提供个性化的学习资源和学习路径[②]。牟智佳等人以学习者为分析对象，以学习者个性化信息为分析维度，建立基于电子书包的学习者模型，以个性化推荐系统为技术支持，设计了基于学

---

① 孙歆，王永固，邱飞岳. 基于协同过滤技术的在线学习资源个性化推荐系统研究[J]. 中国远程教育，2012（08）: 78-82.
② 丁旭. e-Learning 平台上基于学习行为分析的个性化教学系统的研究与实现[D]. 东北大学，2008.

者模型的个性化学习资源推荐框架①。从这两种个性化推荐系统可以看出，基于学习者的学习行为或者基于学习者模型进行个性化推荐的系统缺少对学习目标的考虑，也没有考虑到学习内容的本体性结构及逻辑性，这可能使得学习者获得知识不能进行连接，形成知识网络。

3. 基于学习情境进行推荐

学习情境是指学习者学习的具体环境，比如泛在学习情景、移动学习、智慧学习空间等。基于学习情景的个性化推荐能够在最大限度上满足学习者在当前的学习环境中的学习需求。杨丽娜等人提出了情境化的泛在学习资源智能推荐，重点提出了泛在学习情境的形式化表征、情境化的资源推荐模型以及推荐策略等，为情境化的泛在学习资源推荐提供了新思路②。陈淼等人设计了移动学习环境下的个性化资源推荐模型，提出了基于社会化标签思想的个性化资源推荐模型③。虽然基于学习情境的学习资源推荐能够根据不同的情境特点推送个性化的资源信息，促进推送个性化，但是这种推荐忽略了资源知识内部的逻辑性及学习者的学习目标，对于学习者形成良好的知识体系具有很大的挑战。

4. 基于学习元信息模型进行推荐

学习资源不仅是学习内容的信息呈现，还是促进学生深度思考与交互的重要教具。在实际的学习过程中，所有的学习内容和学习活动等学习扩展信息可以作为一个整体聚合在信息模型中。北京师范大学余胜泉教授提出了一种泛在学习环境下的新型学习资源信息模型：学习元。学习元是"具可重用特性支持学习过程信息采集和学习认知网络共享，可实现自我进化发展的微型化、智能化的数字化学习资源④。"这种学习模型可以从学习内容、生成性信息、KNS（Knowledge Network Service）网络、格式信息、语义描述、学习活动6个方面为学生提供个性化学习支持。该模型对于学习者的个性化资源推荐还有待进一步的研究⑤。

4.5.2 个性化学习资源推荐面临的问题

个性化学习资源推荐在发展的过程中不断出现新的切入点，逐渐丰富个性化推荐系统。在研究的过程中发现，虽然现有的个性化学习资源推荐模型或系统在某程度上能够满足学生的学习需要，但是很多模型缺少对学习资源或学习内容的本体性

① 牟智佳，武法提. 电子书包中基于学习者模型的个性化学习资源推荐研究[J]. 电化教育研究，2015，36（01）：69-76.
② 杨丽娜，魏永红. 情境化的泛在学习资源智能推荐研究[J]. 电化教育研究，2014，35（10）：103-109.
③ 陈淼，唐章蔚. 移动学习环境下的个性化资源推荐模型研究[J]. 中小学电教，2016（12）：69-72.
④ 余胜泉，杨现民，程罡. 泛在学习环境中的学习资源设计与共享——"学习元"的理念与结构[J]. 开放教育研究，2009，15（01）：47-53.
⑤ 陈敏，余胜泉，杨现民，等. 泛在学习的内容个性化推荐模型设计——以"学习元"平台为例[J]. 现代教育技术，2011，21（06）：13-18.

关注，对于知识本身的逻辑性关注度不够。研究者从知识结构或知识的本体逻辑性出发，梳理了现有个性化学习资源推荐面临的问题。

1．学习者学习兴趣与学习目标相偏离

许多个性化学习推荐系统是根据记录的学习者学习行为进行推荐的，这种推荐方法归根结底还是基于学习者学习兴趣或学习偏好进行推荐。但是由于学习者自身对于学习目标的模糊性，或者学习者对学习内容不感兴趣等原因，使得学习者在学习过程中不能很好地完成学习目标，甚至与学习目标相偏离。

2．忽视学习过程中的再造性知识

个性化学习资源推荐系统能够为学习者推荐符合学习者需求的学习资源，并能在一定程度上与学习者进行交互。但是个性化学习资源推荐会忽视学习者在学习过程中产生的知识，如批注、提问、评价、笔记等，没有对这一部分的知识进行交流与反馈，不能确定这一部分知识在整个学习的知识结构中所处的位置，会对学习者的知识结构的形成有一定的影响。

3．忽视学习资源间的关联性关系

各种学习资源之间存在着复杂的关联性。当系统向学习者推荐学习资源时，没有考虑学习资源的关联性关系，如包含、属于、上下位概念、因果关系等。当学习者学习某一资源时，个性化资源推荐系统不仅是推荐该资源的上位概念，还包括该资源的下位概念及相关概念、等价概念等，这对于学习者充分理解吸收该资源是十分有帮助的[①]。

4．忽视学习内容的结构逻辑性

学习者使用个性化学习资源推荐时，根据学习者兴趣或者学习偏好进行推荐的学习资源较少地考虑到学习者的所学知识的本体性结构，或者说基于这种方式推荐的学习资源在帮助学习者建构知识结构时作用不大，这种学习方式下知识结构的形成主要依赖于学习者自身的内化。如果在向学习者推荐学习资源时考虑到知识的内在结构，那在帮助学习者形成知识网络的程度上有很大帮助。

4.5.3　基于知识结构的个性化学习资源推荐的价值

1．帮助学习者建立良好的知识结构

基于知识结构的个性化学习资源推荐最大的优势是能够帮助学习者建立良好的知识体系与知识网络。在向学习者推荐学习资源时，这种推荐模型可以充分考虑

---

① 陈敏，余胜泉，杨现民，等. 泛在学习的内容个性化推荐模型设计——以"学习元"平台为例[J]. 现代教育技术，2011，21（06）：13-18.

到学习资源之间的关联性，可以向学习者推荐与某一学习资源相关联的资源，如该资源的相关资源、解释概念、示例、成果等。同时，基于知识结构的个性化学习资源推荐能够使学习者明确自己的学习目标，进而在学习知识时更有针对与目的性，不会因为学习者自身的学习偏好或学习行为影响学习目标的达成。因此，基于知识结构的个性化资源推荐对于学习者形成良好的知识体系结构具有重要作用。

2．促进学习者完成学习目标

基于知识结构的个性化学习资源推荐模型将紧紧围绕着知识结构与学习者的学习目标两大部分。在学习者使用学习支持系统学习时，如果该系统能够帮助学习者监控学习目标的完成程度，并适时给予达成目标所需要的学习资源与反馈及激励措施等，将对学习者完成学习目标起到重要作用。

3．促进个性化学习资源推荐的完善

现有的个性化学习资源推荐模型不能完全满足学习者的不同学习需求，基于不同情境下的个性化学习资源推荐不能涵盖所有的情境。因此，基于知识结构的个性化学习资源推荐是对现有推荐模型在不同维度上的创新，可以丰富现有个性化推荐系统，为其他研究者提供新思路。

4.5.4　基于知识结构的个性化资源推荐的定位

学习支持系统是在各种学习情境下，教师课堂教学与学生自主学习，"教"与"学"形式的总称。在现有的学习支持系统中，能够进行学习资源推荐的支持系统主要服务于学生的自主学习，并且大多是通过收集学习者的行为数据，如学习者在学习时选择的学习资源类型、视频观看时长、点击频率、试题完成程度、错误率等，形成用户画像，进而推荐学习资源。这种推荐方法充分考虑到了学习者的学习特点及其主观感受，同时满足了学习者在当时情境下的学习需求，但对于学习目标的完成及学生知识结构的建立帮助甚微。因此笔者设计了基于知识结构的个性化资源推荐模型。

学生在利用 LSS 进行学习时，充分发挥了自身的主观能动性，选择系统推荐的学习资源，在此基础上自定学习步骤，完成学习任务。在当下的学习环境中，学习者能力参差不齐，传统的教师角色被弱化，学习者更在乎的是"得到优势的学习资源，使自己的学习目标达成"，对于考试成绩的关注不多。因此，在推荐对象方面，LSS 推荐系统不仅仅是为了解决学习者知识迷航的问题，简单地向学习者推荐资源，个性化学习资源推荐的另一重要作用是为学习者在学习过程中提供学习支持，包括学习内容推荐、复习知识推荐、专家教师推荐、使用知识地图、提供学习服务。

1．学习内容推荐，搭建学习脚手架

在学习者学习过程中，学习资源的选择是非常重要的一件事，适合的学习内容是学习者学习的脚手架。从海量的学习资源中选择合适的学习资源是个性化推荐系统最主要的功能。早期的个性化推荐是借鉴电子商务中的技术，从学习者的学习兴趣出发，推荐学习者感兴趣的学习内容，这种推荐方式在学习领域中逐渐减少。近几年研究者开始在系统中采集学习者的其他行为数据，如学习者的学习偏好、认知风格等，形成用户画像，进而向学生推荐相对更精确的学习内容。

个性化学习资源推荐可以向学习者推荐前驱知识，搭建学习脚手架，使学习者学得更轻松，学得更深入。学习本身是一个知识不断增长的过程，随着学习的深入，学习者会对新知识、新内容产生渴望。为了促进学习者的个性发展，个性化推荐系统不仅要满足学习当前的学习欲望，还应该帮助学习者挖掘更多的学习兴趣点[①]。基于知识结构的个性化资源推荐能够根据学习者所学知识，结合知识地图，挖掘学习者可以接受的学习内容，进而发展学习者的延伸能力，促进学习者个性化发展。

2．复习知识推荐，增强学习效果

复习知识推荐主要是指推荐学习者学习后的、应该复习的知识。根据艾宾浩斯遗忘曲线，学习 1 天后，学习者能记住的知识为 33.7%；两天后能记住的知识为 27.8%，6 天后，则只占 25.4%。所以，及时复习学过的知识是非常重要的。艾宾浩斯遗忘曲线如表 4-6 所示。

个性化资源推荐系统可以根据学习者的学习时间为学习者推荐应当复习的内容。及时复习有助于学习者加深对学习内容的理解，增强学习效果。并且，复习可以对知识产生新的理解，温故知新，达到融会贯通的效果，为学习新知识做好准备。因此，个性化资源推荐系统加入复习知识推荐是必要的。

表 4-6　艾宾浩斯遗忘曲线

时间	记忆保留率（%）
20 分钟	58.2
1 小时	44.2
9 小时	35.8
1 天	33.7
2 天	27.8
6 天	25.4
31 天	21.1

---

① 杨丽娜. 数字学习资源的个性化推荐效果提升研究——以学习元平台资源推荐设计为例[J]. 现代教育技术，2014，24（6）：84-91.

3．专家教师推荐，明确学习目标

学习资源不仅包括网络中海量的物化资源，还包括拥有知识的"人"①。在知识爆炸的时代，学习者不仅要学习当下要掌握的知识，还要学会如何学习，将新学习的知识与已有的知识建立连接，形成知识网络，而在建立连接的过程要注意到教师在其中发挥的作用。教师是教学活动的主导者，是学习活动的促进者，在学习者学习遇到问题时，教师是首先被学生想到的解决问题的人。学习者能够在与教师交流的过程中产生新的想法与观点，丰富自己的学习内容，明确学习目标，进而完成知识的内化过程。

教师作为对学科知识理解最深入的人，应当对学生的学习过程起到指导作用。如果仅依靠个性化推荐系统为学习者推荐学习内容，可能会导致学生偏离学习目标，或者不能完全掌握学科知识点，所以应当加入人为干预。专家教师推荐可以向学习者推荐学习者漏掉的知识点，或者是学习者学习较为吃力的知识点的补充资源，还包括知识点的前期预习资源等。专家教师推荐可以在一定程度上弥补个性化推荐的不足，使个性化推荐更能切合学习者的学习需求。因此，专家教师推荐可以帮助学习者明确学习目标，及时纠正错误，掌握学科知识点，指导学生学习。基于教师推荐在学习者学习过程的重要作用，笔者认为教师推荐应当优于其他的推荐形式。

4．使用知识地图，确定学习路径

知识地图是指一种以可视化方式展现的显现化、结构化的知识关系网络，具有知识管理、学习导航和学习评估等功能②。在本研究中，学习者使用知识地图进行学习，能够迅速找到知识点所在位置，搜索到所需要的学习资源，避免知识迷航，解决信息过量的问题。不仅如此，学习者还可以利用知识地图建立学习内容与内容之间的连接，促进对知识的理解，促进学习者概念的形成及解决问题的能力。与传统文本形式的资源结构相比，知识地图能够帮助学习者获得更多关于信息处理、问题解决以及学习策略方面的内容。

学习者利用知识地图学习学科知识或者章节知识时，能够明确自己所学知识点的位置，进而确定自己为达成学习目标所需要的知识，选择学习资源，确定学习路径。北京师范大学计算机公共课教学平台（cen.bnu.edu.cn）《多媒体课程》中图像处理章节的知识地图，如图 4-27 所示。

5．智能推荐资源，增强学习动机

智能推荐是个性化推荐最重要的内容：所谓智能推荐是系统根据学习者的特点、学习目标、易错题、学习进度等因素，向学习者推荐应该学习的内容。智能推

---

① 年智佳，武法提．电子书包中基于学习者模型的个性化学习资源推荐研究[J]．电化教育研究，2015（1）：69-76.
② 马秀麟等．知识可视化与学习进度可视化在 LMS 中的技术实现[J]．中国电化教育，2013（1）．

荐的学习内容是学习者学习的主要内容。在海量的信息资源中，智能推荐能够根据学习者的学习水平，考虑到学习者实际的个性化需求，精选学习内容。通过智能推荐，学习者可以减少信息搜索的时间，满足个性化的学习需求，增强学习者的学习动机，促进学习者个人发展。

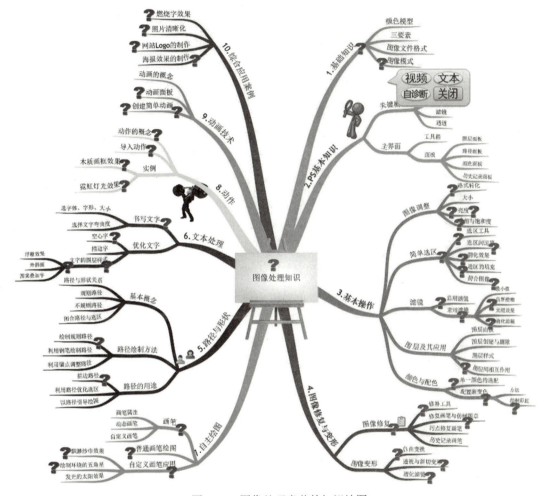

图 4-27　图像处理章节的知识地图

4.5.5　个性化学习资源推荐模型研究设计

1．知识结构的形成

本研究中的个性化资源推荐模型适合正式学习。基于知识结构的个性化资源推荐最大的优势在于帮助学习者建立良好的知识体系，形成知识网络。个性化学习资源推荐可以向学习者推荐应复习的内容、未掌握的内容和未学习的内容。学习本身是一个知识不断增长的过程，随着学习的深入，学习者会对新知识、新内容产生渴望，为了促进学习者的个性发展，推荐内容不仅要满足学习者当前的学习状态，还要帮助学习者个性化发展及能力的延伸。

本研究采用知识地图为学习者规划学习路径，这种学习方式不仅可以充分考虑到知识之间的关系及知识与资源之间的联系，向学习者推荐与某一知识点相关联的资源，使学习者学习知识时更具有针对性，从而促进学习者完成学习目标，达到学校的教育目标，形成学科能力；而且，这种推荐方式可以通过向学习者推荐延伸拓展内容来促进学习者个性发展。

2．个性化学习资源推荐模型

通过对现有个性化推荐系统的分析发现，推荐系统需要人为干预因素。基于知识结构的个性化学习资源推荐充分考虑到学习者在线学习的特点及教师在学生学习过程的主导作用，将该个性化推荐分为 3 个部分：教师推荐、复习推荐和智能推荐。以此帮助学习者建立良好的知识结构，完成学习目标，进而帮助学习者学会学习。

（1）教师推荐

学习者学习的资源不仅包括物化的资源，还包括具有知识的"人"。教师是整个教学活动的指导者、促进者，学生知识网络的建立依赖于教师的指导作用。在网络学习中，学习者可以与教师交流观点与想法，丰富自己的学习内容，明确学习目标。

教师作为最了解学生及学科知识的人，应该让教师加入个性化推荐系统中，为学生的在线学习提供帮助与指导。本研究中的教师推荐有两种方式，第一种方式为置顶推荐，即教师推荐的内容为学习者必须学习的内容，并且这种推荐方式优于其他的推荐方式。这种推荐设置是为了帮助学习者掌握学科知识，形成良好的知识结构，完成学习目标。第二种方式是将教师推荐作为一个推荐因子，参与到智能推荐中去；这种推荐方式推荐的是建议学习者学习的内容。

（2）复习推荐

复习推荐是根据艾宾浩斯遗忘曲线，向学习者推荐应该复习的内容。学习者在学习新知识点时，会对前驱知识点产生遗忘，这不利于学习者学习新内容。为了避免学习者出现这种情况，根据学习者的实际学习情况，本研究初步采取 1、6、30 的推荐方式，即向学习者推荐距离初次学习时间 1 天、6 天、30 天的学习内容。通过这种方式帮助学习者强化学习效果，温故知新。

（3）智能推荐

智能推荐是个性化资源推荐最重要的内容。智能推荐能够根据学习者的学习状态，从海量的学习资源中选择最适合学习者学习的内容，减少学习者信息搜索的时间，满足个性化的学习需求，促进学习者个人能力的发展。

在本研究中，通过对教师和学生的访谈，确定了智能推荐的推荐因子；根据面向学生的调查问卷，确定了推荐因子的权重：教师推荐 0.18，易错点 0.21，错误率

0.24，学习时长 0.17。智能推荐列表如图 4-28 所示。

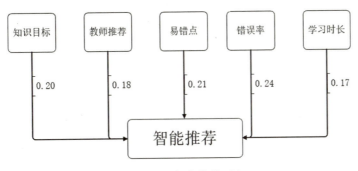

图 4-28　智能推荐列表

4.5.6　面向知识结构和学习状态的总体模型

本研究中的个性化推荐系统包括教师推荐、复习推荐和智能推荐 3 部分。教师推荐是向学习者推荐学习者在学习过程中掌握不好的内容，是学习者必须学习的内容；复习推荐是根据艾宾浩斯遗忘曲线向学习者推荐距离初次学习时间 1 天、6 天、30 天的学习内容；智能推荐是根据知识地图向学习者推荐个性化的学习资源，最终可以拓展学生能力，促进学生的个性化发展。个性化资源推荐模型如图 4-29 所示。

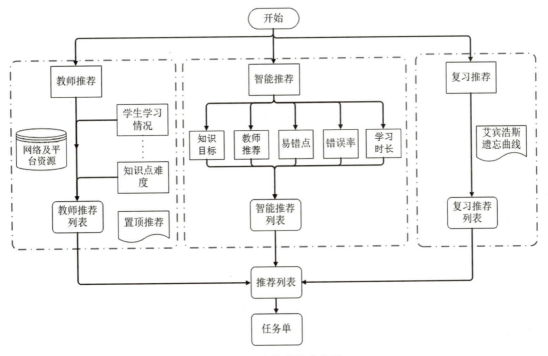

图 4-29　个性化推荐模型

第 5 章　北京师范大学计算机公共课翻转课堂项目

本节将详细介绍北京师范大学计算机公共课翻转课堂所采用的教学策略和教学活动组织方式，力图向读者呈现尽可能清晰的管理和控制策略，为读者开展类似的教学实践提供参考。

5.1　计算机公共课翻转课堂项目简介

5.1.1　北京师范大学计算机公共课简介

随着信息技术的快速普及和教育信息化的发展，信息技术能力已经成为当代大学毕业生的必备技能。在充分地肯定信息技术能力对大学毕业生就业的重要性之时，大学信息技术公共课教学也面临着巨大的挑战。

5.1.1.1　大学计算机公共课的定位

1. 教育信息化 2.0 时代，如何定位大学计算机公共课

（1）大学信息技术公共课是提升学生信息技术能力，加强信息技术素养的主要手段

尽管所有的大学生都在中学阶段修读过信息技术课，然而由于中学阶段的信息技术课没有列入高考，各地区、各学校对中学信息技术基础课的要求很不相同，多数学生的计算机技术水平尚达不到日常事务中对数据处理能力的要求，更难以满足科研活动中对计算机应用水平的需要。

北京师范大学分级考试的成绩已经证明：超过 50% 的大一新生的信息技术能力不强，不能胜任较为简单的文字处理和数据分析任务，与"能以信息技术解决社会实际问题"的要求尚有较大的差距。因此在大学阶段开设信息技术公共课仍然是非常必要的。

（2）大学信息技术课的教学目标应定位于拓展学生的思维方式，从方法论的层面培养学生的科研能力和创新能力

计算机和网络技术日益普及，计算机中的思维方式、解决问题的方法已经逐渐向其他领域渗透，并影响了其他学科，促进了相关学科的发展，甚至形成了一些交

叉学科。因此，计算机技术已经不仅仅是一种工具，而是逐步演化为一种思维习惯和方法论。人们在学习和应用计算机的过程中，已经自觉或者不自觉地使用着计算机科学中的思维方式、技术手段，拓展了其他学科的研究方法和体系，丰富和深化了其他学科的研究范畴。因此，大学信息技术公共课的目标不能仅仅定位于教会学生使用计算机，而是应该利用信息技术课的内容，在方法论和思维习惯层面为提升学生的科研能力助力。

（3）大学信息技术公共课仍是培养学生计算思维能力的重要手段

在当前历史条件下，大学信息技术课的目标是培养学生学会以计算思维、系统论的方式解决问题，从世界观、方法论的层次促进学生的成长。但要实现这一过程，仍然离不开对计算机基础知识的学习，应该使学生从具体的"做"和"用"过程中获得感性认知，进而内化为学生个体的自觉行为，使学生逐步得到提高，"从实践中来，到实践中去"仍是培养大学生计算思维能力的重要手段。在这个过程中，掌握信息技术的工具是手段，逐步学习计算机解决问题的策略和方法才是目的。

（4）大学信息技术公共课对于培养学生的自主能力、协作能力有一定的价值

大学信息技术课强调技能的培养，适合以项目教学法、任务驱动法开展教学，适合以小组协作的方式开展自主探究、社会协作方式的教学活动，对于培养学生的自主能力、协作能力和创新能力都有重要价值。

2. 高校信息技术公共课建设的主导思想

"大学计算机应用教程"课程作为必修课的思路不能动摇，但应该从总体上提升课程的深度、难度，逐步加强对计算机解题方法的讲解。同时，应设置一定数量的选修课、辅修课，以便满足不同层次学生的要求[①]，并有意识地培养学生的逻辑思维能力、综合能力、分析能力和自主探索能力。

大学计算机公共课的课程体系和培养目标，应该根据学科设置而有所不同，以服务于其科研能力发展和学科发展为主要目标。对理科学生计算思维能力的培养，应强调逻辑思维能力和大数据处理能力；对于文科学生计算思维能力的培养，则需要更多地从计算机解决问题的方法、宏观的逻辑思维方式和数据处理入手，不需要过于关注计算思维的细节，更不必关注个别语言的程序代码和语法结构。

因此，对文科学生计算机基础课的教学，应从文科学生未来发展的视角出发，把基于计算机的数据管理、统计分析、数据挖掘的思维方式、研究方法渗透到计算机基础课的教学过程中，以促使他们在未来的科研工作中能主动地借助计算机科学的思维方式和处理手段。

5.1.1.2 北京师范大学计算机公共课课程体系

目前，在北京师范大学本科教育的整个课程体系中，信息技术公共课被分为两

---

① 马秀麟，邬彤. 北京师范大学新生计算机水平调查报告[R]. 2010/2011/2012.

个部分：必修课部分和选修课部分。

必修课是第 1 部分，共设置两门课程 5 个学分。其中"信息技术基础"主要讲述 Windows 系统、网络技术和 Office 套件的应用，放在入学后的第 1 学期学习，"计算机应用基础"是这一学段的主干课程；"信息技术应用"作为讲述信息技术特定应用的课程，放在入学后的第 2 学期学习，主要由"多媒体技术"与"程序设计"两门主干课程构成。

公共选修课是第 2 部分，放在大二—大三学年，主要提供信息技术的高级应用，讲授"数据统计分析""动态网站设计""数据库原理"等课程，供学生选择。

1.建立针对不同层次学习者的课程体系

2010 年年初，北京师范大学信息技术公共课教改课题组对当时执行的《信息技术课课程体系（2004 版）》进行了研讨，经过与一线教师和专家论证，形成了《北京师范大学信息技术公共课课程体系（2015 版）》。

在 2015 版课程体系中，课程被分为两大类三等级。首先，根据学习者的学科类别，课程被分为文科类和理科类，分别面向文科学生和理科学生。其次，根据课程的难度，课程被分为预备级课程（入门内容）、必修课程（正常难度）和公共选修课程（高级应用）。

2015 版课程体系示意图如图 5-1 所示，课程规划及内容结构如表 5-1 所示。

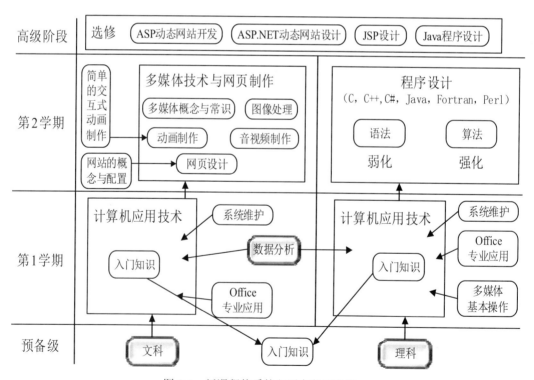

图 5-1　新课程体系的主要变革示意图

表 5-1　北京师范大学信息技术课程规划（2015 修订版）

学期	课程性质	面向对象	课程名称	课程内容	学时	学分	备注
第1学期	补修	零基础学生	计算机应用入门	计算机入门知识、操作系统使用、网络使用、搜索技巧、Office 初级等	4*5 周	0	入学后通过分级考试决定哪部分学生必须参与补修课程，大致在 3%左右，1 个班规模
	必修	理科生	计算机应用基础	计算机系统维护、Office 中高级应用、数据分析技术、Photoshop 图像处理、声音处理、视频编辑	2+2	3	
	必修	文科生	信息处理基础	计算机系统维护、Office 中高级应用、数据分析技术	2+2	3	
第2学期	公共必修	理科生	程序设计基础（C、C++、Java、Fortran 中任意一门）	C、C++、Java、VB 或 Python，和各院系做具体沟通后确定	2+2	3	
		文科生	多媒体技术与网页制作	Photoshop、Flash、Dreamweaver、音频视频处理等	2+2	3	
第3~6学期	公共选修	全体学生		Linux 操作系统、数据库原理、计算机网络、面向对象程序设计、动态网页制作、网站设计与开发、Flash 动画制作	2+2	2	

2．对 2015 版课程体系的补充说明

与 2004 版课程体系相比，2015 版课程体系主要进行了以下改进：

（1）全面提高"信息处理基础"和"计算机应用基础"课程的难度和含金量，在 Office 模块应以讲授 Office 中高级应用为主，强化了学术论文的排版规范、Excel 的数据统计分析、学术资源的获取等内容。减少或免讲文件管理和 Word 中初级应用的内容，避免学生产生"水课"的感觉。另外，进一步增加数据处理与数据分析内容的比重，以适应大数据时代对人才培养的要求。

（2）在理科生的"信息处理基础"课程中增加图像处理、声音处理和视频处理的内容，以解决理科生没有机会学习多媒体技术的问题。

（3）在文科生的多媒体技术与网页制作模块，也要求在 Flash 中加入 ActionScript 编程的部分内容，为文科生提供学习程序设计思想的机会。

（4）根据北京师范大学人才培养的特点，适量增加面向未来教师培养的信息技术知识，适当增加思维导图工具、几何画板、Web 服务器配置、教学服务平台使用方面的内容，鼓励学生学习信息技术与课程整合的相关内容，为未来教师的学术发展和教学能力发展助力。

5.1.2　计算机公共课教学策略探索

自 2010 年以来，笔者开始在计算机公共课中开展以翻转课堂教学模式为指导的教学活动，并开展了一系列实证研究，积累了较为丰富的经验。在此过程中，笔者最大的感触就是：任何一个教学模式和教学策略的研究，都与教学系统设计和教学活动的组织和过程控制密切相关，其研究结论受到教学流程控制策略及其精准性的决定性影响，控制方法"失之毫厘"就会导致研究结论"谬以千里"，这是教学研究的基本特点。

1．大学计算机公共课教改探索的指导思想

探索、实践并验证了一系列以"问题解决"为导向的信息技术课程教学和评价模式，能够很好地引导学生开展由浅入深的学习，并较为客观地考查学生的知识迁移能力，以及应用信息技术解决实际问题的能力。

开展教学模式和教学策略的改革与探索，在教学过程中积极使用"启发式教学""探究式教学"等教学策略，并借助"翻转式课堂""项目教学法""协作学习"等方式组织教学活动，以提升教学效率和教学质量。

2．借助计算机公共课教学平台，组织教学活动，落实"做中学"的教育理念

计算机公共课是强调实用技能、注重计算思维能力培养的学科的系列课程，应避免单纯地背诵和记忆知识点，而是要强化学生的实际操作技能和计算思维能力的发展。因此在实际教学中，要落实"做中学""用中学"的教育理念。

为在教学中能够真正地贯彻这一教学理念，面向学习者和一线教师的计算机公共课教学平台必不可少。服务于计算机公共课的教学平台应该在学习资源的质与量、导航体系的水平、线上交互便捷性、学习行为监控与管理等诸方面综合建设，使教学活动的开展能够得到全方位的支持，使学生能够真正地在信息化环境中、信息技术的支持下完成计算机课程的学习，从而避免"空中楼阁"式的死记硬背。

3．优化计算机公共课测评体系的建设，使评价落地于"实用性""实际应用能力"

全面改革北京师范大学计算机公共课的测评模式，避免纸上谈兵式的评价和测评模式。作为强调实用技能、注重计算思维能力培养的学科，纸上笔答式的考核与评价只会强化学生对知识的背诵和记忆，无助于本学科的发展。

目前，我们已经完成了"北京师范大学计算机公共课测评系统"的一期建设工作。首先，此系统已经服务于该校大学计算机公共课的期末考试，实现了期末考核的全面无纸化。其次，随着该测评系统的建成和顺利试用，应学生的强烈要求，此系统还做到了日常开放。通过向学生日常开放大量的模拟题目（支持自动评分），鼓励学生自主学习和自主测评。

计算机公共课测评体系的建成，能够为学生日常学习中的自主测评、自主诊断提供全面支持，使评价落地于"实用性"和"实际应用能力"，极大地激发了学生的学习主动性，对学生有针对性地开展自主学习也有很好的引导作用。

5.2　计算机公共课线上学习支持体系建设

为服务于北京师范大学计算机公共课的线上学习，笔者带领教学团队完成了Web 模式的"北京师范大学计算机公共课教学服务平台"和客户端模式的"北京师范大学计算机公共课测评系统"，以便从日常自主学习支持和日常自主诊断（自主测评）两个维度为学习活动提供支持。

5.2.1　计算机基础课教学服务平台

1．计算机基础课教学服务平台的起源与发展

为了能全面支持学生的自主学习，并为教师开展各类教研活动提供支撑，笔者于 1997 年开始建设"马秀麟教学服务平台"，开始以 Web 平台组织学习资源，为日常教学提供支持。至 2010 年，承大学计算机公共课教改的契机，学校组织骨干教师对"马秀麟教学服务平台"进行了系统化的建设与开发，建成了"北京师范大学计算机基础课教学服务平台"。

北京师范大学计算机基础课教学服务平台，以共建共享的理念丰富和完善了平台中的学习资源和资源管理方式，实现了作业管理、交互管理以及学习行为和进度监控等功能，全面支持了北京师范大学的计算机公共课日常教学和教改项目运作。

2．北京师范大学计算机基础课教学平台简况

（1）教学平台的工作界面

北京师范大学计算机基础课教学平台的 URL 地址为 http://cen.bnu.edu.cn/；其主界面如图 5-2 所示。

图 5-2　北京师范大学计算机基础课教学平台主界面

学生正常登录之后，进入"多媒体技术与网页设计开发"课程的主界面，如图 5-3 所示。

图 5-3　"多媒体技术与网页开发"网络课程主界面

学生正常登录之后，进入"C 语言程序设计"课程的主界面，如图 5-4 所示。

（2）教学平台中所含资源的状况

目前，此平台已经成为包含两门校级精品课程、10 门完备网络课程的综合性平台。在此平台中，包含微视频资源 1 000 余套，习题 600 余道，线上交互和作业评价每年数千题。

图 5-4　"C 语言程序设计"网络课程主界面

另外，每学期有 20 余名教师、3 000 余名学生借助此平台开展各类学习活动，系统具有很高的并发量，深受北京师范大学学生欢迎。

3. 北京师范大学计算机基础课教学平台的建设思想

（1）完备的网络课程体系，丰富的资源类型

经过多年的积累，教学平台形成了丰富完备的课程体系，对于每门网络课程，均以"课程概要""教学大纲""组题规范"为入门，以便向学生详细地呈现课程的教学目标和体系结构，如图 5-5 所示。

图 5-5　完备的课程体系

在教学平台中存储了类型丰富的学习资源，既有面向案例的微视频、习题等必要资源，还有 PPT 讲稿、HTML 的电子教案、论文或专题形式的操作技巧简介等资源，能够满足不同认知风格的学习者的需求，如图 5-6 所示。

图 5-6　资源支持——操作技巧与案例

（2）以微视频为自主学习过程提供支持

由于计算机公共课的案例通常涉及若干复杂的操作，需要多个步骤才能完成，而且在每一步骤中都需关注各个细节。在实际教学中，常有学生反映：在教师讲授或演示时，都觉得听清楚了，但在自己独立操作时却又面临困惑，细节上的"失之毫厘"，常常导致最终效果的"谬以千里"。

为此，我们录制了 600 多个聚焦于知识点的微视频，学生在遇到学习困难时能借助微视频有针对性地自主探究。

微视频播放界面如图 5-7 所示。

（3）共建共享的学习资源

关联主义的知识观告诉我们：在后信息化时代，知识的结构性和关联性会无限度扩展，人们对知识的掌握和学习将仅仅是人类社会知识大体系中的局部。因此，知识的共建共享是后信息化时代的必然要求。

在学习平台的建设过程中，鼓励教师、助教（教育技术的硕士生）、学生都加入北京师范大学公共课教学服务平台的建设中来，实现"人人为我，我为人人"的学习资源分享与学习资源共建，如图 5-8 所示。

图 5-7　微视频播放及学生交流的主界面

（4）以"知识可视化"理论组织学习资源

网络课程中的资源很多，种类丰富，呈现多种形态。为了避免学习者在资源库中迷航，我们借助思维导图的理念、按照知识体系设计知识地图。

图 5-8　共建共享的学习资源

各种类型的学习资源，均被挂接到知识地图中的知识点上，实现了知识体系的可视化，如图 5-9 所示。

这一模式，有利于学生了解各知识点之间的内在联系，并产生联想、顿悟，从而实现有意义建构。

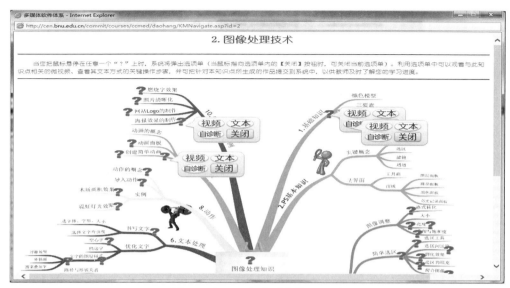

图 5-9　知识可视化系统的主界面

（5）高效的学习行为管理与监控——学习进度可视化

本平台提供了学习效果监控功能，系统会自动记录每一名学生观看微视频的时长、提交作业的时间、发表评论和参与讨论的时间点与时长，并把学生在每个知识点上的学习状况数值化，依据讨论关键词或主题词分析线上交互的质量，以便学生实时地了解自己在各个知识点上的进展情况。

进度可视化地图可帮助学生了解自己在各个知识点上的学习进度，促使学生查漏补缺，发现不足。图 5-10 以灯泡亮度反映了当前学生在各个知识点上的学习进展。

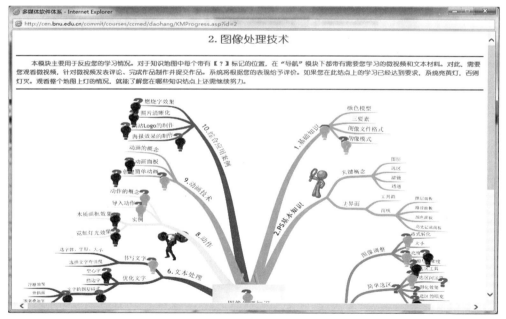

图 5-10　学习进度可视化的主界面

（6）分层次的学习任务

考虑到学习者在知识、能力方面的差异，在各模块任务的设计和组织中采取了分层组织模式，即采取基本任务和扩展型任务相结合的组成方式。

题目以课后思考题、上机作业、小组活动和综合案例 4 个层次的内容组成。在要求学生掌握必备技能的前提下，为他们指定一些具有难度的题目，鼓励学生自由组成协作学习小组，利用教材、微视频、LSS 平台等资源开展协作式探究，如图 5-11 所示。

图 5-11　分层次的学习任务

（7）提供师生交流模块

本平台为各门课程提供了一个功能齐全的交互环境，允许师生借助此环境开展网络讨论，解答教学过程中出现的问题。

为了便于管理，本平台还依据教学管理的特点，允许师生只选择自己关注的帖子，或基于关键词对相关帖子重构，以便对相关问题集中评议、讨论，有效地实现知识分享与社会性知识建构。

（8）完备的作业管理功能

平台提供了作业发布（教师端）、作业提交（学生端）、评价作业（教师端）、撰写评语（教师端）、查看作业成绩与评语（学生端）、学生成绩汇总等一系列功能，能够对作业和学生做作业的情况进行精准的管理，如图 5-12 所示。

图 5-12 学生作业提交与查看界面

5.2.2 计算机公共课测评系统建设

1. 北京师范大学计算机公共课测评系统的建设状况

信息技术的快速发展对信息技术课程的评价体系也提出了新的要求，对学习者实际操作能力的评价也日益受到重视。由于传统的、基于书面答卷模式的考核模式无法真实地反映学生的技能，所以北京师范大学信息技术课教改团队决定重新建设一套能够满足当前全体课程要求的测评系统。经充分调研并得到学校教务处的批准，北京师范大学信息技术公共课教改团队于 2011 年 3 月底与万维捷通公司正式签约，购买了其产品"万维全自动网络考试系统"，并在此基础上形成了"北京师范大学信息技术公共课测评系统"。

2011 年 5 月，此系统正式开始为信息技术课的期末考试和日常自主测评提供服务，能够支持 3 个层次 8 门课程的期末无纸化考核。

2013 年 10 月，本测评系统的题库规模已经达到了预期数量，开始向全体学生日常开放。校内学生可以不限时间、不限地点地自主登录到测评系统，自主选择测试题并做题、提交、由系统自动评卷，以检查自己对相关操作的掌握程度，及时发现不足之处，做好自主诊断。

2. 测评系统的工作界面

在学生登录考核系统后，其工作界面如图 5-13 所示。其左侧为题型栏，可从中选择某一类试题。右侧区域为试题内容区，能够显示试题的具体内容。

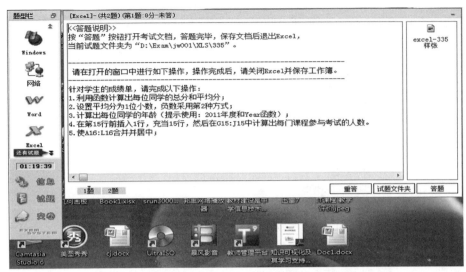

图 5-13　北京师范大学信息技术公共课测评系统试题界面

　　如果单击试题内容区右下角的"答题"按钮，则会自动启动题目对应的软件环境，并在该环境下打开试卷提供的素材。此时，学生可在这个环境下解答试题。图 5-14 显示了以 Dreamweaver 设计网页的答题界面。

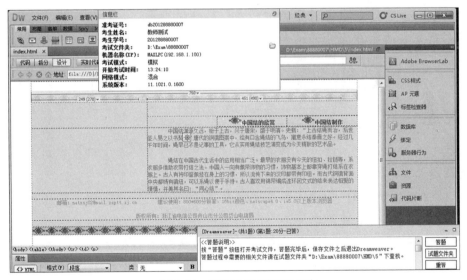

图 5-14　测评系统的答题界面

3．测评系统的工作模式

　　目前，北京师范大学信息技术公共课测评系统支持两种考核模式：模拟方式和考试方式。

　　在模拟方式下，学生可利用测试账号随意登录系统，并由系统根据学生所选科目自行组织试卷，为学生提供实际操作环境。当学生提交试卷后，系统会立即自动评阅试卷并直接显示本次模拟考试的成绩。如果学生需要，学生还可以查看试卷的分析报告，如图 5-15 所示。模拟方式下的答卷包和成绩不会存入后台数据库，在学生关闭了考试系统客户端后，这些数据将被自动丢弃。

图 5-15　北京师范大学信息技术公共课测评系统试卷评析界面

在考试模式下，学生必须使用教师设置的专用考号登录系统，学生的操作过程被直接记录到后台数据库。对于考试模式，教师可根据自己的意愿设定参数，规定学生能否在交卷后查看成绩和试卷分析报告。

目前，我们主要通过模拟方式为学生提供日常自主测评，而考核模式则可供期末考试、分级考试等正式场合使用。在日常情况下，测评系统的管理员可把系统配置为模拟方式，这样学生就可在任意时间登录测评系统，由系统根据考号类别自动抽取试卷并提供操作环境，学生可利用系统提供的操作环境做题，并可在提交试卷后由系统自动评阅试卷。通过查看成绩和试卷分析报告，学生可自查对各个知识点的掌握程度。

4．测评系统的使用情况

从测评系统的使用情况看，系统的利用率非常高，最高访问量达到了每日 400 人同时在线测试。从初步统计数据看，北京师范大学信息技术测评系统内每套测评试卷访问量都达到 3 000 人次/学期，总访问量达到 70 000 人次/学期以上，极大地提升了大学计算机公共课的教学质量。

5.3　计算机公共课翻转课堂教学设计及组织方式

自 2010 年 3 月开始，笔者带领教学团队以北京师范大学计算机公共课教学服务平台为依托、在北京师范大学计算机公共课教学中尝试翻转课堂教学模式。

在计算机公共课教学中以翻转课堂模式组织教学活动是一个循序渐进、逐步深入的过程。在启用翻转课堂模式初期（2010 年前后），每学期仅有很少的模块以翻转课堂模式组织教学活动，但随着翻转课堂教学模式的成熟和笔者积累了更多的经验，现在已经有较多模块在借助翻转课堂模式组织教学。

5.3.1　翻转课堂对学习支持及教学活动组织的要求

由于翻转课堂模式把对新知识的学习安排在课堂之外，所以教师必须为学生的课外自学环节提供完备的学习支持和教学控制，这就对教师的教学设计和教学控制都提出了很高的要求。为了组织一次有效的翻转课堂模式教学活动，需要教师在教学设计理论的指导下，首先完成学习支持系统的建设，为此应在以下 5 个方面做好工作。

1．为每个知识模块组织有效的导读学案

由于导读学案的目标主要是向学生呈现知识要点、概念，以此来激发学生内在的学习动机，引导学生自主地组织学习活动。因此，导读学案的内容要符合学生的年龄特点和心理表征，同时既要注意知识点之间的深度和广度，又要体现问题的层次性和递进性。

在信息化的教学环境下，如果学习支持系统允许，可以基于导读问题创建链接到各级各类学习资源的超链接，从而建立起以导读问题为汇聚点的立体知识体系，以便为学生提供一套基于导读知识点的导航体系[①]。

2．为每个知识模块的自主学习过程提供高效的学习支持，提供不同类型的学习资源与导航

在以翻转课堂教学模式开展教学活动中，能否为学生提供丰富的学习资源以支持学生的自主学习过程，是关系着翻转课堂模式成败的决定因素。在这个方面需要教师精心思考，认真实施，通常包括两个方面的要求：① 提供种类丰富的学习资源，以适应不同类型、不同层次的学生的需求。② 以清晰的知识地图呈现知识结点之间的逻辑关系和资源的分布情况[②]，知识结点及其连线一方面反映了教师对这个教学模块中相关知识点之间关联性的理解，另一方面也起到了导航的作用，学生可以借助这个知识地图便捷地找到相关的学习资源[③]。

3．设计出两个层次的学习任务，为学生固化学习效果和自我诊断提供支持

对于基于翻转课堂模式开展自主学习的学生，为了保证学习效率并巩固学习效

① 马秀麟，赵国庆，朱艳涛. 知识可视化与学习进度可视化在 LMS 中的技术实现[J]. 中国电化教育，2013（01）: 121-125.
② 赵国庆. 概念图、思维导图教学应用若干重要问题的探讨[J]. 电化教育研究，2012（5）: 78-82.
③ 马秀麟，金海燕. 基于关键词标注的教学论坛内容组织方法研究[J]. 现代教育技术，2009（12）: 87-91.

果，便于学生自主诊断学习效果，必须布置一定量的学习任务（即习题或操作型任务），促使学生基于任务驱动的方式抓紧时间自主学习。为了满足不同阶段、不同层次的学生的需要，对于学习任务的设计，也应该分成两个层次。① 适量设计面向知识点的作业。② 设计面向问题解决策略的综合型任务。其中，面向知识点的作业服务于知识点学习，用于检查学生对知识点的掌握情况；而面向问题的综合型任务，则服务于综合能力的培养，用于支持以小组协作的方式开展项目学习。

4．良好的交互支持

从赤瑞特拉关于记忆持久性实验可知，学习者之间的交互、发言对学习者长久记忆知识并实现深度学习具有重要作用。因此，现代教育理论注重学习者之间的分享与协作，通过小组讨论、知识分享实现知识的社会性建构。

因此，在正式开展翻转课堂教学活动前，教师应该为班级创建良好的线上交互平台，使每一位学习者都能够便捷地在线上交互平台中发表自己的建议，质疑其他同学的见解，实现线上讨论与分享。

另外，线上交互系统还应能够支持分组讨论，允许教师根据教学需要任意组建小组，让学习者以小组为单位畅所欲言，分享观点，实现小组内部的讨论、质疑、互评和提升。

5．学习行为监控与反馈机制

翻转课堂的一个重要特征是学习者的自主权很大，课前的学习者自主学习、课内的分享与讨论、不限时空条件的线上交流与质疑，都是在无教师管理和监控的环境下完成的。在这种情况下，部分学习者的"搭便车"行为是影响翻转课堂教学质量的关键因素。

翻转课堂的教学实践已经证实：任何一名学习者都存在惰性，完全依赖学习者的自觉性来组织翻转课堂教学很容易出现两极分化现象。基于这一原因，在学习支持系统中建立学习行为监控和反馈机制是必要的。

良好的学习行为监控和反馈机制能够增强学习者的外部动机，促使学习者克服惰性，帮助学习者克服独立地自主学习过程的孤寂感和挫折感，对学习者注意力的保持和学习质量保障均有重要意义。

5.3.2　教学内容设计

能否以翻转课堂模式组织计算机课程的教学活动，需要从课程内容、学习者特征、教学时间段、学习支持系统状态等诸多方面综合考虑。在笔者主持的教学中，经常以翻转课堂模式组织"多媒体技术与网页开发"课程中"音视频处理"模块的教学活动。

1．课程内容简介

音视频处理是北京师范大学计算机公共课课程体系中的必修模块，是北京师范大学对未来教师培养、教师专业化发展中的核心内容。

音频模块主要讲授音频文档格式、音频指标体系、音频的剪辑与拼接、音量调整、变调、去噪、混音、混响、线性弯曲等技巧。视频模块则主要讲授视频文档格式与指标、视频格式转化、视频素材处理、利用会声会影或 Premier 实现视频制作、视频编辑的各种技能。

这两个模块的特点是知识点结构比较清晰，知识点之间的耦合度较低，通过线上自主学习微视频比较容易接受；另外，这两个模块的趣味性很强，容易激发起强烈的学习动机，适合做翻转课堂教学。

2．导读模块设计

导读模块的核心目的是向学生介绍本模块的关键功能和价值，以激发学生的强烈学习动机为目标。

为了达成这一目的，笔者在正式开展翻转课堂教学前，在学习支持平台中发布教学目标（如图 5-16 所示），并预置了必要的导读资源（优秀作品展示）。

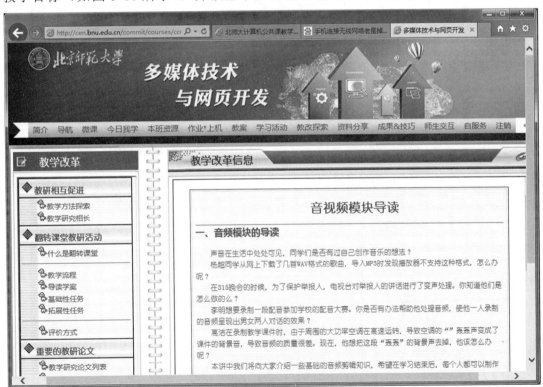

图 5-16　发布音视频模块的导读要求

向学习者展示的音视频作品如图 5-17 所示。① 预存两组音频资源，一组资源为变调前后的两段音频，使学习者通过对比变调前后的搞笑音频，感受到声音变调的趣味性；另一组资源为去噪前后的两段音频，使学习者通过对比去噪前后的授课音频，充分地体会去噪在课件制作中的价值。② 向学生呈现前几届同学（师兄师姐们）制作的优质短视频（微电影），通过搞笑的微视频或者同学们熟悉的生活场景，使当前学生产生强烈的兴趣和动机，对音频处理和视频制作都非常向往。

图 5-17　分享师兄师姐们的优秀作品

3．学习任务设计

向参与翻转课堂的全体学生布置学习任务。学习任务分为两个层次：① 面向知识点的具体任务，要求学习者独立思考完成，主要用于学习者在自主学习阶段自诊断。② 面向综合性应用的综合任务，要求以小组协作的方式完成，主要用于学习者的合作、分享，充分发挥小组成员的集体优势，使小组成员都能够把自己的长处呈现出来并使其他同学学会，如图 5-18 所示。

4．学习资源及支持

为保证翻转课堂教学的质量，为学习者前期的自主学习提供全面的支持是非常重要的。在北京师范大学计算机公共课翻转课堂教学中，笔者以微课资源包方式（微视频+素材+测试题）组织教学资源，为此笔者为每个知识点都组织了教学案例并制作出优质的资源包，并把微课资源包挂接到知识地图的相应结点上，使学习者能够借助线上的微课资源包便捷地学习，如图 5-19 所示。

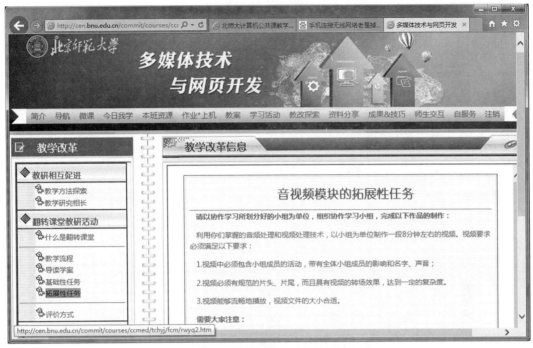

图 5-18　面向翻转课堂的学习任务

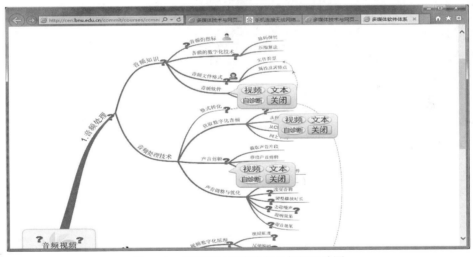

图 5-19　音视频处理模块的导航知识地图

在图 5-19 所示的知识地图中，每个"？"代表一个知识点。当光标在知识点上悬停时，系统会自动弹出悬浮窗，在悬浮窗中有"播放微视频""观看文本材料""下载素材""上传学生作品"等功能。学习者可以根据自己的需要选择相应的功能。

从笔者多年开展线上教学的实践看，多数学习者在首次学习某一技能时，通常喜欢观看微视频，希望通过微视频详细地了解操作步骤，形成对此功能的感性认知。但当学习者看过一遍微视频并对操作有了较详细的了解之后，或者学生在完成作业的过程中出现了把握不好的操作点之时，多数学生更喜欢翻阅文本材料。另外，平台上提供了操作素材，可以让学习者直接使用这些素材完全复盘微视频操作，能够更加精准地把控该知识点的准确操作。"上传学生作品"功能允许学生把做好的作品上传到教学平台中，以供教师或其他同学评阅，实现作品和技巧的分享。

5.3.3 教学活动的组织

1. 向全体学生明确翻转课堂的学习流程及要求

翻转课堂教学模式绝对不是"放羊"式的教学。为了保证翻转课堂的学习质量，教师必须在正式开始翻转课堂教学前做好充分的准备，制定详细的规则：① 导读要求；② 线上自主学习要求；③ 对面向知识点的自诊断性题目的要求；④ 对面向综合性应用的小组协作学习的要求；⑤ 线上交互与讨论的要求；⑥ 清晰的评价规则。

笔者开展"音视频模块"翻转课堂教学的流程及要求如图 5-20 所示。

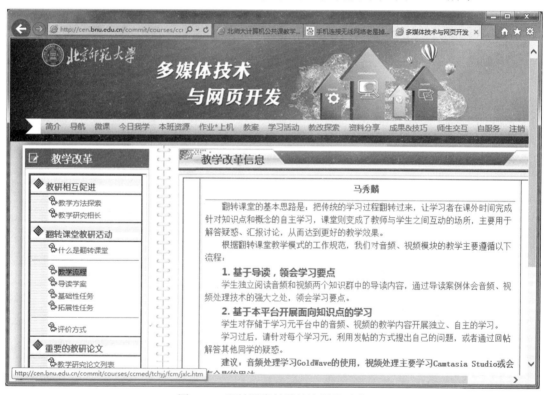

图 5-20 翻转课堂教学的流程及要求

2. 分组策略

在翻转课堂教学过程中，以小组协作为基础的分享、讨论是其中非常重要和关键的学习方式。因此，分组及分组策略在翻转课堂教学中具有非常重要的地位。

在笔者开展翻转课堂教学初期（2010 年前后），笔者主要采用自由组合、每组4~5 人的分组模式组织小组学习。但随着翻转课堂教学的推进，笔者发现较大的分组容易产生"搭便车"现象，而自由组合的分组因学习者之间过于友好而导致学习者容易在有限的时间内聊天，直接影响了翻转课堂的教学质量。因此，在近两年笔者更倾向于教师分配的小粒度分组，即每个学习小组的成员通常由 2 人构成，最多不超过 3 人，小组成员的组合由助教老师按照学号和班级学习情况分配。

教学实践发现，小粒度的分组能够减少"搭便车"现象，而由助教指定的分组，虽然在小组内部的协同性方面有所降低，但能有效减少与学习无关的事情发生，而且这种不是特别熟悉的同学组建学习小组，有利于学习者尝试与不熟悉的同学相处，能够在一定程度上促进同学之间的融合，提高学生的协作能力。

3．学习行为管理

在翻转课堂教学过程中，对学习者学习行为的管理是工作的重中之重。为此，主要采取了以下策略。

（1）对线上自主学习和课内分享讨论环节的管理

首先，借助北京师范大学计算机公共课教学服务平台，自动记录每个学习者在每个知识点（含微视频、文本材料）的投入时间、习题状态，掌控每个学生在每个模块上的学习状态，并把这些状态信息通过学习平台反馈给相应的学习者。

其次，借助北京师范大学计算机公共课教学服务平台，分析学生们在线上交流、讨论的情况，通过标签云、占比图等手段展示每个学生的交互状况。

第三，对于课内讨论环节，要求各个学习小组认真记录本组讨论的核心点、精华点、贡献者，避免"随意发言、说过即忘"的现象，从而保证小组讨论的规范性、条理性和结构化，有利于协同知识建构的发生。

（2）对以小组协作完成作品环节的管理

首先，要求各个小组填写小组任务单，明确小组人员的分工，使每个小组成员都能明确自己的职责，保证"角色感知"到位、清晰。

其次，要求各小组在协作完成任务过程中填写"作品设计报告"，作品设计报告一方面能够记录作品的形成过程，以便反映出小组成员的思维过程，有利于培养小组成员的计算思维能力，规范化其思维过程；另一方面还能记录每个小组成员的贡献，对于精准地评价小组成员也很有用处。

第三，要求各小组做好组内评价工作，避免"平均主义"的给分方式，要求小组成员的贡献应该拉开一定的梯度，组内评价成绩应该与任务单的记录基本一致。

第四，在翻转课堂小组协作中，协作过程可完全由学生自主控制，但课内讨论与分享环节则必须由教师主导。在笔者开展翻转课堂教学中,有这样几条不成文的规矩:上讲台汇报的人必须由教师指定、其他同学的质疑必须由非汇报人解答、小组汇报的质量直接反映小组协作效益。通过这些约束,能够有效地减少"搭便车"现象,整个小组的荣誉感促使小组内的"较弱者"愿意积极向"优秀者"学习,而"优秀者"也能主动地去帮助"较弱者"。

5.3.4 教学评价设计

基于 3.4 节提出的翻转课堂教学评价策略,在笔者开展北京师范大学计算机公共课翻转课堂教学实践的过程中,主要从以下两个角度开展了教学评价。

1.知识与技能掌握水平的视角

对学生在知识与技能水平发展视角的评价,主要由平时的形成性评价和期末的无纸化考试成绩两部分构成。

首先,在日常教学中,教师会通过北京师范大学计算机公共课教学服务平台向学生布置各种层次的作业、对每个章节以小组协作模式制作作品并生成作品设计报告。

其次,北京师范大学计算机公共课教学服务平台会自动记下每个学生在每个知识点上的学习投入时长、统计学生在教学服务平台中参与论坛的情况,形成较为全面的日常学习情况报告。

第三,期末考核为面向应用和作品设计的无纸化测评,期末考核成绩也能够较客观地反映学生对知识的掌握程度和操作技能水平。

基于上述 3 个维度的数据,特别是作品设计报告中所呈现出来的思维特点,可以比较全面地反映学生对知识和技能的掌握情况,做出比较客观的评价。

2.学生综合素质培养与发展的视角

翻转课堂的重要作用不仅仅体现在促进学生的深度学习,更重要的是翻转课堂能够为学习者提供一个自主探究、自主管理学习进程的机会,对学习者的自主探究意识、协作意识、时间管理能力、态度管理与焦虑控制能力的发展均有帮助,可提升学生的综合素质水平。因此,对翻转课堂教学效果的评价还应考查学生的综合素质发展状况。

(1)前期准备

为达成学生综合素质测评的目标,笔者在 2011 年前后就搜集、整理了教育学和心理学领域的若干量表,以便为学生的综合素质测量提供准绳。比较重要的量表有LASSI 量表、CUCEI 量表和自我效能感量表(一般)。

上述量表为不针对具体学科的一般性量表，问题的规模比较大，填写负担较重，而且对当前计算机公共课课程的针对性不强。为了更加客观地测量学生在计算机公共课课程上的素养，笔者参考上述量表，开发了《北师大计算机公共课学习力调查问卷》，此问卷共有 26 道题，分别从知识基础水平、态度与动机、自信心与效能感、协作意识、学习策略共 5 个维度对学生的综合素质进行调查。其中"知识基础水平"模块的内容需根据教学内容随时予以调整。

（2）具体操作

首先，在每个学期初，以简化版的 LASSI 量表、CUCEI 量表和自我效能感量表对全体学生的综合素质进行测量，获取全体学生的前测数据。

其次，综合考虑前测数据所反映的情况和学生的个人意愿，对班级内的全体学生分组，构建若干学习小组，作为开展协作的基础。

第三，在期中或期末，根据教研的需要可选择《北京师范大学计算机公共课学习力调查问卷》或 LASSI 量表对学生的素质状态进行测量。

最终，基于对前后多次测量数据的对比、跟踪，并综合考虑学生的形成性评价数据，获得比较客观的评价结论。

（3）教学评价结论简介

经过将近 8 年的翻转课堂教学实践，笔者发现翻转课堂模式在促进学生综合素质发展（自主探究意识、协作意识、时间管理能力、态度管理与焦虑控制能力等维度）的作用确实比较显著，但在知识传递、学生技能培养方面，并没有比传统教学模式表现出显著性优势。

翻转课堂模式比较适合于学优生；对部分学困生来讲，翻转课堂模式容易使他们常常"搭便车"，长期如此就会导致部分学困生学习更困难，出现跟不上班的现象。

5.4　面向技能培养的翻转课堂控制模型的设计

5.4.1　对翻转课堂模式教学活动进行组织与控制的主导思想

在翻转课堂模式下，对新知的学习发生在课堂之外，对知识的分享与社会性建构则发生在课堂分组讨论阶段，由于这些阶段的知识建构都由学生自主完成，教师很难在现场对每个学生的学习过程一一监控。因此，在这种模式下，部分知识基础较差的学生很容易成为讨论过程中的"旁观者"、小组协作中的"搭车者"。为了保证翻转课堂模式的教学质量，教师必须拿出一套有效的策略，监控学生自主学习的效果，尽量使每一个学习者都能取得最大程度的发展。

1．依据学习内容的类型，指导学生采用有效的自主学习方式

在导读内容的导引和学习资源的支持下，自主学习效果是关系着翻转课堂模式成败的决定因素。因此，对于如何组织课外的自主学习活动，才可保证各类学生都能有效地开展学习就变得非常重要。常用的策略是：① 对于面向知识点和简单操作技能的内容，建议学生依据导读内容，通过观看微视频并结合教材独立自学，并在此基础上独立地完成任务单中的相关子任务。在这个过程中，教师必须对学生的作品认真评阅，及时发现问题并给予修正意见，从而达成教学目标。② 对于面向问题解决策略层面的综合性学习内容，则建议以小组协作的方式开展学习，通过异质分组、小组协作完成学习任务。

2．对小组协作形式的自主学习，建立必要的监控机制，避免"搭便车"现象

在小组协作学习的过程中，应借助于组长责任制、组内相互监督、填写个体责任任务单、组员互评等手段，避免"搭便车"现象的发生。为了鼓励小组成员之间的互帮互学，消除小组内部的"短板"成员，教师可以制定"随机抽查提问""以小组最低成绩作为小组最终成绩""组间挑战""按序回答教师提问"等规则，给处于小组学习中的每个成员施加压力，减少小组成员的"搭便车"行为①。

3．控制课堂讨论和点评环节，使讨论与分享过程完备、有效

课堂讨论和点评是实现知识建构、知识分享和知识提升的主要阶段。在这一过程中，教师可在课堂上随机指定 3～4 名学生为一组，相互检查作业的完成情况，相互讨论和分享在自学过程中的心得以及解题思路。另外，教师还应主动地听取学生的讨论，搜集在学生讨论中出现的焦点问题，然后认真地思考与归纳，凝练出能够真正反映教师水平的观点和方法，并在点评环节给全体学生高层次的指导。

4．提升教师点评的质量，提升教师点评的价值

尽管翻转课堂模式教学中对新知的学习由学习者在课堂之外自主完成，并不意味着教师的作用降低。研究发现，经过多轮翻转课堂模式教学的训练之后，虽然学生的自主学习能力逐年提高，但他们毕竟还仍然是学生，不论在知识内容、知识体系和解题策略方面，还是对知识点周围相关信息的把控方面，学生都会存在着很多不足，甚至出现严重的错误。这就需要教师精心备课，精准把控课程内容的知识点，在学生讨论过程中及时发现偏差，从而在教师点评阶段能够高屋建瓴地对知识体系进行总结，纠正学生的理解偏差，从而使学生的学习达到一个新的高度。

---

① 黄荣怀. 计算机支持的协作学习：理论与方法[M]. 北京：人民教育出版社，2003: 32-35.

5.4.2　翻转课堂模式教学活动组织策略的设计

从国内开展翻转课堂模式教学的成功案例看，翻转课堂模式包含两个重要环节：① 有效且丰富的学习资源及其高效的在线学习支持系统；② 组织有效的教学活动。在学习支持系统已经完备的情况下，翻转课堂模式的重点并不在于开展了哪些教学活动，而在于如何开展这些教学活动并使学生真正"动起来"，即具体使用哪些策略以使教学活动的效果最大化。因此，对翻转课堂模式教学活动组织策略的设计水平关系着翻转课堂模式教学的成败。

1．面向实践技能培养的翻转课堂模式教学活动的初步设计

翻转课堂模式教学活动一般分为 3 个阶段：① 对新知的课前自主学习，学习形式可为以学生个体为单位的独立自学或以小组合作方式的协作学习；② 课堂交流与分享阶段；③ 教师点评与提升、巩固阶段。而对学生实践技能的培养，则主要从 4 个维度出发，依次为：① 必要的知识基础；② 参与意识与主动性；③ 实践参与度；④ 实践活动中的社会意识。

基于上述理论，在面向学生实践技能培养的翻转课堂模式教学活动中，笔者带领教学团队依据翻转课堂模式的组织策略开展教学实践，并逐步形成了如表 5-2 所示的控制模型。

表 5-2　面向实践技能培养的翻转课堂模式教学活动的控制模型（初步）

翻转课堂 ＼ 实践技能培养		知识基础	参与意识与主动性	实践参与度	社会意识
课前新知的自主学习	自主学习（独立）	明确任务达成目标清晰	激发兴趣主动学习性	效果考查	
	协作学习	明确任务达成目标清晰	角色分配学生自评表	角色分配组内互评表	角色分配
课堂交流与分享	小组讨论	分享与巩固	积极提问主动讨论	发言数计量	角色分配
	小组汇报	分享与巩固	主动汇报积极提问与发言	提问数计量解答数计量	
	评价		反思自评	互评质疑	互评质疑
教师点评与巩固		高水平拓展提升与巩固	引导反思		

2．首轮翻转课堂模式教学实践效果及存在的问题

（1）教学实践的实际效果

基于表 5-2 提出的策略，笔者带领教学团队顺利地完成了"多媒体技术与网页开发"课程中音频模块的翻转课堂模式教学。从教学过程中的课堂表现来看，实验班学生的积极性和参与性明显高于对照班，通过与对照班的 t 检验，证实实验班学生的主体意识、实践技能均有了显著提高。

翻转课堂模式活动中的绝大部分学生都能够认真地自主学习、完成预置任务并投入课堂讨论和探究活动中，80%的小组都展示了超出教师预期的作品。本轮教学实践证实，表 5-2 所提出的控制模型能够支持教师按照预计的流程顺利组织翻转课堂模式教学，此模型具备可行性。

（2）首轮翻转课堂模式教学实践中存在的问题

在肯定表 5-2 所提出的控制模型的作用之时，也发现了一些不足，这些不足严重地影响了翻转课堂模式教学的质量。

首先，少部分学生对翻转课堂模式表现出消极态度。部分学生习惯于传统教学方式，对翻转课堂模式感到极端不适应，无所适从。突出表现为：不善于自主安排学习进度、检索学习内容；在课堂分享中无法真正地参与到讨论和探究中，从而滋生消极情绪。

其次，在小组协作学习中出现"搭便车"现象。部分优秀学生承担了所在小组的大部分工作，而基础较差学生在知识拓展、技能发展方面均未得到有效锻炼，出现了"优者更优、劣者淘汰"的现象。

第三，在"面向问题解决策略"类型的内容中，知识基础较差学生的两极分化严重，部分同学成长得很快，而另外一些学生则几乎停滞不前。部分学生逐渐适应了翻转课堂模式，在自主学习和讨论过程中表现积极、主动，实践技能也有了较大的提高，而另外一些学生则没有任何起色，其学习效果很差，尚达不到传统课堂中的学习效率。

（3）对翻转课堂模式教学实践中存在问题的原因分析

对比基于翻转课堂模式和传统课堂教学这两种模式，在班级的整体成绩上没有出现显著性差异，但翻转课堂模式导致学生出现了较大的两极分化现象。跟踪学生的自主学习行为及其在课堂分享时的表现，发现进步较小的学生普遍自主管理能力差、时间观念不强、胆小而羞涩。

分析两极分化中的差生，笔者发现：由于对翻转课堂模式中自主学习过程的监控不足，导致部分学生外在压力小、外在学习动机弱，这是他们在翻转课堂中成长慢的主要原因。

5.4.3 翻转课堂模式控制模型的优化

针对教学实践的效果及其存在的问题，笔者带领教学团队进行了反思，并对翻转课堂模式的组织策略进行了设计与优化，充分地考虑了对自主学习过程的监控和激励，并开展了多轮教学实践，验证了控制模型的有效性。

5.4.3.1　模型优化的主导思想

近几年学习理论方面的研究成果一直强调主动的知识建构和对学生内在学习动机的激发，因此很多教学研究类项目均以通过各种手段提升学生的学习兴趣为主要目标。然而，在笔者以翻转课堂模式开展教学实践的过程中却发现，对于知识基础弱、自主管理能力差、时间观念不强、胆小而羞涩的学生，必须采取一定的监控、激励策略，驱动他们去思考、去表达，并有意识地为他们的思考和表达提供机会。

在翻转课堂模式下，为了改善进步较小学生的现状，提升其知识基础和实践技能，必须增加监控措施，对他们的学习行为进行监督和控制，以强化其外在学习动机，从而促使这部分学生克服思维惰性，鼓励他们积极地参与到学习活动中来。

同时，教师应尽最大可能地为这部分学生提供展示和交流的机会，使他们能够有机会表达与呈现出自己的才华，进而帮助他们建立起自信心和主体意识，帮助他们提升自己的参与意识与主动性[①]。

5.4.3.2　优化的具体举措

基于首轮教学实践中存在的问题，笔者带领教学团队对表 5-2 所示的控制模型进行了补充和优化，重点增加了内部监控与引导措施，通过激发学生的外在动机来提升其学习积极性和学习效率。

1．在课前新知学习阶段新增的控制策略

（1）在基础知识自学阶段新增了在线监控策略

由于整个翻转课堂模式的教学活动都建立在在线学习平台基础上，借助大量的微视频、测试题和操练模型支持自主学习过程。为了督促学生自主学习，笔者在学习平台中增加了在线监控功能，以监督每个学生在学习平台中参与自主学习的时长。

（2）在协作学习阶段增加了角色认知与认可评价

在课前的协作学习中，由于教师不在现场，学生有较多自主发挥的空间，是全方位培养学生实践技能、主体意识的关键时期。但由于缺少教师监控，部分主体意识本身不强的同学可能会产生懈怠、依赖组长等行为，并且教师难以及时地对协作中出现的问题进行指导。为了提升协作效率，笔者增加了"角色认知与认可"控制策略。

---

① 叶冬连，万昆，曾婷，等. 基于翻转课堂的参与式教学模式师生互动效果研究[J]. 现代教育技术，2014（12）：77-83.

角色认知与认可，能促使学生明确自己在小组中的角色定位，并乐于贡献。接受角色定位，使小组每个成员明确其责任和权利，可以引导学生在小组协作出现分歧时有效地协商并承担相应的职责，引导成员间互相尊重和深度交往等。另外，学生对小组合作中的角色认知与认可是其社会意识的一个重要体现。本研究发现，学生对协作学习中角色的认可对于学生个体认知自己的社会角色，更好地了解自己的个性特点都很有意义。

（3）在课前新知的学习阶段注意了对外部动机的强化

为了改进主体意识不强、喜欢"搭便车"学生的学习行为，在课前新知的学习阶段，采取了一系列激励措施激发学生的参与、创新意识，进而培养其实践意识、主体意识。通过建立 "课堂随机抽查提问""以小组最低成绩作为小组最终成绩""按序回答教师提问""奖励突出贡献者"等规则，给处于小组学习中的每个成员施加外在压力，促使其积极主动地参与到合作中，规避懈怠偷懒、无效参与等行为。"以小组最低成绩作为小组最终成绩"等策略的实施促进了小组内部的协作，使"默默无闻"的"羞涩"学生能够被其他组员关注，同时这部分学生自身也有了较清晰的"存在感"。

2．课内分享学习阶段新增的控制策略

在课内分享阶段，主要落实了对课前自主学习效果的监控和相关策略，以强化学生的外部动机。新增的策略主要包括4个：实时拍摄各小组讨论过程并开展内容分析，在小组讨论中强化教师的主导性、在课堂汇报过程中由教师指定汇报人且要求按序回答问题、关注小组学习中的共同进步。

小组汇报能综合体现学生的自主学习情况和小组的合作水平。在第1轮翻转教学实践中，本研究采用了奖励主动者、鼓励创新等措施来促使学生高质量完成小组任务，并鼓励学生积极主动地上台汇报。但教学实践发现，进行汇报的往往是组长或者平时表现比较活跃的学生，部分主体意识不强的学生表现出懈怠、不作为等现象。因此，增加了"指定汇报人""促进主讲者与小组成员的协同性"等措施来减少此类现象的发生[1]。

另外，在课内分享阶段，教师应对小组讨论情况进行必要的监控和指导，主导着各小组讨论的走向。与此同时，还要关注小组成员的共同进步，把小组成员之间的互帮互学、知识薄弱同学的进步程度作为协作效益的重要考核指标。

3．在课内总结提升阶段新增的控制策略

经过课前的自主学习和课上的讨论分享，学生对知识的理解和掌握已基本能达

---

① 赵兴龙. 翻转课堂中知识内化过程及教学模式设计[J]. 现代远程教育研究，2014（3）：55-61.

到教学要求。但是，由于学生与教师水平、能力的差距及学生自身的局限，仍然需要教师在知识内容、知识呈现、使用策略等方面给予学生深层次的指导。因此教师总结提升的重要性不能忽视。在此阶段中，需要增设"以问代讲""撰写反思与提升报告"等措施，以促使各层次的学生都能积极思考并得到提升。

"以问代讲"的关键在于通过设置合理有效的问题，营造问题情境，为学生点拨思路，引导思维，从而促使学生深度思考。教师通过课堂问答的方式帮助学生梳理知识点，加深了学生对各项操作技能的掌握程度。

5.4.4　新型控制模型的结构及教学效果

1. 优化的控制模型

基于第 2 轮教学实践活动的组织和效果，逐步形成了优化的翻转课堂模式教学活动控制模型，其主要内容如表 5-3 所示。

表 5-3　基于实践技能培养的翻转课堂模式教学活动的控制模型（优化表）

翻转课堂	实践技能培养	知识水平	参与意识与主动性	实践参与度	社会意识
课前新知的自主学习	独立学习（自主）	任务明确达成目标清晰*在线监测*	激发兴趣*学习主动性*	效果考查*在线监控强化外部动机*	
	协作学习	任务明确达成目标清晰*在线监测*	角色分配*角色认知与认可*	角色分配组内互评表*强化外部动机*	角色分配*角色认知与认可*
课内交流与分享	小组讨论	分享与巩固*实时监测拍摄视频内容分析*	积极提问主动讨论	教师的主导性对建设性成果计量	角色分配
	小组汇报	分享与巩固	争当汇报者积极提问与发言	提问数计量解答数计量*指定汇报人按序回答提问*	*成员间的协同性、共同进步*
	评价		反思自评	互评质疑	互评质疑
教师点评与巩固		高水平拓展提升与巩固	主动总结	*反思与提升撰写提升报告*	

注：**表格中的粗斜体字为新增加的控制策略。

2. 基于优化控制模型的教学效果

依据优化后的控制模型组织翻转课堂模式教学活动，最终的教学效果非常理想。利用 SPSS 进行学习成绩的差异显著性检验，发现班级平均成绩与第 1 轮差异显著，证明实施了外部监控措施的第 2 轮教学实践的学习成绩更好（提高了 2 分）。

进一步分类跟踪学生成绩，笔者发现：两轮成绩的差异主要表现在班级后进生的成绩上。也就是说，按照优化后的控制模型组织翻转课堂模式教学活动，班级后进生的进步比较大。这也从侧面反映了后进生的个体惰性较强。因此，在很多场合下，教师的督促、教学平台对后进生的监控和管理还是非常必要的。事实上，这也是部分翻转课堂模式教学活动失败的根本原因。在这些失败的翻转课堂模式教学活动中，由于只强调了自主学习而疏于引导和监控，缺乏必要的外在监控和督促，就会导致部分惰性较强的后进学生虽屡屡不参与自主学习却没被警示。当这种现象积累到一定程度，就必然会导致班级学习成绩的严重两极分化。

5.5　基于翻转课堂模式开展的系列教研活动

从翻转课堂模式出现到翻转课堂模式的普及，其过程不是一蹴而就的，中间渗透着很多学者的努力和探索，是一个在探索中前进的过程。一方面，面向翻转课堂的教研活动，能够提升翻转课堂的教学质量，优化并完善翻转课堂教学模式；另一方面，对翻转课堂的教研，有利于教师专业化的发展，教师参与教研项目、开展教研活动并及时总结是教师个体成长和发展的需要，也是教师专业化发展的核心内容。

1．翻转课堂教研活动的研究领域

自 2010 年开始进入翻转课堂教学领域以来，基于北京师范大学计算机公共课教学工作，笔者开始了一系列的探索与教研，也产生了一系列的研究成果。

在将近 8 年的时间里，笔者开展的教研活动，主要涉及以下领域。

（1）翻转课堂教学活动的设计

（2）翻转课堂教学的控制策略

（3）翻转课堂的教育价值

（4）翻转课堂存在的误区及对误区的分析

（5）服务于翻转课堂的学习支持系统的建设与发展

（6）移动学习环境下的翻转课堂

（7）面向实践技能培养的翻转课堂

（8）翻转课堂促进大学生自主学习能力发展的研究

2．翻转课堂教研活动的重要价值

针对翻转课堂的教研，是一项涉及诸多领域（学生、家长、信息化环境、教育理念、教学组织能力）的教学研究，对教师和学生都有很高的要求。尽管开展翻转课堂教研存在着很大压力和挑战，然而翻转课堂的教育价值说明翻转课堂恰恰能够弥补"当前国内学生自主探究意识不足、协作能力不强、时间管理能力较弱"的问题，符合国家对人才培养的战略要求。

因此对翻转课堂的教研活动尽管很难，但仍然是有价值的，很有必要。

第 6 章 基于翻转课堂教学模式的实证研究

基于学习信息化环境的翻转课堂教学实践，笔者带领教学团队开展了一系列的教学实践，并形成了系列研究成果，本章就简要介绍笔者在这一领域的几个研究及其成果。

本章中的四节内容均为笔者近年来正式发表在 CSSCI 期刊中的翻转课堂类学术论文，为保证学术的严谨性，本章尽可能保留了论文的原状，以供读者朋友们了解笔者所做研究的全貌。其中的实证性教研论文《大学信息技术公共课翻转课堂教学的实证研究》（即本章 6.3），自 2013 年正式发表以来，截止到 2018 年年底已经被下载近万次，他人引用 890 余次。在 2018 年年底中国科学文献计量评价研究中心发布的近 13 年人文社会科学领域最有影响力的学术论文排行榜（即《高校人文社科学者 Top600 被引论文排行榜（2006～2018)》）中名列第 137 位（位于教育类论文第 16 位），证明了此文的社会影响力。

6.1 从群体感知效应的视角促进线上协作学习的发生

随着线上教育的普及，人们逐渐发现线上教育的质量差强人意。线上自主学习过程中的学习孤寂感增长、线上交互中的话题不聚焦、交互积极性不高等问题一直困扰着学生和组织者。如何提升线上教育的质量，激发在线学生的学习动机，引导学生把更多的精力投入线上学习活动中，已经成为在线学习研究的关键问题。

6.1.1 研究问题及背景

1. 在线学习的质量及成效经常受到质疑

21 世纪初，以 Internet 为基础的线上学习开始萌芽并很快得到推崇和普及。基于线上学习环境的远程教育、翻转课堂等新型教学模式因能充分地发挥学生的主体性，有利于学生创新能力、协作能力与探究能力的发展等诸多优势而深受国内学者的青睐。随着 MOOC 的出现与普及，曾有学者为此欢呼：未来的学校教育，将会被 MOOC 所取代，"坐在家里完成清华大学的学业"将不是梦想。

然而，随着 MOOC 教学、网络教育学院的普及，线上自主学习的局限性也日益呈现出来。与精品课程建设、MOOC 课程建设的轰轰烈烈相比，在线学习的效果差强人意。从精品课程和 MOOC 课程的实际应用情况看，很多课程的持续点击率很低，大量的课堂实录视频几乎无人问津。即便学籍隶属于网络教育学院、专门接受在线教育的学生，对教学单位强制要求的学习内容和网络课程，其访问量也远远达不到预期的目标。由此而产生的直接后果是：① 学生们总是感觉基于在线学习环境习得的知识和技能不够扎实；② 用人单位常常对通过网络教育获得学历和学位的毕业生心怀质疑，不愿意放心使用。

MOOC 的低完课率、高辍学率、部分学生的知识与技能不扎实，已经成为影响我国线上教育声誉的重要因素[①]。

2. MOOC 学生的初始强烈动机难以长久保持

2014 年前后，笔者曾带领教学团队对基于 MOOC 模式开展的线上学习活动及其学习行为进行监控，并分析了引起 MOOC 学生"高选课量、低完课率"的原因。

（1）在缺乏反馈与教师激励的 MOOC 学习环境中，学生的学习动机难以维持

在基于 MOOC 的学习环境中，很多组织者仿佛忽视了学生在学习过程中的"惰性"，认为只要把优质的学习资源提供给学生，就能使学生成才。因此，在其学习支持系统的设计和开发过程中，匿名、面向公众、具有大量课堂实录视频的学习支持系统就成为 MOOC 平台建设的首选。"坐在家里上哈佛""学校教育会被 MOOC 取代"等说法也甚嚣尘上。然而，对既没有外在压力，知识基础又差距很大的公众群体来讲，哈佛公开课资源、清华大学的 MOOC 资源可能会瞬间点燃公众的激情，但是，这种激情却不足以维持公众完整、持续地学完一门课程[②]。

（2）缺乏同伴的支持和伙伴间的协同建构，学生的学习行为面临更多的挑战

与传统的学校教育相比，基于 Internet 的线上学习行为多数发生在课外，是学生孤独地面对显示器而发生的人机对话。在这一模式中，既没有课堂环境中教师的现场点评，也没有课堂环境中同伴之间的交流。因此，很多基于 MOOC 环境开展自主研修的学生都不同程度地表示"在基于 MOOC 平台自主学习过程中感到孤独"，在碰到疑难时感到"无助"。

相比于面对面的协作学习环境，基于 Internet 的线上协作学习环境是时空隔离

---

① 马秀麟，毛荷，王翠霞. 从 MOOC 到 SPOC：两种在线学习模式成效的实证研究[J]. 远程教育杂志，2016（04）：43-51.
② 马秀麟，毛荷，岳超群，等. 从实证分析的视角看 MOOC 的利与弊[J]. 中国教育信息化，2014（22）：3-6.

的，这使学生感知组内其他成员的特点、学习状态、情绪等信息变得更加困难。在面对面的协作过程中，群体的感知信息可以通过观察小组成员的神态、肢体语言及其说什么、做什么来获取。但在线上协作学习过程中，这些信息通常是隐性且难以获取的。当感知不到所在群体的学习进程及状态信息时，学生就会出现孤寂感，表现为消极参与或游离于任务之外的学习状态。

由于缺乏同伴间的及时交流，不了解同伴的学习进程，部分学生在经历过一段时期的孤寂感和无助感之后，常常会产生"放弃""坚持不下去"的情绪。

（3）因 MOOC 学习者的已有基础知识参差不齐，线上学习行为难以保持合理的进度

由于 MOOC 强调学习者的"大规模"和"无限制进入"，其关注点聚焦于大众化的、多类型的资源建设，对学生的类型、特征及前驱知识基础考虑得较少。因此，MOOC 型学习支持系统对具体学生的个性化支持明显不足。

由于部分学生原有的基础知识过于薄弱，可能根本不足以支持他们完成当前课程，致使其挫折感很强、自我效能感日趋下降，最终出现难以为继的现象。

3．研究问题的确立

从本质上讲，人是社会性的动物，与他人协作、群居时需要同伴的赞美与鼓励是人类的固有属性。因此，协作学习、社会性建构在人类学习和认知发展中的重要性早就受到重视，在已有的三代在线学习理论中，社会性建构是第二代在线学习理论的核心内容。尽管这一论点已经得到学术界的公认，但在具体的教学实践中，如何构建有效的协作学习环境，促进学生社会性建构的实现，仍是线上学习亟须解决的关键问题。

基于线上学习存在的问题，本研究关注：探究线上学习过程中学生对所在群体以及自身学习进程的感知水平及其对学习动机和学习成效的影响，通过建立群体感知效应模型，促进协作学习行为的发生，提升线上学习的质量，并分析群体感知要素对学习行为产生的影响。因此，本文的研究问题主要聚焦于 3 个方面。① 群体感知效应对协作学习过程中学生交互效果所产生的影响；② 群体感知效应对学生自主学习效果所产生的影响；③ 群体感知效应对维持学生的学习动机、提升效能感方面所产生的影响。

4．相关概念及理论基础

（1）感知与群体感知

人类用心念来诠释自己器官所接收的信号，被称为感知。这一概念最初常被用于计算机支持的协同工作领域，并引起了极大关注，之后研究者发现了感知对于群

体学习的重要意义，并将其引入计算机支持的协作学习（Computer Support Collaborative Learning，CSCL）领域。在 CSCL 领域中，角色感知、群体感知是使用比较多的概念。

在 CSCL 中，群体感知是指教师或小组成员对协作学习过程中学习进程、组内成员表现、小组协作活动运作情况的感知。被感知的信息既可能来自个别小组成员的学习进程，也可能是反映整个小组协作状态的信息[①]。

（2）群体感知效应

在 CSCL 中，群体感知既可以由教师主导，也可以是由学生主导的。教师对 CSCL 的群体感知能够帮助教师更好地引导协作学习，开展教研活动。而处于 CSCL 活动中的学生对 CSCL 的群体感知，则有利于学生清晰地了解同伴的学习进程，知道自己的不足，进而促进有效学习的产生。

在 CSCL 中，面向学生的群体感知信息在协作过程中起着隐性指导的作用，它不会明确指示学生如何调整自己的学习行为，但学生可根据群体感知信息进行自我调节，从而影响协作学习的进程和协作学习的结果。处于 CSCL 中的学生因清晰地感知到协作组的群体状态，进而影响到其学习行为和学习进程，这一结果被称为群体感知效应[②]。

（3）群体感知的维度及其作用

目前，因为群体感知效应能够影响 CSCL 中学生的行为，已成为 CSCL 的研究热点之一。从当前群体感知的研究成果来看，有效协作学习中被认为能产生关键作用的感知类型有 3 种，即社会感知、行为感知、认知感知[③]。

从群体感知的 3 个维度来看，其影响 CSCL 线上学习的方式也体现为以下 3 种形式：社会感知效应、行为感知效应和认知感知效应。

6.1.2　研究设计及实施

对群体感知效应促进线上协作学习的成效及影响因素的研究，应在相关理论和前人经验的基础上，精心选取研究样本，并严格控制研究变量，以保证研究的科学性、客观性和有效性。

1．研究思路

首先，基于文献分析形成群体感知、群体感知效应以及群体感知维度的相关理

---

① 郑鹤，赵玉芳. 社会认知基本维度对现实威胁感知的作用研究[J]. 心理科学，2016（06）：1434-1440.

② Daniel Bodemer，Jessica Dehler. Group awareness in CSCL environments[J]. Computers in Human Behavior. 2010（3）：27.

③ 梁妙，郑兰琴. 支持协作学习的觉知工具：研究现状总结与思考[J]. 远程教育杂志，2012（04）：30-39.

论，确立研究问题及其聚焦点。

其次，选取知识基础相似、自主学习能力和自我效能感相近的 2～3 个教学班组成实验班和对照班，在每个教学班中以异质分组方式组织协作小组（每个小组 5～6 人），开展基于微视频资源的线上自主学习和线上交互。对实验班的所有学生提供群体感知服务，通过学习平台向每一个学生及时地反馈本人的学习状态、本组的学习状态和其他协作组的学习状态信息，而对照班的学生则不能获得这些信息。

第三，为避免单轮教学实践的偶然性，提升教学研究结论的信度，本研究至少开展 5 轮教学实践活动。

第四，在教学实践临近结束之时，以调查问卷（LASSI 量表、自我效能感量表）测量所有参与者的自我学习能力水平、自我效能感水平，并结合学生的考评成绩和线上学习的投入量，分析群体感知效应对实验班学生的影响。

2．线上学习平台及学习支持系统设计

本教研活动基于《信息处理基础》课程开展，并借助 cen.bnu 学习支持平台的支持。基于研究设计的需要，在教学活动开始前，笔者已经对 cen.bnu 学习平台进行了修整，预置了 4 项重要功能。

首先，为《信息处理基础》课程配套了 151 个面向知识点的微课资源包，每个微课资源包中都包含一段时长不超过 8 分钟的微视频，并配套相应的图文材料、操作素材和少量线上习题，能够较完整地支持学生的课外线上自主学习[①]。

其次，在 cen.bnu 平台中内置了面向话题的线上学习论坛，允许学生以小组为单位针对各个话题展开讨论。

第三，在 cen.bnu 平台内置了学习行为记录功能，能自动记录每一名学生线上学习的起始时间、结束时间，及其在每一个微课资源包上投入的学习时长[②]。

第四，在 cen.bnu 平台以模块的知识结构为基准，以知识结构图（即知识地图）为核心组织学习资源且提供导航体系，并在知识地图上以图示化形式形象地呈现出学生在各个知识点上的学习进度。

3．教学实践活动设计

（1）实验对象选择

本研究选择北京师范大学 2017 级《信息处理基础》课程的 3 个平行教学班作为研究对象，其中，A 班共有 46 人，B 班共有 51 人，C 班共有 68 人。这 3 个班具有相似的学科背景，入学分级考试成绩基本接近，不存在显著性差异。

---

① 马秀麟，毛荷，王翠霞. 视频资源类型对学习者在线学习体验的实证研究[J]. 中国远程教育，2016（04）：32-39+80.
② 马秀麟，苏幼园，梁静. 移动学习环境中注意力保持及学习行为控制模型的研究[J]. 远程教育杂志，2018（02）：56-66.

（2）教学活动设计及流程控制

依据《信息处理基础》课程教学大纲，课程共包含 5 个模块。为保证研究的严谨性，本研究将基于这 5 个模块开展，每个模块作为一个专题，分别组成相对独立的学习单元和研究单元。

在每个研究单元中，课题组将以"双课堂"方式组织教学活动：① 以适量的课内讲授、演示为先导；② 配套课外的线上自主学习；③ 为每个研究单元设计一个讨论专题，要求学生针对讨论专题发表看法或提出疑问，鼓励学生之间相互质疑或解答，希望借助线上交互促进学生实现深层次的思考和深度学习。

（3）以群体感知效应理论为基础的对比实验设计

本研究以 B 班为实验班，A 班和 C 班为对照班，开展对比性的教学实验。3 个教学班均采用完全相同的"双课堂"方式组织教学，同步向 3 个教学班布置内容完全相同、要求完全相同的线上课外作业。

本研究将从两个维度分析群体感知效应对实验班的显著影响：① 处于自主学习阶段的学生受群体感知效应的影响情况；② 处于交互状态的学生受群体感知效应的影响状况。前一层面的成效主要通过对比实验班和对照班的学习投入和最终成绩实现，后一层面的成效则主要通过对比实验班和对照班的交互质量和交互数量来体现[1]。

基于上述设计思路，研究将从两个维度开展。首先，在 cen.bnu 学习平台中，根据群体感知的三维度理论，将以标签云技术向实验班学生反馈其交互状态的"认知感知"水平，以个人发帖量占比图向实验班学生反映其交互状态的"行为感知"水平，以组内交互关系图向实验班学生反馈其交互状态的"社会感知"水平[2]。通过分析实验班学生的变化探索群体感知效应的 3 个维度对在线交互质量的影响。其次，对于实验班学生的课外自主学习行为，则通过采集小组群体的学习进度水平并绘制群体进度地图来表现其群体状态，实时地向实验班的每一位学生反馈其所在小组在每个知识点（微课包）上的学习状态，帮助他们及时地了解到同伴的学习进程、掌握自己的优势及不足。通过知识结构图、群体进度地图、个体进度与群体进度的对比等信息来体现群体感知效应的 3 个维度（认知感知效应、社会感知效应和行为感知效应），并分析其对实验班学生造成的影响。

以群体感知效应促进线上协作学习成效的结构模型如图 6-1 所示。

① 吴青，罗儒国. 智能教学系统中支持协作学习的群体感知模型[J]. 现代远程教育研究，2013（04）：107-112.
② 马秀麟，苏幼园，梁静. 移动学习环境中注意力保持及学习行为控制模型的研究[J]. 远程教育杂志，2018（02）：56-66.

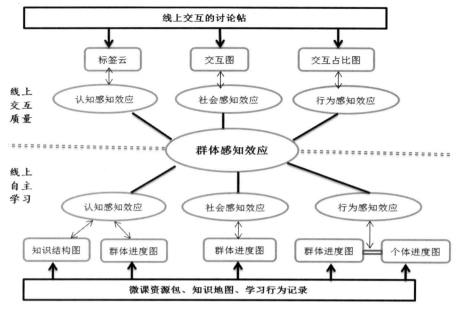

图 6-1　群体感知效应促进线上协作学习成效的结构模型

4．研究流程及数据采集

针对课程的 5 个模块，本研究共开展了 5 轮实验，期间针对 4 个话题进行了线上讨论，并借助 cen.bnu 平台组织全体学生开展了微课资源支持下的自主学习。

为保证研究的严谨性，在正式实验前，笔者以 LASSI 量表和"修正的"自我效能感量表（主要面向计算机课程测试其自我效能感）对这 165 名被试进行了前测[①]，经独立样本 t 检验发现 3 个班级学生的自主学习能力和自我效能感均没有显著性差异。

在每一轮教学实验中，均通过学习平台获取每一位学生在每一个知识点上的真实学习投入时长数据；对于每一个话题，则获取每个学生在该话题上的原始交流数据（发帖），同时获取各个小组在不同阶段的交互状态图片（含标签云图片、发帖占比图、组内交互关系图等）。

另外，在临近期末，笔者再次以 LASSI 量表和自我效能感量表测量了这三个教学班全体学生的自主学习能力水平和自我效能感水平，同时收集了各个学习小组的作品和期末机考成绩，以便为数据分析与获取研究结论准备充足的、可靠的第一手数据。

6.1.3　数据分析及讨论

在整整一个学期共 5 轮的教学实践活动中，产生了大量的实证性数据，限于文

---

① 马秀麟，赵国庆，邬彤. 大学信息技术公共课翻转课堂教学的实证研究[J]. 远程教育杂志 31（01）：79-85.

章篇幅，不可能——展开分析，本文仅选择具有代表性的数据展开讨论。

1．群体感知效应对线上交互质量的影响

（1）标签云、占比图和交互关系图反映的交互状态为学生感知群体提供支持

为保证学习论坛的严谨性和学习质量，笔者要求：① 论坛成员实名制，学习论坛中的每一个学生都必须实名，禁止匿名发帖；② 助教也作为论坛中的一员参与到论坛的讨论与分享中；③ 教师会定期抛出一些关键性的话题供学生讨论。

在实验班，教师会定期对教师抛出的话题进行点评和总结，而且每晚 8:00，cen.bnu 平台会以协作组为单位生成"标签云""个人发帖占比图"与"交互关系图"，并向组内成员展示，以帮助小组成员了解整个小组的进展情况、研讨焦点。在此过程中，以"标签云"呈现讨论的关键信息，以"个人发帖占比图"反映每个学员的发帖量及权重，以"交互关系图"真实反映小组成员之间相互交流状况[①]。其中，B班（实验班）第四学习小组在"Windows 系统维护"话题上的交互反馈图如图 6-2 所示。

对对照班学生则不做这方面的反馈，其整个讨论过程不被施加任何干预和反馈。

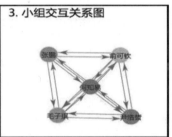
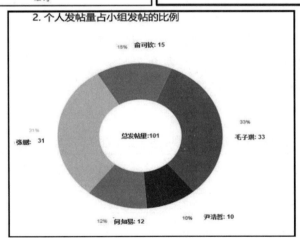

图 6-2　Windows 系统维护话题的小组交互效果反馈图

在实验班中以"标签云""个人发帖占比图"与"交互关系图"等手段向学生

[①] 马秀麟，苏幼园，梁静. 移动学习环境中注意力保持及学习行为控制模型的研究[J]. 远程教育杂志，2018（02）：56-66.

反映群体的学习、交互状态，帮助学生感知群体的整体状态，了解自己在协作小组中的地位和付出，从而影响整个协作组的学习氛围，促使群体感知效应的发生。

（2）数据分析

为了分析学习过程中学生线上交互的总体状况，笔者从 cen.bnu 平台提取了 A、B、C，3 个教学班的发帖，并进行了分类统计。结果证实，B 班（实验班）的发帖数量、质量、聚焦性都远好于 A 班和 C 班（对照班）。2017 年实验班和对照班的学生（共 3 个教学班）对"Windows 系统维护"模块的发帖情况分别如表 6-1 和表 6-2 所示。

表 6-1 "Windows 系统维护"模块阅读量前三的子主题（B 班第 3 小组—实验班）

日志主题	回复量	阅读量	高品质帖量	优质率=高品质帖量/回复量（%）
我的计算机为什么会越用越慢？	37	95	14	37.8
连不上 WiFi 的原因有哪些？	35	92	11	31.4
杀毒软件哪款好？	29	43	10	34.4

表 6-2 "Windows 系统维护"模块阅读量前三的子主题（C 班第 3 小组—对照班）

日志主题	回复量	阅读量	高品质帖量	优质率=高品质帖量/回复量（%）
咱们应购买什么配置的笔记本电脑？	7	43	1	28.5
咱们学校的哪个电脑维修店不错？	6	32	0	1.75
计算机经常卡机怎么办？	6	30	2	33.6

在"Windows 系统维护"话题上，笔者分别对 A 班的 8 个学习小组、B 班的 10 个学习小组、C 班的 12 个学习小组在帖子回复量、高品质帖量、帖子阅读量等指标上统计，并用 SPSS 22 进行以班级为固定因子的方差分析，获得如表 6-3 所示的统计结果。

表 6-3 在"Windows 系统维护"模块的帖子回复量、高品质帖量、帖子阅读量的方差分析

类别	方差齐性检验	F 值	Sig 值	两两对比（Sig 值）		
				A 与 B	A 与 C	B 与 C
回复量	0.233（齐性）	797.3	0.000	0.000	0.192	0.000
优质帖量	0.092（齐性）	587.4	0.000	0.000	0.917	0.000
阅读量	0.131（齐性）	213.6	0.000	0.000	0.254	0.000

从表 6-3 可以看出，B 班与 A 班、C 班在帖子回复量、高品质帖量、帖子阅读量等指标上均存在显著性差异，且其 F 值非常大，表示其差异程度非常高。进一步

跟踪数据，进行两两对比后发现，在这 3 个教学班中，A 班和 C 班之间的差异并不显著，真正能够影响差异显著性结果的是 B 与 A、C 之间的差距。

（3）讨论及思考

从表 6-1～表 6-3 中的数据可以看出，不论个别小组的表现，还是全体小组的交互数据，实验班（B 班）的交互表现都远好于对照班（A 班和 C 班）。分析产生这一现象的原因，主要体现在以下 5 个方面。

首先，定时反馈的"标签云"，使每个学生都能及时地了解当前论题中的核心词、关键点，使帖子的聚焦性有了很大的提升，减少了无关帖子、离题帖子的数量。

其次，"发帖占比图"的呈现，使发帖量较少的学生感受到了压力，其发帖积极性稳步提升，以减少自己与优秀学员的差距。而优秀学员出于竞争和拔尖的意识，会更加努力地思考，争取多发帖子，并努力地发布优质讨论帖。

第三，从图 6-2 的交互关系图可以发现一个非常有意思的现象：这个图形非常平衡，每两个节点之间的连线数量基本相同，这说明交互过程中学生的每一次点评都关注了其他所有学生。交互关系图的出现，使当前学生能够及时地发现自己在回帖或点评过程中的疏漏，能够促使学生之间建立无遗漏的两两交互关系，从而使协作小组的协作关系更加密切。

第四，在本研究中，由于教师参与了学习论坛的活动，能无形中激发学生的积极性，使发帖的数量和质量都有了很大提升。由教师发起的话题，能够引起学生们的重点关注，跟帖量和讨论量都明显高于其他帖子，充分反映出了教师的主导性。

第五，"定时反馈"机制，使学生感受到了教师对学生交互情况及交互质量的关注，使部分发帖量不积极的学生有了动力，而且这种动力会逐步增强，并最终转化为一种良好的"习惯"。

2．群体感知效应对线上自主学习质量的影响

（1）以标注个体学习进度和群体学习进度的知识地图反映学习进度，从而支持实验班学生的群体感知，形成良好的群体感知效应

学生所参与的线上自主学习多为在线独立观看视频或独立完成习题。在笔者完成"MOOC 学习效果影响因素研究"课题时，就多次从 MOOC 学生那里获得"线上自学使人感到孤独""因缺乏同伴间的竞争而没有动力""线上学习使人没有成就感"等概叹。仔细思考线上学习中存在的这些问题，其核心原因仍是由于这些学生的学习行为缺乏群体感知、没有形成群体效应和群体共学的氛围而引起的。

基于上述问题，在实验班内，利用 cen.bnu 平台的学习行为自动记录功能及其内置的知识地图功能，笔者把当前学生和同伴在当前模块每一个知识点上的学习进度以特定的图示方式标记出来，并反馈给该学生，使之能对自己的学习进度和同伴的学习进度充分了解，减少其自主学习过程中的孤寂感。对于对照班则不提供这方面的反馈信息。

B 班（实验班）第 2 组学生张萍及其同伴在多媒体技术模块音频处理子模块的学习进度地图如图 6-3 和图 6-4 所示。

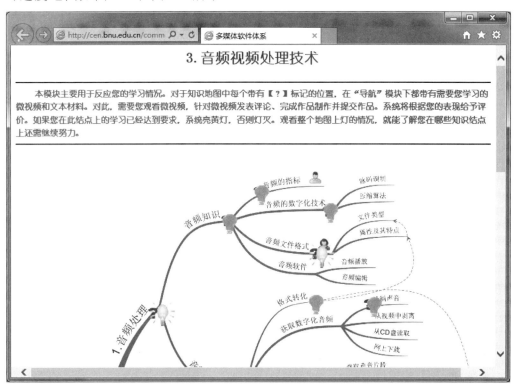

图 6-3　线上自主学习过程中张萍的学习进度地图

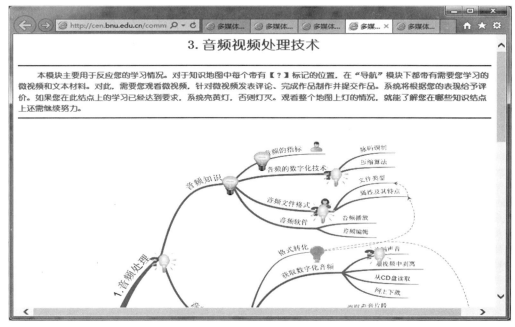

图 6-4　线上自主学习过程中张萍所在小组的学习进度地图

在 cen.bnu 平台中，张萍可以随时提取如图 6-3、图 6-4 所示的两张知识地图。其中，图 6-3 反映了张萍本人在音频处理模块上的学习进度，通过不同亮度的灯泡来反映张萍在各个知识点上的投入和掌握情况。而图 6-4 则反映了张萍所在小组内学习最用功的 3 位同学在各个知识点上的平均投入情况及平均掌握水平。

（2）数据分析

① 不同类型的学生在自主学习过程中的学习投入时长及其得分的总体情况

为了分析学习过程中学生们在线观看微视频、线上做题时的学习投入状况，笔者从 cen.bnu 平台提取了每个学生参与线上学习时在各知识点的投入时长及其得分值（即学生在对应习题上的得分值），并进行了分类统计。结果证实，B 班（实验班）的观看微视频平均时长、在各个知识点上的得分都远好于 A 班和 C 班（对照班）。2017 年实验班和对照班的学生（共 3 个教学班）在"多媒体技术"模块上的学习投入、知识点得分的均值、高投入学习（单次专注学习时长超过 3 分钟）次数、低投入学习（单次专注学习时长小于 3 分钟）次数的总体状况如表 6-4 所示。

表 6-4 在"多媒体技术"模块自主学习中，学生的投入时长及得分情况

班级名	在每个知识点上累计投入时长的均值（分钟）	在每个知识点上得分的均值	高投入学习次数（在全体知识点上的总人次）	低投入学习次数（在全体知识点上的总人次）
A 班	3.7	3.3	93	571
B 班	9.6	4.4	387	177
C 班	4.1	3.5	121	632

从表 6-4 可以看出，实验班（B 班）在"单知识点投入时长""知识点得分的均值""高投入学习次数"3 个指标上均高于对照班（A 班和 C 班），这说明及时的同伴学习进度反馈，能够激励当前学生更加努力地学习。

② 在自主学习过程中，不同类型的学生在学习投入时长及得分方面的差异显著性检验

首先，以学号和知识点作为分组变量，从 cen.bnu 平台提取每位被试在每个知识点上的投入累计时长及其最高得分值，使每个学生在每个知识点上的学习行为被整合为一条数据记录（共得到 1320 条数据记录）。然后，以班级作为分组变量，分别以"累计投入时长""得分值""高投入次数"作为因变量，进行单因素方差分析，获得了如表 6-5 所示的数据分析结果。

从表 6-5 中可知，在这 4 个变量上，4 次检验的检验概率值均为 0.000，远小于 0.05，说明 3 个教学班在这 4 个变量上均呈现为"存在显著性差异"。

表 6-5　在"多媒体技术"模块的学习投入时长、知识点得分、高投入学习次数的方差分析

类别	方差齐性检验	F 值	Sig 值	两两对比（Sig 值）		
				A 与 B	A 与 C	B 与 C
投入时长	0.314（齐性）	132.3	0.000	0.010	0.232	0.007
知识点得分	0.131（齐性）	383.2	0.000	0.000	0.127	0.021
高投入次数	0.001（非齐性）	223.3	0.000	0.001	0.214	0.000
低投入次数	0.013（非齐性）	623.6	0.000	0.000	0.092	0.001

然而，在表 6-5 中，"高投入学习次数"和"低投入学习次数"两行的方差齐性检验概率均小于 0.05，说明其方差非齐性，不符合方差分析的条件，其检验结论的可信度受到质疑。因此对这两个因变量改用"K-独立样本的非参数检验"方式重新检验，发现其检验概率值仍为 0.000，这说明在"高投入次数"和"低投入次数"这两个维度上，3 个教学班也确实存在着"显著性差异"。

（3）讨论及思考

表 6-4、表 6-5 所呈现的数据分析结论已经证实：及时地向学生反映其自身的学习进度地图和同伴的学习进度地图，对于保持学生的学习动机、促进学生在自主学习过程中投入更多的时间和注意力都具有显著作用。分析引起实验班学习成效显著优于两个对照班的原因，笔者认为，主要体现在以下几个方面。

首先，多数在线自主学习活动是学生独立的自主行为，其学习过程和学习环境完全由学生自主控制。处于这种环境中的学生经常会因为自控力不强而无法长久地保持学习注意力；而缺乏同伴之间的竞争和相互激励，则容易引起学生的学习倦怠感，其学习动机也不容易长期维持。本研究所提出的面向学生的个体学习进度地图和小组学习进度地图，分别从学生自身的视角和群体的视角向学生反馈了学习进度信息，一方面使学生"自知"，另一方面也使学生"感知"到当前学习群体的状态。这一策略的实施，对于维持学生的学习注意力，激发学生的学习动机都具有重要意义。

其次，学习进度可视化的引入，特别是群体进度地图的引入，使每个学生都能及时地了解到自己的不足之处，明了自己与同伴之间的差距，促使学生在不足之处投入更多的时间和精力。这种引导是带有强烈的目标导向的，对每一名学生来讲都具有很重要的意义。另外，学习进度的及时反馈，使学生能够真切地感受到自己的每一分努力、每一个进步都得到了教师的关注，提升了其学习效能感，对于学生持续地保持强烈的学习动机具有显著作用。

第三，同伴学习状态的反馈，使处于孤寂状态的学生在了解同伴进度的过程中，感受到同伴的学习进度，在无形中为当前学生构造了一个虚拟的学习社区，并把自己代入这个社区中。学生通过获取同伴的学习进度信息，进而感知到整个学习小组

的学习状态，了解到自己与同伴们的差距，从而激发其努力学习的斗志。

第四，基于同伴学习状态的群体感知，应注意充分地发挥其榜样作用和激励作用，使之充满正能量，而不是相反。这就需要教师更加精细、认真地设置群体学习状态反馈机制，使之稍稍超前于团队均值，起到引导与激励的作用。

在笔者主持的研究中，以群体学习进度地图激励当前学生的教学实践活动共进行了 5 轮，但第一轮实验是失败的。在第一轮教学实践结束后，从 cen.bnu 后台提取的学习行为记录发现：实验班（B 班）学生的学习投入时长和知识点得分并不高，与 A 班和 C 班没有显著差异。分析其原因，笔者发现：如果直接把所有小组成员的平均投入时长和知识点平均得分标注到群体知识地图中，会使组内至少 50%的成员认为自己目前学得挺好的，不需要更加努力了，导致其学习动机不升反降。因此，自第二轮实验开始，笔者就以组内最优秀的前 60%的成员的学习投入和知识点得分为基准，在知识地图内做知识点标注，使群体进度地图所反映的学习进程稍稍优于大部分学生，从而使每一位学生都能充分地看到自己在群体中的贡献及不足，从而使群体进程地图能充分地发挥出其榜样作用、引领作用。这也是图 6-4 仅以 3 名优秀同学的学习状态为基础依据生成群体知识地图的根本原因。

3．群体感知效应对学生自主学习能力发展的影响

为了探究群体感知效应对学生自身素质的影响，在学期临近结束之时，笔者再次利用 LASSI 量表和改进的自我效能感量表对 165 名学生进行了在线问卷调查。

（1）前后测数据的对比分析

以学期初的问卷调查数据为前测数据，以学期末的调查结果作为后测数据，进行配对样本的 t 检验，结果发现：① 在 LASSI 量表的 10 个维度中，3 个教学班的学生在焦虑、时间管理、学习辅助、自我测试、信息加工和选择要点等方面都有提升，而且具有显著性差异。这说明：采用在线自主学习和在线交互，能够锻炼学生的时间管理能力、应用学习辅助手段的能力，对信息加工能力和选择要点能力也有显著改善。但在 LASSI 量表的其他维度上，则没有产生显著性差异。② 在自我效能感的 3 个维度上，3 个教学班学生的前后测数据之间均存在着显著性差异，8 个问题的检验概率值均小于 0.05，说明经过一个学期的学习，绝大多数的学生在信息技术技能和信息技术素养方面的效能感均有提升，其对信息处理能力的自我评价和满意度也有显著提升。

（2）3 个教学班之间的对比分析

学期初，3 个教学班在自主学习能力水平和效能感水平方面均不存在显著性差异，为了评价群体感知效应对学生在自主学习能力水平和效能感水平方面所产生的作用，笔者对后测数据进行了以班级为分组变量、以测量指标项为因变量的多独立样本的非参数检验（因多数数据序列都不满足正态性或方差齐性要求），获得了如表 6-6 所示的结果。

表 6-6　3 个教学班在自主学习能力水平和效能感水平方面的非参数检验（Kruskal-Wallis 检验）

		差异性（Kruskal）（sig 值）	均值			两两对比		
			A 班	B 班	C 班	A-B（Sig）	A-C（Sig）	B-C（Sig）
LASSI 量表	态度	0.067	2.87	2.91	2.83	0.062	0.123	0.063
	动机	0.000	2.82	3.79	2.92	0.013	0.281	0.012
	焦虑	0.001	3.12	3.84	2.97	0.012	0.001	0.001
	专心	0.041	3.01	3.31	3.03	0.011	0.127	0.034
	时间管理	0.162	2.51	2.56	2.54	0.169	0.164	0.133
	学习辅助	0.003	2.97	3.77	3.04	0.003	0.092	0.004
	自我测试	0.013	2.87	3.12	2.91	0.014	0.132	0.013
	信息加工	0.031	2.93	3.14	3.04	0.032	0.141	0.030
	选择要点	0.021	3.12	3.68	3.17	0.022	0.312	0.021
	考试策略	0.118	3.22	3.23	3.20	0.119	0.131	0.098
自我效能感量表（面向计算机课程）	天资感	0.217	2.68	2.64	2.69	0.218	0.517	0.213
	目标达成感	0.041	2.71	2.91	2.74	0.039	0.412	0.044
	自我预期	0.022	2.89	2.97	2.86	0.024	0.389	0.020
	自我确信	0.023	2.84	2.88	2.78	0.025	0.097	0.021
	无力感	0.127	1.72	1.71	1.67	0.131	0.312	0.121
	挫折感	0.312	1.78	1.75	1.73	0.301	0.332	0.311

注：为了更清晰地描述出不同教学班之间的差异性，在表格中同时显示了不同教学班的均值。

从表 6-6 可知，在 LASSI 量表的 10 个维度上，除了态度、时间管理、考试策略维度外，3 个教学班在 7 个测量维度上均表现为显著性差异，但表 6-6 右侧的数据证实，两个对照班的后测数据之间并不存在显著性差异。因此，这些差异性应主要体现在实验班与对照班之间的区别上。

在面向计算机课程自我效能感的 6 个维度上，除了天资感和负向的"无力感""挫折感"维度外，3 个教学班在"目标达成感""自我预期"和"自我确信"维度上也表现为显著性差异，而且这些差异也主要体现在实验班与对照班之间。

上述数据已经充分证实：① 为每一位在线学生提供的群体感知服务（即面向交互行为和面向自主学习行为的群体学习进度反馈），能够对学生的线上学习行为产生重要影响，对其良好线上学习习惯的养成，具有显著作用，并且能够有效地改善学生的自主学习能力；② 为在线学生提供的群体感知服务，能够快速地提升学生在计算机课程上的知识水平和操作技能，进而提升学生在计算机应用方面的效能感，对于学生的人格发展也是具有重要意义的。

6.1.4 结论及展望

随着教育信息化的推进，CSCL 在教育教学中的地位日益凸显，然而协作过程中的"搭便车"现象、学生的"惰性"、线上学习的动机消退快等问题始终是影响线上学习质量的关键因素。这就需要我们认真地思考 CSCL 中的每一个环节，借助技术手段把 CSCL 的每一个教学环节做精细，从学生的动机保持、增强效能感、减少线上学习的孤寂感等视角对协作学习进行精细设计。

本文从在线协作学习过程中学生对群体学习进程感知的视角入手，借助教学实践活动，实证性地论证了群体感知效应对在线协作学习的实际影响。研究结果证实：借助于标签云、发帖占比图、交互关系图等面向交互的群体感知技术对于提升学生的交互质量、凝聚交互焦点、激发学生的学习动机都具有显著作用；而基于群体学习进度地图的学习进程反馈，则在引导当前学生正确地选择学习要点、激发学生的竞争心态、强化其学习动机、减少在线学生的孤寂感等方面具有重要作用。另外，基于 LASSI 量表和效能感量表的后测数据，也在一定程度上论证了群体感知效应在培养学生自主学习能力、增强自我效能感方面的作用。

本研究基于 cen.bnu 平台开展，对学习支持系统的功能有一定的要求，而且本研究仅开展了一个学期（5 个模块），仅有 165 名被试参与了整个教学实践，这些都影响着研究结论的普适性和推广价值。因此，希望在未来的相关研究中能对群体感知效应的影响力和技术实现进一步地探索且深化，并能向更广泛的用户群推广。

6.2 翻转课堂线上学习行为控制模型 及学习成效的探索

翻转课堂以线上自主学习新知为特征，对新知的自学质量直接影响着翻转课堂教学的成败。然而翻转课堂的众多失败案例都证实：学生个体的惰性会导致新知自学流于表面与形式。因此探索在翻转课堂模式下如何提升自主学习阶段学生的积极性和参与度的问题，从提升学生学习效能感、激发学生求知欲、强化学生外在动机，对于提升翻转课堂的教学质量至关重要。

本研究重点关注学生在翻转课堂模式线上自主学习阶段的参与度、投入情况及其影响因素，通过分析参与度、投入情况与学习监控措施、反馈评价机制的关系，探索影响学生自主学习效果的关键因素，进而形成有效的自主学习监控模型。

6.2.1 研究目标及研究设计

1. 研究目标

基于多轮教学实践和大量学生的学习体验，分析学生参与翻转课堂模式自主学习活动的投入度与各种过程管理、监控及反馈机制之间的关系，从激发学生学习动机的视角，探索能够提升学生自主学习参与度、强化深度学习效果的可行措施，并逐步形成可靠的、客观的、有效的自主学习监控模型。

2. 研究设计

本研究是基于大量教学实践活动的实证性研究，将基于笔者教学团队近 8 年开展翻转课堂模式教学的教学实践，结合以 LASSI 量表测得的学生自主学习策略水平，分析不同的监控和反馈机制，对学生自主学习参与度、学习成绩、综合素养度的影响，从而形成面向翻转课堂模式自主学习的学习监控模型。

（1）研究的关键流程

首先，基于教学实践活动，采集学生的学习成绩、实践作品的质量、自主学习参与度等数据，跟踪学生的学习状态，分析在翻转课堂模式下，学生参与度水平与最终学习成绩之间的关系。

然后，基于 LASSI 量表分析学生的自主学习策略水平，分析不同水平的学生与教学实践实测参与度之间的逻辑关系，从而探索以翻转课堂模式提升学生自主学习能力水平的效力。

第三，跟踪参与度较低学生的学习成绩、课堂分享状态，通过访谈、问卷调查等手段研究影响学生参与度的关键因素。

第四，基于现行的"北师大计算机公共课教学服务平台"，建立学生学习状态监控和反馈机制，从两个层次激发学生的学习动机：① 通过"增强教学课件趣味性和技术性"以激发学生的内部动机；② 通过学习状态监控和基于学习进度可视化理论的反馈机制激发学生的外部动机。

最后，重复开展多轮教学实践，借助第二阶段、第三阶段的教学实践，逐步验证并完善学习状态监控与反馈体系，验证相关策略和措施的使用效果，提出有效的控制模型。

（2）研究流程图

在北师大的大学计算机公共课教学中，笔者每年都会选择若干模块借助翻转课堂模式组织教学，已经进行了将近十年的探索。在这个过程中，每个阶段都有特定的关注点，经历了一个从"单纯强调学生主体性"，到"关注协作与社会性建构"，进而发展到目前的兼顾"监控与反馈机制"、注重"提升学生效能感"的阶段，希望最终能把翻转课堂模式教学推进到比较理想的状态[①]。整个研究流程如图 6-5 所示。

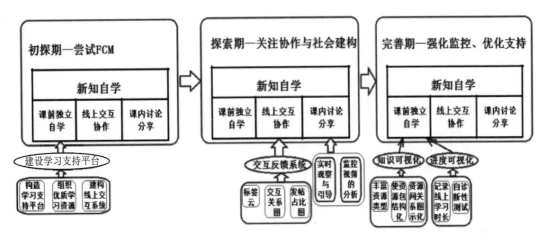

图 6-5 研究的流程图

6.2.2 教学流程及其过程控制

对翻转课堂教学模式的实证性研究是一个长期的过程，自 2010 年笔者带领教学团队开展翻转课堂模式教学活动并逐年发现问题、纠正不足、完善活动、总结规律，已经有 7 个年头了，中间经历了初探期、探索期、优化期 3 个阶段。

6.2.2.1 初探期——翻转课堂教学模式初探及存在的问题

1．初探期教学实践活动简介

2010 年，笔者开始在北京师范大学计算机公共课的局部模块开展面向信息技术能力培养的翻转课堂教学模式探索。2010 年至 2013 年，是笔者团队针对翻转课堂模式的初探期。

（1）学前准备

为保证研究的客观性和持续性，每年选取两个计算机基础知识水平接近、专业相近的教学班作为实验对象，形成实验班和对照班。

借助 LASSI 量表对两个教学班的自主学习能力进行前测，同时利用无纸化考试平台对两个班学生的计算机实际水平前测，保证两个班级在自主学习能力、计算机基础知识水平方面没有显著性差异。

为保证自主学习效果，提供充分的学习支持，笔者带领教学团队在"北师大计算机公共课教学服务平台"中依据教学目标开发了完备的网络课程，建设了 102 个

---

① 马秀麟，赵国庆，邬彤. 翻转课堂促进大学生自主学习能力发展的实证研究[J]. 中国电化教育，2016（7）：99-106.

面向知识点的微课资源包（每个包均包含微视频、配套习题等内容，并独立地面向一个知识点），同时开发了一套在线提问及应答（回复）系统（即在线论坛）。基于这些设计，形成了资源全面、支持交互的自主学习支持平台。

（2）教学活动及学习过程

让实验班按照翻转课堂教学模式组织学习活动，对照班按照传统的"教师主讲演示—学生听"的模式组织教学活动。

对实验班学生，在每讲的课末教师会布置下一讲学习内容的自主学习任务，要求学生课下自行登录教学平台，观看教师指定的若干微视频并完成诊断性习题；在每堂课开始的前 10 分钟，教师要求学生分组讨论和分享自主学习内容，然后随机指定某一学生走上讲台阐述学习内容和学习体会。对照班则以任务驱动方式组织教学案例，以"教师讲—学生听"的方式组织课堂讲授和演示。

课前与课后，两个班级均以"北京师范大学计算机公共课教学服务平台"提供学习支持。

（3）教学效果评价方法

在整个教学过程中，教师不干预学生观看微视频的情况，也不介入在线提问与讨论区域的活动，这两项数据都不纳入学生的总评成绩。因此，两个班级的课外学习过程均由学生自行控制、自主学习、自主安排。

期末均通过北京师范大学计算机公共课无纸化测评系统考查学生的实际技能，利用 LASSI 量表对全体学生重测，检查学生的自主学习能力。

实验班学生的日常课内发言和课上分享状态在期末总评中占 15%，会根据每个学生的课内表现折合为一定分数，计入期末总评成绩。

2．初探期所获得的成效与经验

首先，利用 LASSI 量表对实验班和对照班后测，并对被试在 LASSI 量表的 10 个维度和附加测量项计算均值和方差，然后进行独立样本的 t 检验。相关数据请参见表 6-7。

表 6-7　实验组与对照组在个人素质方面的测量结果

| 类别 | 传统教学模式（对照组） | | 翻转课堂模式（实验组） | | 差异性（t-test） |
	均值	标准差	均值	标准差	（sig 值）
态度	2.73	1.71	2.92	1.52	0.27
动机	2.62	1.63	3.02	1.61	0.31
焦虑控制	2.32	0.71	3.71	1.43	0.02*
专心	3.41	1.29	3.39	1.51	0.18
时间管理	2.61	1.12	3.61	1.03	0.00**
学习辅助	2.42	1.10	3.71	1.21	0.01*
自我测试	2.81	1.11	3.52	1.23	0.01*
信息加工	3.31	1.13	3.31	1.15	0.03*

续表

类别	传统教学模式（对照组）		翻转课堂模式（实验组）		差异性（t-test）（sig 值）
	均值	标准差	均值	标准差	
选择要点	3.12	0.97	3.98	1.09	0.01*
考试策略	3.41	1.82	3.42	1.92	0.31
创新性	2.71	1.21	3.54	1.67	0.01*
凝聚力	2.73	1.84	3.29	2.17	0.32
任务导向	3.81	0.97	3.23	1.05	0.02*
协作能力	2.35	1.02	4.21	1.23	0.00**

注：* $p < 0.05$；** $p < 0.01$。

研究结果发现：① 采用翻转课堂模式后，学生在焦虑控制、时间管理、学习辅助、自我测试、信息加工和选择要点等方面都有提升，而且具有显著性差异。这说明：翻转课堂模式能够锻炼学生的时间管理能力、应用学习辅助手段的能力，对信息加工能力和选择要点能力也有显著改善；② 采用翻转课堂模式初期，翻转课堂模式增加了大部分学生的焦虑感，有较多的学生感到焦虑，反映"抓不住学习要点""即便是学习了，也觉得心里没有底"，需要教师在各方面给与充分地引导。然而，经过一段时间的翻转课堂模式，大部分学生的焦虑控制能力都有所提升，绝大多数学生面对新知识不再惶惑和焦虑，而是更加自信；③ 在传统模式下，学生的创新性、凝聚力、协作能力都不强，但任务导向性较强。而在使用翻转课堂教学模式后，学生在创新性、凝聚力方面都有一定的提高，特别是在协作能力方面，有较大的提升；在任务导向方面较传统的教学模式却有所降低。因此，翻转课堂模式对学生协作能力、创新能力的培养，具有重要的实用价值[①]。

其次，对比两个教学班的期末机考成绩，笔者发现不存在显著性差异，但实验班学生成绩两极分化更强些，而对照班的个体成绩更趋近均值，更均衡；分析两个教学班的日常表现和各类电子作品，发现实验班的作品质量普遍较好。因此，① 翻转课堂模式在提升知识传递效率、提升学生考试成绩方面，效果并不明显；② 翻转课堂模式更适合优秀人才的培养。

3. 初探期教学实践发现的问题

首先，少部分学生对翻转课堂模式表现出积极态度，大量学生更习惯于传统教学方式，对翻转课堂模式感到极端不适应，无所适从。突出表现为：① 不善于自主安排学习进度、自主研读学习内容；② 部分学生经常遗忘课前自主学习任务，在课堂分享阶段无法真正地参与到讨论和探究中，从而滋生消极情绪；③ 部分学生对课内讨论与分享持消极态度，成为"观望者"；④ 部分学生认为翻转课堂模式需要自己投入更多的时间和精力，进而反感翻转课堂模式。

---

① 张金磊，张宝辉. 游戏化学习理念在翻转课堂教学中的应用研究[J]. 远程教育杂志，2013（2）：73-78.

其次，在教学服务平台所提供的交互论坛中，学生们的发帖量很少，而且多数帖子的质量很差。在对"Windows 系统维护"模块的协作学习中，实验班和对照班学生在学习论坛中的发帖情况如表 6-8 和表 6-9 所示。从表 6-8 和表 6-9 可以看出，两个班学生们的发帖量和阅读量均不高，高品质回帖的数量更少，多数回帖为"好""同意""嗯嗯"等，而且在对照班中还有较多与学习无关的主题。

表 6-8　"Windows 系统维护"模块阅读量前三的主题（实验班）

日志主题	回复量	阅读量	高品质帖	优质率=高品质帖量/回复量（%）
杀毒软件哪家强？	39	97	2	5.12
什么是 Windows 漏洞？如何打补丁？	22	67	3	13.63
引起 Windows 系统卡顿的原因有哪些？	25	41	3	12.00

表 6-9　"Windows 系统维护"模块阅读量前三的主题（对照班）

日志主题	回复量	阅读量	高品质帖	优质率=高品质帖量/回复量（%）
计算机教材从哪里买折扣高？	79	93	0	0.00
本周末谁想去颐和园划船？	83	81	0	0.00
计算机老是卡顿咋办？	21	37	3	14.28

第三，在小组协作过程中出现了较多"搭便车"现象。部分优秀学生承担了所在小组的大部分工作，而部分基础较差的学生在知识拓展、技能发展等方面均未得到有效锻炼，出现了"优者更优、劣者淘汰"的现象。

第四，对难度较大的内容，笔者以小组协作的方式组织教学活动。研究发现：知识基础较差学生的两极分化严重，部分同学成长得很快，而另外一些学生则几乎停滞不前。部分学生逐渐适应了翻转课堂模式，在自主学习和讨论过程中表现积极、主动，实践技能也有了较大的提高，而另外一些学生则没有任何起色，其学习效果很差，尚达不到传统课堂中的学习效率。

6.2.2.2　探索期——重点关注协作与社会性建构的教学实践

针对初探期出现的问题，笔者所在的教学团队认为：学生们的协作和社会性知识建构水平、协作参与度、线上交互状况是影响翻转课堂模式整体学习效果的重要原因，应该把解决部分学生的"搭便车"问题作为翻转课堂模式的重要研究内容。这一阶段集中于 2013～2015 年。

这一阶段重点监控了实验班学生的在线讨论过程和课内分享状况，希望从学生的协作角色感知、自我效能感、群体感知、自我调控等方面入手，通过一定程度的外部控制和反馈措施强化协作小组中每个学生的主动参与性。

1．探索期教学实践活动简介

2013 年至 2015 年，笔者仍基于"北京师范大学计算机公共课教学平台"采用实验班和对照班机制开展翻转课堂教学模式的探索，其教学资源准备、学习支持系统建设与第一阶段基本相同。不过两个教学班均以翻转课堂模式组织教学，但在教学流程控制过程中，对实验班中增加了协作学习过程监控与反馈机制，试图借助强有力的监控与反馈机制激发、促进学生们的自主学习积极性、主动性。对照班则沿用初探期的管理控制策略组织翻转课堂模式教学活动。

在整个教研过程中，笔者对实验班主要采取了 3 方面的监控策略。

首先，对于自主学习阶段的线上讨论和课内分享，教师会于学期初提出明确要求：① 采用翻转课堂模式教学的课程，主要以"以问代讲"的方式开展课内分享。各学习小组应积极做好课前新知的自学与互助，教师会从每个小组抽查 1~2 位同学回答关键问题，并最终"以小组最低成绩作为整个学习小组的最终成绩"。② 各协作小组应在每个专题（模块）开始第 3 日之前，提交每个小组成员的学习任务单，务必使每个小组成员都清晰地认识到学习目标和学习任务。③ 在专题学习结束前，每个学生都要提交一份学习进度报告，总结自己在此专题（模块）中的收获和疑惑，感谢其他小组成员对自己的帮助。

其次，对学生在教学平台内的讨论状况，由教学平台及时总结并向实验班全体学生反馈，使学生及时地了解本学习小组针对学习话题的讨论状况。图 6-6 就是笔者团队实时地向学生呈现的"Windows 系统维护"话题的讨论状态图，分别从论点关键词（即标签云）、小组成员发帖量、成员交互关系图 3 个层面呈现出小组成员间的协作情况。

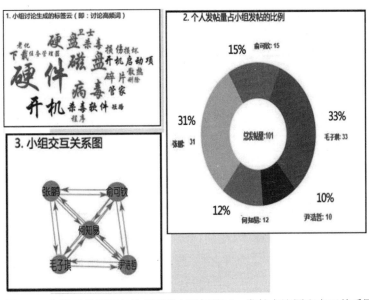

图 6-6　向学习者反馈在线交互状态的标签云、发帖占比图和交互关系图

第三，在课内分享—自由讨论阶段，教师全程在课内巡场，认真查看各个小组的讨论情况，对于偏离主题、个别学困生讨论不积极等状况，及时提醒。对于典型的谬误、不严谨的结论，则要记录下来，以便在课内总结阶段集中点评。

2．探索期所获得的成效与经验

在强调协作学习与知识社会性建构的阶段，实验班的教学质量有了较大的提高。其价值主要体现在以下几个方面。

首先，学生的线上发帖数量和质量、自我调节能力均有很大提升。基于教学平台的"讨论反馈机制"，使每个学生都能及时地了解讨论中的核心词、关键点，并且掌握自己和队友的发帖情况、掌握自己与每一个队友之间的交流量，极大地鼓舞了每一位学生的参与积极性，对于每一位学生充分地感知协作角色，并基于学习状态进行自我调节都意义重大。实验班和对照班的学生对"Windows 系统维护"模块的发帖情况如表 6-10 和表 6-11 所示。

从表 6-11 可以看出，对照班学生们的发帖量、阅读量及优质帖子率与表 6-8 相似，其帖子优质率变化不大。而增加了在线监控和反馈机制之后的实验班（如表 6-10 所示），其讨论帖的质量和数量都有了很大的提升，而且参与讨论的人数、成员之间的交互度都显著地增加了。

表 6-10　"Windows 系统维护"模块阅读量前三的主题（实验班）

日志主题	回复量	阅读量	高品质帖	优质率=高品质帖量/回复量（%）
引起 Windows 系统卡顿的原因有哪些？	187	287	128	68.44
引起网络不通的原因有哪些？	132	223	131	99.24
找一款占用内存小的杀毒软件？	112	254	79	70.53

表 6-11　"Windows 系统维护"模块阅读量前三的主题（对照班）

日志主题	回复量	阅读量	高品质帖	优质率=高品质帖量/回复量（%）
那种杀毒软件比较好用？	61	135	7	11.47
咱们应购买什么配置的笔记本电脑？	57	129	9	15.79
计算机经常卡机怎么办？	65	99	5	7.69

其次，线上学习的质量能够提升课内分享的质量。基于良好的课外线上学习，使每一位学生对新知都有了一定水平的掌握，课内分享阶段的气氛更热烈，学生讨论的积极性更强。

第三，两极分化现象有所遏制。突出表现为：① 部分学困生在教师监督机制的促进下，其参与线上发帖和课内讨论的积极性有明显改善；② 充分发挥出了团队精神和协作意识。小组内的协作性增强，学优生能积极主动地去帮助学困生，学困生为了不拖整个小组的后腿，也愿意积极地参与到发帖和讨论中；③ 小组内的协作，不仅有利于学困生，而且对学优生也有很好的促进作用。部分学优生反映："通过给×××讲题，觉得自己对那类题目的理解更深刻了。"其实，赤瑞特拉的"记忆持久性"实验已经证实：学生的亲自讨论及参与对于保持长久记忆、实现深度学习具有重要意义。因此，学优生的"为人师、助人学"，对个体梳理知识体系、发现知识结构的薄弱点、深入理解学习内容都作用突出。

第四，学生的协作能力、自主能力等综合素质提升明显。在严谨的协作学习监控机制下，翻转课堂模式教学过程中的协作质量有了很大的提升，基于 LASSI 量表的后测证明：实验班学生在焦虑控制、时间管理、学习辅助、自我测试、信息加工、选择要点、创新性、协作能力方面都进步显著，特别在时间管理和协作能力两个维度上，与对照班的差异显著性检验概率为 0.00，说明在这两个维度上的作用尤其明显。

3. 探索期教学实践发现的问题

本阶段重点关注了课前自主学习阶段中的线上交互状况和课内讨论分享状况，强调了对协作学习过程和社会性建构过程的监控，其作用和效果是非常明显的。在肯定本阶段监控策略的价值和效果的基础上，仍发现了一些具体问题。

首先，在课前自主学习阶段，多数学生都没有认真地全程观看教师提供的微视频，对其他类型的学习资源也是走马观花，然后就急急忙忙地在平台中发帖、讨论。因此，虽然课前线上讨论的质与量都比第一阶段进步较大，但课前线上自主学习、独立思考的质量并不高。

其次，部分学生提出："尽管微视频对学生的初学很有作用，但在完整地看过一遍微视频之后，我们更希望能清晰地关注到学习内容的细节，特别是在碰到疑难问题时，要从视频中找到准确的答案很困难。"因此，图文类型的学习资源在自主学习的后续支持方面，其作用和地位不可忽视，更是不可或缺的。

第三，基于微视频（微课）的教学活动，具有针对性强、面向知识点和疑惑点的优势，但位于平台中的各个微课是按照线性顺序排列的，微课之间的逻辑关系不是很清晰。大量的线上新知自学容易导致学生的知识体系碎片化，不利于整体性的知识体系建构。

第四，学生对教学平台中提供的自测题（自主诊断类）关注较少，没能充分地发挥出"帮助学生理解学习内容、发现自身薄弱环节、体现自主诊断效果"的初始设计意图。

6.2.2.3　优化期——基于知识可视化与进度可视化理念的教学实践

针对探索期出现的问题，笔者进行了深刻反思，丹尼尔·平克的著作《驱动力》给了笔者启示，其"驱动力 3.0"的理论促使笔者思考如何进一步提升学生自主学习的内驱力[①]。因此，自 2015 年开始，笔者把教改的重点放在学习资源的优化、学习过程监控与反馈机制建设等方面。为此，在教学过程中，引入了知识可视化与学习进度可视化理论及策略，进一步加强对自主学习过程的引导和监控，全面调整和优化学生的自主学习过程。

1．优化期教学实践活动简介

自 2015 年以来，笔者仍基于"北师大计算机公共课教学平台"开展翻转课堂教学模式的探索，研究重点放在对学生课外独立自学阶段的引导和监控上，主要包括两个策略：① 优化与重构学习资源，使资源的质量和趣味性更强，激发学生内在学习动机（内驱力）；② 建立学习进程监控和反馈机制，激发学生的外在动机，提升其效能感。

首先，重构微课资源包，形成以微视频为核心的综合型微课资源包，使微课资源内容更丰富、全面。基于学生的需要，在微课资源包中，除了面向知识点的微视频之外，还新增了文本型资源、图示化资源，以及一些针对性强、与微课案例相似度极高的自诊断型测试题。基于这一思路，笔者重构了全部微课资源包，使之能符合不同层次、不同阶段学生的自主学习需求。

其次，以知识可视化理论为指导组织学习资源。鉴于微课教学中易于出现的"知识碎片化"现象，笔者认真梳理每一教学模块中的知识点，根据知识点之间的逻辑关系绘制知识地图，并把微课资源包挂接在知识地图内的结点之上，形成了微课资源包的立体化挂接，实现了知识结构和知识体系的可视化。图 6-7 所呈现的就是北师大计算机基础课教学平台中"图像处理模块"的知识地图。

在图 6-7 中，每一个"？"代表一个知识点，都会挂接一份完整的微课资源包，每个微课资源包内的小资源可通过临时悬浮窗内的超链接调用。这一模式，有利于学生了解相关微课之间的逻辑关系，帮助学生从一个知识点迁移到另一个知识点，进而发生联想、顿悟[②]。

第三，利用知识地图呈现每个学生在各个知识点上的学习状态，并及时地反馈给教师和学生。① 教学平台自动记录每个学生观看微视频的时长、阅读图文材料的时长，并把这两部分时长分别折合为"阅读成绩"计入学习档案。② 把学生课外自主做测试题及其得分情况作为自诊断成绩计入学习档案。③ 系统自动把这两部分成绩直接反馈到知识地图内的每个知识点上，使学生能够清晰地了解自己在各

---

① 丹尼尔·平克. 驱动力[M]. 北京：中国人民大学出版社，2012（4）.
② 马秀麟，赵国庆，朱艳涛. 知识可视化与学习进度可视化在 LMS 中的技术实现[J]. 中国电化教育，2013（1）：121-125.

个知识点上的表现，便于他们发现不足、查缺补漏。例如，图 6-8 呈现出了张萍同学在"图像处理模块"各个知识点上的表现情况。图中各灯泡的亮度直观地反映了她的学习状态。

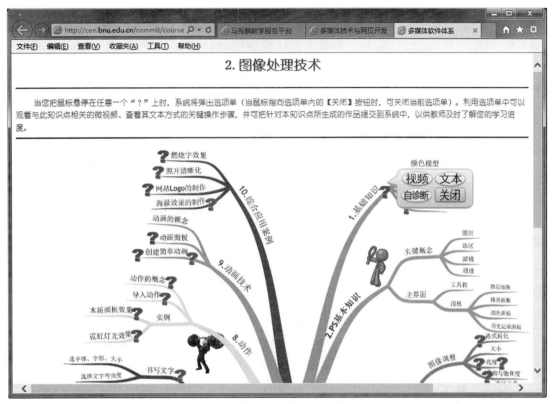

图 6-7 "图像处理模块"的知识结构图

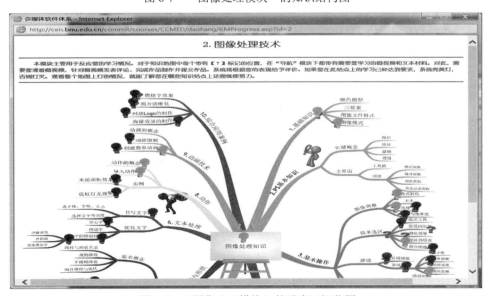

图 6-8 "图像处理模块"的进度可视化图

第四，向学生呈现前几届学生留下的精华帖和精华讨论流程，帮助学生全面地理解学习内容。

2．优化期取得的成效

优化期重点关注了对学生学习动机的激发，并尽可能让学生具有较强的效能感，从而达到促进自主学习、优化教学过程的研究目标。

首先，基于知识地图的微课资源重组，较好地呈现出了各个资源包之间的内在逻辑关系，能够帮助学生直观地了解学习内容的整体结构，便于学生从一个知识点迁移到另外的知识点。基于知识地图的知识体系可视化，减少了学生普遍存在的"知识碎片化"现象，有利于学生建立起全面的知识体系，并在同化、顺应理论的指导下不断地把新知识吸纳到自己已有的知识体系中，从而实现有效的知识建构。

其次，重新认识微课的内部结构。在微课中，微视频的价值毋庸置疑，然而当学生已经完成了对新知的第一遍学习之后（看过一遍微视频），学生会更加关注文本类型、图文类型的学习资源，因为这类资源能够帮助学生更便捷地定位到疑惑之点，可更快地了解细节、更精准地找到解决问题的方法。重构后的微课资源包在资源类型方面做了补充和丰富，能够满足不同层次、不同阶段学生的需要，学生对教学平台的满意度有了很大的提高。

第三，基于知识地图的学习进度可视化，使每个学生都能及时地了解到自己的不足之处，促使学生在不足之处投入更多的时间和精力。这种引导是带有强烈的目标导向的，对每一个学生来讲都具有很重要的意义。另外，这种及时的反馈机制，使学生能够真切地感受到自己的每一分努力、每一个进步都得到了教师的关注，提升了其效能感，强化了其学习动机。

第四，前几届同学的精华帖和讨论过程对当前学生的自主学习很有价值。笔者发现，不同届别的学生在自主学习过程中碰到的难点往往是相似、甚至相同的，师兄师姐们的讨论帖反映了师兄师姐们思考的过程，而且师兄师姐们的思维方式、知识层次水平、语言特点与当前学生相似，更容易引起学生的共鸣。因此，在翻转课堂模式自主学习阶段，向当前学生呈现其师兄师姐们的精华帖也是一种行之有效的手段。

6.2.3　分析及思考

翻转课堂教学模式要求学生在课外预先自主学习新知识，强调了学生的自主性。从理论上讲，翻转课堂模式有利于培养学生的独立性、自主性、协作能力和时间管理能力。然而，教学实践已经证实：在具体的教学活动中，教师一定不能忽视学生的"惰性"。如果只强调学生的主体性而忽视教师的主导性，或者只强调学生的自主性而忽视了学生的惰性，就会使学生的自主学习过程处于"放羊"状态，会严重地影响着翻转课堂模式的教学效果。因此，在翻转课堂模式教学过程中加强对自主学习阶段的管理和监控是至关重要的。

6.3　翻转课堂提升大学计算机公共课教学成效的实证研究

随着信息化的深入开展，信息技术能力成为当今社会对人才的基本要求。对于一门理论与技能并重的课程，如何开展教学才能提升学习者的计算思维能力和实际应用能力，已经成为摆在教师面前的难题。与此同时，信息技术课程因其趣味性、项目性和实用性，而深受学习者的喜爱，对于学习者创新能力、协作能力的培养都具有重要意义[①]。因此，对信息技术课程教学模式和教学结构的探索已经成为很多研究者关注的课题。在诸多研究中，翻转课堂模式是近两年国外探讨比较多的教学模式之一。

6.3.1　研究问题及背景

随着信息技术的快速普及和教育信息化的发展，信息技术能力已经成为当代大学毕业生的必备技能。在充分地肯定信息技术能力对大学毕业生就业的重要性之时，大学信息技术公共课教学也面临着巨大的挑战。

1．大学信息技术公共课教学现状及面临的挑战

（1）学习者的知识基础差异很大，对传统的课堂教学提出了严峻挑战

随着教育信息化的普及，信息技术能力培养被列入基础教育的新课标，各地的中小学校都开设了信息技术课。然而，由于各地的信息化发展水平存在着巨大差异，各校对信息技术课程的重视程度也很不相同，来源于不同地区的学生在信息技术应用能力方面存在着较大差异，给大学信息技术公共课教学提出了严峻挑战。其突出表现为：教师组织的教学活动总是难以满足全体同学的要求：有的同学认为教师讲授的内容太简单，希望教师能够加深难度；而另外一部分同学则认为教学进度太快，讲授的软件太多，难以跟上班。由于教师的教学难以满足不同类型学习者的需求，

---

① 陈惠琼. 基于 Blending-Learning 的协作型学习活动设计研究[J]. 职业教育研究[R]，2012（3）：23-24.

而学习者对教学的不满情绪又直接影响了教师的积极性，进而影响了教学目标的实施①。

（2）新技术、新软件层出不穷，课程容量大

随着新技术、新软件的出现，信息技术对教育、经济、生活、娱乐等领域都产生了重要影响，信息技术的理念和方法已经上升到方法论层面，对其他学科的建设和发展也具有重要意义。计算思维、信息技术方法论等理念已经被教育部大学计算机基础课教学指导委员会列入课程目标。因此，大学信息技术公共课承载的内容越来越多，课程容量越来越大②。

（3）分级、分类教学面临困境

针对学生基础差别大，难以因材施教的问题，北京师范大学信息技术公共课教研组在每年新生入学第一周都会组织分级考试，把学生划分为 3 个等级：免修级、正常级和补修级，初步解决了班内学生知识基础差距过大的问题。然而，教学实践发现，分级考试仍难以完全解决教学班内学生之间的知识差距问题。由于信息技术课程的特殊性，两个总分同为 80 分的学习者，在各模块上的水平却可能有很大差别。比如甲同学在文字处理模块成绩较高，但电子表格模块成绩很差，而乙同学在文字处理模块失分较多，但在电子表格模块的得分很高。因此，分级考试只能从整体上把学生划分为几个等级，仍难以真正地实现"因材施教"的目标③。

为了适应不同层次的学生学习信息技术知识的需求，自 2008 年开始，北京师范大学尝试同时向学生开放多门信息技术类课程，允许学生从中任选一门，并以该课程的考核成绩作为信息技术课的最终成绩。然而实践发现，在多门任选课程中，难度低、要求少的课程受到绝大多数学生的追捧，少量难度较高的课程则鲜有选修者，而且选修高难度课程的学生一直质疑期末综合评价的合理性④。

（4）师资队伍不稳定，公共课教师专业发展受限

由于信息技术公共课是基础课，专业性较弱，其教学活动对教师的专业发展几乎没有促进作用。因此，信息技术公共课教师的队伍极端不稳定，经常出现排课难的状况，在严重的时候，甚至需要临时外聘教师，或者与某些专业课教师协商，邀请他们参与信息技术公共课的授课工作。外聘教师的参与，增加了统一组织教研活动的难度，导致授课过程中不可避免地存在着一些问题：① 个别新聘教师对课程内容和课程要求不熟，授课过程存在瑕疵；② 个别教师的授课内容带有个人倾向

① 马秀麟，郗彤，赵国庆. 北京师范大学计算机公共课课程建设状态调查报告[R]，2015（10）.
② 周国良，董荣胜. 计算思维与大学计算机基础教育[J]. 中国大学教学[R]，2011（1）.
③ 马秀麟，赵国庆，郗彤. 北京师范大学信息技术公共课教学改革调查报告[R]，2011（12）.
④ 马秀麟，赵国庆，郗彤. 北京师范大学新生计算机基础与应用能力调查报告[R]，2013（10）.

性，在自己熟悉的领域讲得较多，忽视了与其他班级的协同性；③ 难以采取有效的措施，统一管理信息技术公共课教师队伍[①]。

2. 翻转课堂教学模式及其应用

翻转课堂模式是从英语"FlippedClass Model"（或 inverted classroom）翻译过来的术语，通常被翻译成"翻转课堂""反转课堂"或"颠倒课堂"，或者称为"翻转课堂式教学模式"，简称为翻转课堂模式。其基本思路是：把传统的学习过程翻转过来，让学习者在课外时间完成针对知识点和概念的自主学习，课堂则变成了教师与学生之间互动的场所，主要用于解答疑惑、汇报讨论，从而达到更好的教学效果。

（1）翻转课堂模式的起源与概念

自 21 世纪初翻转课堂模式的概念被提出以来，翻转课堂模式就不断地应用在美国课堂中，并产生了一系列的研究成果。翻转课堂模式的实践者之一——美国林地公园高中（Woodland Park High School）科学教师乔纳森·伯格曼（Jonathan Bergmann）和亚伦·萨姆斯（Aaron Sams）在 2006 年观察到，对于学习者来讲，很多概念性的知识点或操作方法并不需要老师在课内喋喋不休地讲解，学习者可以根据自己的个体经验开展学习和体会。真正需要教师在身边提供帮助的时候，是在他们做作业或设计案例并被卡住时。然而，这个时候教师往往并不在现场。为此，乔纳森和亚伦认为：如果把课堂传授知识和课外内化知识的结构翻转过来，形成"学习知识在课外，内化知识在课堂"的新教学结构，学习的有效性也随之改变[②]。

从翻转课堂模式的最初创意来看，结构和模式的翻转源于"以学生为中心"的基本思考。其结果不仅创新了教学方式，而且翻转了传统的教学结构、教学方式和教学模式，建立起比较彻底的"以学生为中心"的教学方式。在这种模式下，教师真正地上升为学生学习的组织者、帮助者和指导者。当然，如果没有高技术素养的教师和学生，也就不可能有"翻转"教学结构、教学方式和教学模式的重大变革[③]。

（2）实施翻转课堂模式的基本条件

首先，翻转课堂模式把知识的学习过程放在课外，由学习者自主学习、自主探究。因此，对学习者的自主学习能力、自我管理能力有较高的要求。

其次，由于翻转课堂模式把知识的学习过程放在课外，因此对学习支持系统有极高的要求，教师必须认真设计、管理学习资源，并以恰当的方式提供给学习者，

---

① 马秀麟，邬彤，赵国庆. 北京师范大学计算机公共课课程建设状态调查报告[R]，2015（12）.
② 金陵."翻转课堂"，翻转了什么?[J]. 中国信息技术教育，2012（9）：18.
③ Gannod，Gerald C.；Burge，Janet E.；Helmick，Michael T. Using the Inverted Classroom to Teach Software Engineering[J]. ICSE'08 PROCEEDINGS OF THE THIRTIETH INTERNATIONAL CONFERENCE ON SOFTWARE ENGINEERING，2008：777-786.

以便学习者开展自主学习。

第三，随着信息技术的发展，e-Learning 的方法和策略日益成熟，基于 Internet 的网络学习平台得到了快速发展，大多数学习资源都借助了信息技术的手段。因此，学习者应具备基本的信息技术能力，能熟练地操作和应用各类网络教学平台，使用各种类型的多媒体资源①。

美国部分院校开展翻转课堂模式教学的经验证实：翻转课堂模式之所以获得成功，得益于他们一直采用探究性学习和基于项目的学习，让学生主动学习。从技术促进教育变革的角度来看，翻转课堂模式得益于经常在课堂教学中运用视频教学等信息技术手段，在形成"熟练运用信息技术的学生（tech-savvy students）"的基础上，把学生灵活地运用数字化设备作为学习过程的组成部分，鼓励学生利用数字化设备、根据自己的学习步调进行个性化学习。在此过程中，信息技术已经远远突破"辅助教学"的概念而成为教学过程中不可或缺的工具和要素②。

3. 对翻转课堂模式应用的研究

自 2007 年前后翻转课堂模式的概念被提出以来，对翻转课堂模式的应用和价值，许多学者进行了较深入的研究。

（1）VOLARE 实践

意大利学者 Marco Ronchetti 基于"技术可以改变传统教学模式，为教学提供更好的策略和模式"的理念，重点探索了"在线视频代替传统模式的教学实践"（Video On-Line As Replacement of old tEaching practice）所应采取的方法、策略，以及产生的效果。在他的研究中，探讨了教学视频在学生的知识建构中的作用，分析了基于在线视频的翻转课堂模式对学习者自主学习、发现学习的价值，并为翻转课堂模式的开展提供了一定的方法与实践经验③。

（2）翻转课堂模式对协作能力、创新能力和任务导向的影响

美国教育技术专家 Jeremy F. Strayer 开展了翻转课堂模式对协作能力、创新能力和任务导向方面的实践研究。通过实验组和对照组的对比证实，翻转课堂模式对协作能力、创新能力的培养都具有显著影响，是一种有助于培养学习者协作性、创新能力和凝聚力的有效手段。而翻转课堂模式对于培养学习者的"任务导向性"则具有负面作用④。

---

① Lage，MJ；Platt，G. The Internet and the inverted classroom[J]. JOURNAL OF ECONOMIC EDUCATION，2000（31）：11-11.
② 金陵. "翻转课堂"，翻转了什么?[J]. 中国信息技术教育，2012（9）：18.
③ Marco Renchetti. The VOLARE Methodology： Using Technology to Help Changing the Traditional Lecture Model[J]. TECH-EDUCATION，2010：134-140.
④ Jeremy F. Strayer. How Learning in an Inverted classroom influences cooperation，innovation and task orientation[J]. Learning Environ Res，2012（15）：171-193.

4．大学信息技术公共课教学中采用翻转课堂模式的可行性分析

从当前大学信息技术课教学的实践来看，在大学信息技术课课堂中具备了开展翻转课堂模式的基本条件，有一定的可行性。

首先，绝大多数大学生都已经掌握了一定的信息技术能力，能够熟练地使用 Windows 系统，登录各种网络平台，操作各种多媒体资源。

其次，从事大学信息技术课的教师，在信息技术领域都有一定的研究，能够胜任常规的学习资源制作、学习资源管理和发布等任务。部分教师甚至是教育技术领域的专家、学者，对学习支持系统的研制、开发与应用，也积累了比较丰富的经验。

第三，信息技术课程具有较强的趣味性，大部分内容适合以任务驱动、项目教学的方式开展教学活动，便于组织自主学习、自主探究类型的教学活动①。

第四，作为新世纪的大学生，已经具备了一定的自主学习能力和自我约束能力，能够按照教师的要求开展自主学习。尽管少量学习者的自主学习能力不强，但在同学、教师的带动下，能够胜任对大部分知识点的自主学习。

总之，从学习者的素质和信息技术能力看，在大学课堂中采取翻转课堂模式是可行的，而信息技术课的固有特点——趣味性、适合开展项目教学——则有利于激发学习动机，为顺利应用翻转课堂模式提供了有效的支持。

6.3.2　研究设计

对翻转课堂模式在大学信息技术课教学中的应用方式及其作用的研究，应在相关理论和前人经验的基础上，精心选取研究样本，并严格控制研究变量，保证研究的科学性、客观性和有效性。

1．研究目标与研究思路

（1）研究目标

在信息技术课的教学中，尝试对不同层次的学习者使用翻转课堂模式，检验在信息技术课教学中应用翻转课堂模式的教学效果，以及对人才培养的意义、作用和局限性。

（2）研究思路

对翻转课堂模式应用于大学信息技术课的方式及效果开展深入地研究，预设的研究思路如图 6-9 所示。

---

① 邬彤. 基于项目的学习在信息技术教学中的应用[J]. 中国电化教育，2009（6）：95-98.

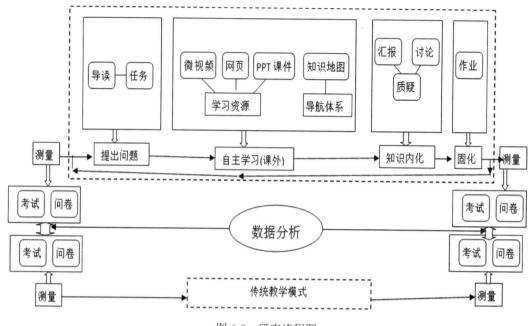

图 6-9　研究流程图

① 组织翻转课堂模式教学实践活动

首先，为保证学习者课外自主学习的有效开展，教师必须预先构建完整的学习支持体系。其次，为激发学习者的内在动机，须在每个模块开始前，设置导读环节，通过导读内容和实践性任务测试，向学习者提出问题，引导学习者思考。第三，学习者利用学习支持体系提供的资源在课外开展自主学习，解决导读部分提出的问题和实践性任务。第四，组织课堂汇报、讨论环节，鼓励学习者之间质疑，实现知识内化。第五，通过一定量的作业，固化学习效果。最后，不定期地开展一些测试，衡量学习者的学习效果、学习策略以及他们对教学的意见或建议①。

② 采集实践数据，进行数据分析

通过收集学生的成绩数据、调查问卷数据，进行对照分析，并开展相关性、差异性检验。在此过程中，以学习成绩论证学习效果，以调查问卷结论反映学习者自主学习能力、协作能力的变化，从而探索在大学信息技术课教学中应用翻转课堂模式的可行性、局限性。

（3）注意事项

为保证研究的客观性，应选取不同层次的学习者作为研究样本，并为学习者的自主学习提供有效的学习支持环境，对研究过程进行严格的控制。

2. 学习支持体系的设计

翻转课堂模式把对大多数新知识的学习过程都设计为自主学习模式，因此学习

---

① 马秀麟等. 信息技术课程教学模式研究[J]. 中国教育信息化，2009（9）：66-68.

支持体系的组织就尤其重要。为了保证翻转课堂模式的教学能顺利进行，笔者利用自己的教学服务平台，在学习支持体系方面进行了以下设计：

（1）学习内容导读

在每个大知识点前面，都设置学习内容导读。以提问的形式向学习者呈现本模块应掌握的主要知识点、关键概念，以便激发学习者的内在动机。

在学习内容导读模块，既要注意知识点的深度和广度，又要注意问题的层次性、递进性。如图 6-10 所示，在"演示文稿系统"模块的学习末期，给出了电子表格模块的导读内容。

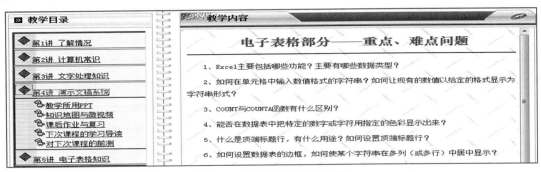

图 6-10　学习支持系统示意图

（2）设计实践性任务，以任务驱动方式引导学习者自主学习

对于每个知识点，都先布置一个实践性任务（或者给予一个待完成的项目）。任务的设计应紧密联系知识点，并与现实生活中的具体问题密切相关，以实用性、全面性为主要设计目标。

（3）以多种方式呈现知识内容，适应不同风格的学习者

对于需要学习者课外学习的内容，分别制作 PowerPoint 演示文稿、HTML 网页、微视频等方式的学习资源，把多种形态的学习资源提供给学习者[①]，以满足不同认知风格的、不同知识水平的学习者的需求。

（4）以在线微视频支持学习活动

把课程中的关键知识点、典型案例录制成微视频，详细讲解每一个操作步骤，使学习者能够按照微视频的操作流程，按部就班地实施操作。促使学习者通过模拟教师的动作，完成实践性任务。

（5）清晰的导航体系

借助思维导图工具 MindManager 绘制知识地图，并针对知识地图中的每个知识点建立指向各类学习资源、实践性任务和素材的链接，以便学习者便捷地获取学习

---

① Janette Hill; Michael Hannafin; 钟志贤. 基于资源的学习环境设计[J]. 远程教育杂志，2009（1）：46-50.

资源和素材[①]，如图 6-11 所示。

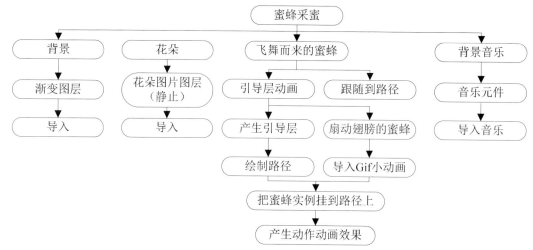

图 6-11　制作"跟随到引导路径动画"的知识地图

3．研究样本的选取

在本研究中，选择了 2012 级的两个班级作为实验班开展试点研究，即从 2012 级的 32 个信息技术教学班中选择了两个班级试点翻转课堂模式方式的教学，通过与采用传统教学模式的 2011 级同类教学班进行教学效果对照，分析翻转课堂模式的优势与局限性。经过筛选，最终选择了 2012 级 A 班和 2012 级拔尖人才实验班作为研究试点。在作为试点的两个班级中，以 2012 级 A 班作为普通教学班参与试点，而 2012 级拔尖人才实验班则以特殊班级的身份参与本次试点。

说明：为了充分激发优秀学生的潜能，为国家培养科技精英，北京师范大学于 2012 年启动拔尖人才培养计划，从全校范围内选拔了 100 名学生组成了拔尖人才培养实验班，其中文科班 30 人，理科班 70 人。为了检验翻转课堂模式对优秀学生的适应性，本研究把文科拔尖人才实验班也列入研究试点。

4．教学流程与过程组织

（1）教学流程及控制

为了保证研究的客观性，对基于翻转课堂模式的教学过程进行了比较严格的组织和控制。对于每个模块的学习，基本遵循如下教学流程：

① 组织导读与前测

在前一讲课程的末尾，教师要先布置对新一讲课程的学习要求。主要包括两个环节：其一，为学习者准备学习素材。首先，利用教学服务平台提供"学习内容导读"，以提问的方式明确新课程的知识要点、关键步骤；然后，设计一个实践性的

---

① 赵国庆. 概念图、思维导图教学应用若干重要问题的探讨[J]. 电化教育研究，2012（5）：78-82.

综合任务，作为学习引导。其二，布置学习任务。要求学生阅读"导读"、查看实践性任务，然后思考导读中提出的问题，并思索实践性任务的解决方法。

本过程的目标是：促使学习者产生疑问，激发其求知欲望，形成强烈的内在动机。

② 以自主探究与发现学习为主组织课外学习活动

教师要为学习者提供网页格式、PowerPoint 格式和微视频格式的学习资源，并利用知识地图提供导航体系，以便不同认知风格的学习者选用。学习者则应针对导读和实践性任务中的疑问，在课外自主探究，解决"导读"中的疑问，找到完成实践性任务的有效方法[①]。

③ 课堂交流与分享，实现知识内化

在新课堂上，由教师指定部分学习者汇报。要求汇报人把解决实践性任务所用到的技术和方法详细地讲解出来，并接收其他学习者的质疑，当然更欢迎其他学习者提出新想法，从而实现知识的交流、内化[②]。

④ 以课堂实践实现知识固化，并准备下一轮学习任务

最后，教师要布置一定量的课堂作业，固化本次课程的知识点，要求当堂完成并提交。然后，布置下一轮的"导读"与"前测"，为下一轮的学习进行准备。

（2）对学习者测试与测量，采集研究数据

目前，对学习者现有信息技术水平和自主学习能力的测量，已经列为北京师范大学信息技术公共课教学改革工作的重要组成部分，并积累了一批数据。这些数据对本研究的持续进行具有重要价值。

① 测量学习者的自主学习能力、协作创新能力

为持续研究学生的自主学习能力，每学期初，笔者都会采用 5 级量表对教学班内的每个学生进行学习策略、态度和学习动机方面的测量，并以测量数据作为教学设计、教学改革的依据。

测试所用的量表以 LASSI 量表为主，但补充了部分测量项，补充项主要用于测试学习者的创新能力、协作能力和任务导向性，其选项设计主要参考了 CUCEI 量表[③]。

② 分级考试成绩与阶段性测试

在《北京师范大学信息技术公共课在线测评系统》的支持下，新生入学时的分级考试成绩反映了学习者进入大学前的信息技术水平。在学习过程中，还要针对每

---

① Lage，MJ; Platt，GJ; Treglia，M. Inverting the classroom: A gateway to creating an inclusive learning environment[J]. JOURNAL OF ECONOMIC EDUCATION，2000（31，1）: 30-43.

② Papadopoulos，Christopher; Santiago-Roman，Aidsa; Portela，Genock. Work in Progress - Developing and Implementing an Inverted Classroom for Engineering Statics[J]. IEEE FRONTIERS IN EDUCATION CONFERENCE，2010.

③ 马秀麟，张倩等. 大一新生自主学习能力调查报告[R]，2012.

个模块做分阶段测试，以便反映学习者在该模块上的效率和进步情况。

③ 以调查问卷收集学习者对翻转课堂模式的看法

设计简单的调查问卷，利用调查问卷收集学习者对翻转课堂模式的看法。调查问卷由 4 个单选题和两个主观性问题组成。问卷内容如图 6-12 所示。

① 与传统的教师课堂讲授方式相比，你对现行的教学模式（翻转课堂模式）持什么态度？

（A.非常喜欢　B.喜欢　C.无所谓　D.较不喜欢　E.非常不习惯）

② 在当前的学习方式下，你感到课业负担是否适当？

（A.很重　B.较重　C.适当　D.轻松　E.很轻松）

③ 对于教师提供的学习资源，能否便捷地找到所需的内容？

（A.很容易　B.容易　C.一般　D.较难找到　E.很难）

④ 对于每次课堂讨论，对你的学习有无明显的帮助？

（A.很大帮助　B.有帮助　C.没有帮助　D.能够适应　E.不能适应）

⑤ 对当前的学习方式中，你认为最大的好处是什么？

⑥ 写下你对当前教学方式的想法。

图 6-12　调查学习者对翻转课堂模式教学的看法

6.3.3　效果分析与评价

基于"翻转课堂模式"的教学活动的开展，是信息技术课教学改革的重要尝试，其效果主要通过调研数据进行论证。

1．数据采集

结合 2011 年教学过程中采集到的数据，在 2012 年的教学过程中有意识地收集了对应时段的数据。主要包括以下 5 类数据集：

（1）2011 年和 2012 年学生分级考试的数据，分别收集到了 2000 条记录。

（2）利用改进后的 LASSI 量表对 2011 级和 2012 级被试做问卷调查，分别收集了 89 名和 100 名学生的相关数据。

（3）在教学过程中，针对计算机常识、Windows 应用、Word 应用、网络应用模块做阶段性测验，获取测验成绩。

（4）通过调查问卷，收集 2012 级学生对翻转课堂模式的看法。

（5）针对 2012 级拔尖人才实验班，收集各类调查、测试数据。

2．对翻转课堂模式教学效果的评价

对比实验组和对照组在 3 个模块上的学习成绩，可以论证翻转课堂模式的教学效果。由于没有 2011 级拔尖人才实验班的成绩数据，因此仅对与 2012 级 A 班学生相关的 2011 级学生进行了对照分析。

（1）对班级整体成绩的对照分析

针对 2011 级和 2012 级的被试，分别计算入学时和开学 8 周后他们在分模块成绩上的均值、标准差，并进行独立样本的 t 检验[①]，获得的结果如表 6-12 和表 6-13 所示。

表 6-12　入学时实验组与对照组在学习成绩方面的差异性检验

类别	2011 级		2012 级		差异性（t-test）
	均值	标准差	均值	标准差	（sig 值）
计算机常识	3.28	2.11	3.16	2.38	0.32
Win 应用	4.42	2.05	4.51	2.64	0.56
文字处理	2.34	1.31	2.42	2.31	0.32
网络应用	6.28	2.29	6.31	2.87	0.41

注：* $p<0.05$；**$p<0.01$。

表 6-13　开学 8 周后实验组与对照组在学习成绩方面的差异性检验

类别	传统教学模式（2011）		翻转课堂模式（2012）		差异性（t-test）
	均值	标准差	均值	标准差	（sig 值）
计算机常识	8.71	2.82	7.73	2.56	0.12
Win 应用	7.42	2.14	8.21	1.60	0.03*
文字处理	7.84	2.01	8.58	1.91	0.02*
网络应用	9.28	2.37	9.31	3.26	0.38

注：* $p<0.05$；**$p<0.01$。

从表 6-12 可知，在新生入学时，尽管 2012 级学生在多数模块上的平均成绩高于 2011 级，但在各个模块上都不存在显著性差异。也就是说，这两个年级的同学在入学时信息技术能力差不多，没有显著的差异。

从表 6-13 可以看出，在"计算机常识"模块，与传统教学模式相比，翻转课堂模式的平均成绩有所下降，但二者不存在显著性差异。而在"Win 应用""文字处理"和"网络应用"模块，翻转课堂模式的学习成绩略有提升，而且在"文字处理"和"Win 应用"模块，两个成绩的均值之间存在显著性差异，说明与传统的教学模式相比，翻转课堂模式对于培养学生的文字处理能力和 Windows 应用能力都具有较好的效果。然而，在强调知识和概念的"计算机常识"模块，翻转课堂模式的效果反而不如传统的教学模式好。

纵向对比表 6-12 和表 6-13 的数据，二者明显存在显著性差异，说明大学信息技术公共课教学活动，不论是采用传统教学模式，还是采用翻转课堂模式，都对学

[①] 薛薇. SPSS 统计分析方法及应用[M]. 北京：电子工业出版社，2009（11）：88-92.

习者信息技术能力的提升有较大的促进。

（2）对部分低分学生的成绩开展对照分析

为了研究翻转课堂模式对不同类别学习者的影响，分别从 2011 级和 2012 级的被试中选择了位于分级考试成绩末尾的 15 名学生，进行跟踪研究。通过分别计算他们在入学时和开学 8 周后于各个知识模块上得分的均值、标准差，并进行独立样本的差异性检验，探索翻转课堂模式对低分学生学习效果的影响。获得的结果如表 6-14 和表 6-15 所示。

表 6-14　入学时实验组与对照组在学习成绩方面的差异性检验

类别	2011 级		2012 级		差异性（t-test）（sig 值）
	均值	标准差	均值	标准差	
计算机常识	2.50	0.81	2.62	1.35	0.42
Win 应用	1.40	1.23	1.50	1.69	0.35
文字处理	2.10	1.31	1.96	1.04	0.37
网络应用	2.30	1.27	2.20	1.92	0.42

注：* p<0.05；**p<0.01。

表 6-15　开学 8 周后实验组与对照组在学习成绩方面的差异性检验

类别	传统教学模式（2011）		翻转课堂模式（2012）		差异性（t-test）（sig 值）
	均值	标准差	均值	标准差	
计算机常识	6.40	0.73	4.70	1.30	0.01*
Win 应用	6.30	1.29	4.50	1.60	0.02*
文字处理	7.50	1.42	3.50	1.81	0.02*
网络应用	8.20	1.43	6.50	0.83	0.03*

注：* p<0.05；**p<0.01。

从表 6-14 可知，2011 级和 2012 级被试（位于分级考试末尾的后 15 名学生）的入学分级成绩在各个模块上并没有显著性差异。经过 8 周的教学，测量其成绩如表 6-15 所示。从表 6-15 可知，2011 级和 2012 级被试的成绩在各个模块上都存在显著性差异，而且 2012 级（采用翻转课堂模式）学生的成绩明显低于 2011 级。这说明对于成绩较差的学习者来讲，翻转课堂模式并不利于他们快速成长。

3．翻转课堂模式对人才培养效果的评价

利用改进后的量表分别于入学初和期末（或期中）收集数据[①]，并对 2011 级（89 名）、2012 级（100 名）被试在 LASSI 量表的 10 个维度和附加测量值方面计算均值和方差，然后进行独立样本的 t 检验[②]。

---

① 马秀麟，张倩，等. 大一新生自主学习能力调查报告[R]，2012.
② 薛薇. SPSS 统计分析方法及应用[M]. 北京：电子工业出版社，2009（11）：88-92.

从入学之初收集到的数据看，在各个维度上两个班级的学生都不存在显著性差异。而 2012 级被试在开学 8 周后收集到的数据，就与 2011 级期末收集的数据在部分维度上出现了显著性差异。表 6-16 列出了针对这两批数据的分析结果。

表 6-16　实验组与对照组在个人素质方面的测量结果

类别	传统教学模式（2011）（期末）		翻转课堂模式（2012）（开学 8 周后）		差异性（t-test）（sig 值）
	均值	标准差	均值	标准差	
态度	2.72	1.61	2.81	1.54	0.29
动机	2.54	1.83	2.92	1.57	0.32
焦虑	2.31	0.72	3.87	1.53	0.02*
专心	3.42	1.31	3.23	1.87	0.08
时间管理	2.48	0.87	3.57	0.92	0.01*
学习辅助	2.32	0.94	3.77	1.33	0.02*
自我测试	2.13	1.21	3.12	1.04	0.03*
信息加工	3.21	1.03	3.13	1.05	0.05*
选择要点	3.22	1.87	3.89	0.89	0.04*
考试策略	3.34	2.42	3.42	1.94	0.31
创新性	2.82	1.02	3.26	1.63	0.00**
凝聚力	2.71	1.64	3.12	2.77	0.32
任务导向	3.98	0.51	3.21	0.75	0.04*
协作能力	2.32	0.72	4.12	0.62	0.03*

注：* $p < 0.05$；** $p < 0.01$。

（1）对 LASSI 量表 10 个维度的分析结论

从表 6-16 可以看出，采用翻转课堂模式后，学生在焦虑、时间管理、学习辅助、自我测试、信息加工和选择要点方面都有提升，而且具有显著性差异。这说明，采用翻转课堂模式，能够锻炼学习者的时间管理能力、应用学习辅助手段的能力，对信息加工能力和选择要点能力也有显著改善。在 LASSI 量表的其他维度上，翻转课堂模式则没有产生显著性差异，特别是对于学习态度，是否采用翻转课堂模式，都没有太大的影响。综上所述，翻转课堂模式对于促进学习者的自主学习能力发展有重要意义。

另外，采用翻转课堂模式，会增加大部分学生的焦虑感，特别在采用翻转课堂模式初期，有较多的学习者感到焦虑，反映"不知道如何利用学习平台""抓不住学习要点""即便是学习了，也觉得心里没有底"，需要教师在各方面给与充分地引导。但随着翻转课堂项目的推进，笔者发现大部分学生的焦虑控制能力有所提升，部分学生对自主学习的质量会表现得更加自信。

（2）对附加测试项的分析结论

从表 6-16 的后 4 项可以看出，在传统模式下，学生的创新性、凝聚力、协作能力都不强，但任务导向性较强。而在使用翻转课堂教学模式后，学生在创新性、凝聚力方面都有一定的提高，特别是在协作能力方面，有较大的提升；而在任务导向方面则较传统的教学模式有所降低。因此，翻转课堂模式对于学生协作能力、创新能力的培养，具有重要的价值。这一点，与 Jeremy F. Strayer 的研究结论相同。

4．2012 级学生对翻转课堂教学模式的看法

对于开展了翻转课堂模式教学的班级，在入学 8 周后，进行了一次问卷调查，调研学习者对翻转课堂模式的看法。

（1）调研数据

对获得的调研数据按照频数统计百分比，最终的统计分析结果如表 6-17～表 6-20 所示。

① 对翻转课堂教学模式的看法

表 6-17　学习者对翻转课堂模式的看法

班级	非常喜欢（%）	喜欢（%）	无所谓（%）	不喜欢（%）	非常不喜欢（%）
普通班	5.00	21.00	12.00	40.00	22.00
拔尖班	6.67	46.67	13.33	30.00	3.33

② 对课业负担的看法

表 6-18　翻转课堂模式下学习者对课业负担的看法

班级	很重（%）	较重（%）	适当（%）	轻松（%）	很轻松（%）
普通班	15.00	42.00	36.00	7.00	0.00
拔尖班	6.67	30.00	40.00	23.33	0.00

③ 对学习支持系统的看法

表 6-19　翻转课堂模式下学习者对学习支持系统的看法

班级	很容易（%）	容易（%）	一般（%）	较难使用	很难使用（%）
普通班	65.00	25.00	8.00	2.00	0.00
拔尖班	70.00	30.00	0.00	0.33	0.00

④ 对课堂中安排大量讨论环节的看法

表 6-20　翻转课堂模式下学习者对课堂讨论的看法

班级	很大帮助（%）	有帮助（%）	没有帮助（%）	不能适应（%）	很难适应（%）
普通班	30.00	25.00	9.00	20.00	16.00
拔尖班	36.67	30.00	20.00	13.33	0.00

⑤ 对主观问题的集中建议

对两个需要学习者以文本方式回答的主观性问题，比较集中的建议有：

"当前的学习系统，提供了比较充足的学习资源"；"有比较高的自由度，可以自己掌握学习进度"；"希望老师多讲一些，不要老是让我们自学"；"更喜欢听老师讲！"；"如果有这样的网络学习平台，老师还能每节课都认真地讲就更好了"。

（2）结论

通过表 6-17～表 6-20 的数据和学习者对翻转课堂模式的文本性建议可知：在普通班级中有较多的学习者不适应翻转课堂教学模式，但多数学习者都承认"课堂讨论对知识内化有帮助"。相比来看，拔尖人才实验班的学生更适应翻转课堂模式，对翻转课堂教学模式的抵触情绪更少。

总之，与翻转课堂模式相比，更多的学习者较喜欢传统的教学模式。

6.3.4　结论与反思

在信息技术课教学中，尝试使用翻转课堂模式，产生了一定的有益影响，但也发现了一些具体问题。

1. 翻转课堂模式在大学信息技术公共课教学中具有潜在优势

翻转课堂模式是典型的"以学生为中心"的学习模式，有利于学习者根据自己的认知风格和学习习惯安排学习进度，在大学信息技术课教学中借鉴翻转课堂模式，能够解决当前大学信息技术课教学中存在的一些问题，对于大学信息技术公共课教学具有潜在优势。

（1）翻转课堂模式有利于解决"因材施教"的问题

在当前的大学信息技术课堂中，矛盾最集中的问题就是学习者差距大、教师组织的活动不能满足全体学习者需求的问题。教学实践证实：在学习资源充足而且导航体系清晰的条件下，翻转课堂模式能够较好解决这一矛盾。

由于翻转课堂模式把对知识的初次学习安排在课外，由学习者自主学习，那么，只要学习资源充足、导航体系清晰，就像为学习者提供了一个呈现知识结构的菜单，可由学习者自主地根据自己的学习进度、认知风格选择知识点，并开展学习。由于各位学习者可以自主安排学习进度和选择知识点，就不存在传统课堂中教师"一言堂"和"一刀切"的问题。

（2）翻转课堂模式有利于培养学习者的自主学习能力

翻转课堂模式撼动了"以教师为中心"的传统教学方式的根基，充分发挥了学习者的主观能动性，有利于学习者自主探索并开展发现式学习，是典型的"以学生为中心"的学习模式。由于翻转课堂模式把对知识的初步学习阶段交给学习者负责，由学习者自行安排学习进度、选择知识点、实施时间管理，无疑对锻炼和培养学习者的自主学习能力有重要作用。基于翻转课堂模式的教学实践也证明了这一论点（如表 6-16 所示）。

（3）翻转课堂模式对学习者协作、创新能力的培养具有促进作用

教学实践证实，由于翻转课堂模式鼓励学习者在课外时间自主学习，有利于探究能力、创新能力的培养；与传统的课堂相比，翻转课堂模式以交流和分享取代了传统的"填鸭式"教学模式，无疑对学习者的交流能力、沟通能力和协作能力都有裨益。因此，翻转课堂模式教学对于培养学生的协作能力、创新能力、班级凝聚力，都有一定的实用价值。

从学生成绩还可以看出，在适合项目教学法或以技能任务型为主的课程中，翻转课堂模式也具有一定的优势。

2. 翻转课堂模式在大学信息技术课教学中表现出的局限性

（1）对于学习内容，翻转课堂模式有一定的适应范围

从最终的学习效果分析，翻转课堂模式不适应于推理性较强、系统性很强的课程。因此，对于信息技术学科中的基本规律、逻辑性很强的知识，翻转课堂模式的教学效果不佳。而对于那些便于任务驱动、项目教学方式的内容（例如对文字处理模块、电子表格模块的学习），翻转课堂模式则有较突出的表现。

（2）翻转课堂模式对主讲教师提出了较高的要求

为了实现学习者在课外开展自主学习的目标，教师必须事先构建完整的学习支持体系，不论在知识点导入、前测，还是在学习资源组织方面，都要认真研究，为学习者构造一个适合自主学习、能够便捷获取学习资源的虚拟学习环境。在此过程中，一方面要保证学习者便捷地获取学习资源，另一方面还要设置一些激励措施和引导手段，激发学习者的内在学习动机。

由于翻转课堂模式把课堂变成了"知识深化和内化"的阶段，通过课堂"汇报""质疑"和"争论"，使不同层次的学习者都能发挥自己的特长，获得提高。因此，在这个过程中，教师应该充分发挥自己的职责，真正地引导、管理和控制讨论过程，并能在关键时刻起到"画龙点睛"的作用，使学习者的学习能够真正地得到深化。

总之，以翻转课堂模式组织教学活动，教师需要系统地掌握教育技术学的相关理论、策略和技术手段，才能胜任翻转课堂模式对教学活动实施组织和管理的要求。

（3）翻转课堂模式对学习者提出了较高的要求

首先，从笔者开展翻转课堂模式教学的实践来看，翻转课堂模式要求学习者具备一定的自主学习能力。在笔者尝试翻转课堂模式之初，普通教学班的部分同学就多次对这一教学模式提出质疑："如果都是自学和讨论，还要老师干什么？""我们很不适应！""是否是教师没有备课呀？"他们认为，这种以学习者在课外自主学习

为主的教学方式，不利于他们系统地掌握知识。但是，拔尖人才实验班中却没有学生对翻转课堂模式提出质疑，说明了高水平的学习者具有较强的自主学习能力，更适合这一教学模式。

其次，主流学习支持系统都运行在 Internet 环境下，学习者需要通过数字化终端访问学习支持系统。为此，学习者必须掌握一定的信息技术能力，并购置数字化终端设备，才能便捷地访问学习支持系统，获取学习资源，在课外完成自主学习。

第三，基于翻转课堂模式开展教学，需要学习者付出较多的努力，进行更深入地思考。在笔者以翻转课堂模式开展信息技术课教学活动以来，部分学生反映课业负担较重，他们需要为每一节课付出更多的时间和精力。

第四，对于基础比较薄弱的同学，特别是自主学习能力较弱的同学，传统的教学模式仍是快速传递知识的有效手段。

（4）翻转课堂模式仅仅是一种教学组织形式，必须密切配合其他教学策略才能发挥作用

与任务驱动学习、项目教学法等教学模式不同，翻转课堂模式仅仅是一种组织教学的方式，没有涉及具体的教学策略和教学方法。因此，翻转课堂模式的教学组织，必须与其他具体的教学策略有机地结合起来，把项目教学法、基于问题解决的学习策略、发现学习和自主学习的教学理论等渗透到翻转课堂模式的教学过程中，否则，单纯地讨论翻转课堂模式是没有任何价值的。

3. 在国内课堂以翻转课堂模式组织教学，仍存在较大的困难

与国外的学生相比，国内的学生通常较为内敛，更习惯于传统的授课模式，不善于课堂争论和自主探索。因此，在国内课堂尝试翻转课堂模式，需要教师在构建学习支持系统、激励学习动机、有效地组织课外学习等方面精心地设计，减少学习者对翻转课堂模式的抵触情绪。这些问题都要求教师做出更多的努力。

由于传统的授课模式已经为广大学生和家长所习惯，对于翻转课堂模式的教学活动，不少学生和家长还存在着疑虑，这需要一个较长的认识过程。另外，随着学生评教的普及，因部分教师担心学生给予低评，对翻转课堂模式也存在着顾虑。这些因素，都会影响着翻转课堂模式的普及。

6.3.5 总结

随着信息化的深入与普及，知识的更新周期越来越短，终身教育的理念已经深入人心，自主学习能力、创新能力和协作能力已经成为当今社会对人才的基本要求。因此，尽管翻转课堂模式还存在着很多局限性，但其在自主学习能力、创新能力和协作能力培养方面的突出表现，仍然值得我们进一步地深入研究，并值得在教学过程中有意识地借鉴和尝试这一模式。

6.4 翻转课堂促进大学生自主学习能力发展的实证研究

6.4.1 研究问题及其背景

1. 研究背景

（1）由"钱学森之问"引起的思考

2005 年，温家宝总理在看望著名科学家钱学森的时候，钱老感慨地说："这么多年培养的学生，还没有哪一个的学术成就，能够跟民国时期培养的大师相比。"钱老又发问："为什么我们的学校总是培养不出杰出的人才？"这就是著名的钱学森之问。"钱学森之问"是关于中国教育事业发展的一道艰深命题，需要整个教育界乃至社会各界共同破解[①]。"钱学森之问"引起了两个方面的思考：其一，从国家人才培养的战略目标看，国家迫切地需要我们培养出具有高水平的自主探索、创新能力的人才，需要杰出的大师级人才。而新中国成立后的学校教育却没能达到国家期望的目标。其二，与英美等发达国家培养的毕业生相比，我们的大量毕业生在创新能力、自主探究能力明显不足。

（2）大学生自主学习能力测量及结论

为掌握当代大学生的自主学习能力水平，为大学教育教学改革提供数据依据，北师大计算机基础课教学团队借助 LASSI 量表和自主性学习任务，分别于 2012～2015 年对 2011 级～2014 级部分学生的自主学习能力进行了连续 4 年的持续测量和跟踪，获得了第一手资料。

调研发现，多数大一新生在遇到问题时更习惯于向老师求助，而且希望老师直接告知最终答案，而不善于通过查阅课件或学习资源自主地解决问题，缺乏自主探索的意识。对于生活和学业中的疑惑，多数学生不习惯刨根问底，也不愿意进行举一反三的思考。而且随着独生子女在高校学生中比例的增加，学生的自我管理和自主学习能力呈逐年下降趋势，影响了他们对大学生活的适应性，不利于其快速成长。部分学生在以下几个方面的表现尤其突出：时间管理能力不足、对生存空间的管理能力较弱、个体独立性强但协作能力较差、不善于自主探究[②]。

（3）国内外交换生的不同表现

对比国内外交换生的表现，笔者发现，在知识储备和对基础知识的准确把握与

---

① 百度百科. 钱学森之问[J]. http://baike.baidu.com/link?url=IJZShiB9WHZswnswWG39GYxz_kiWFYCRHHyHo39X5vkWXuGl E4qQhjtRuIPNIoVT4DSiB7nBqwnOrNXmCiQ4IK.
② 马秀麟，张倩等. 大一新生自主学习能力调查报告[R]. 北京师范大学教育技术学院，2012.

理解方面，国内学生要高于国外学生，但在文献整理、自主探索、归纳分析、积极讨论方面，国内学生则明显与国外学生有一些差距。在许多情况下，国内的学生显得比较内敛，不愿意大声发言并质疑他人的观点，更不会与教师发生争论。国外的学生则更加活跃。

（4）翻转课堂理念的兴起及其成果

21 世纪初，翻转课堂（Flipped Class Model，简称为翻转课堂模式）的概念被从美国提出来并很快地风靡全球。美国林地公园高中科学教师乔纳森·伯格曼（Jonathan Bergmann）和亚伦·萨姆斯（Aaron Sams）的科学课程、意大利学者 Marco Ronchetti 的 VOLAROE 的成功教学实践，都对翻转课堂模式的作用和意义给予了充分的肯定。

美国教育技术专家 Jeremy F. Strayer 开展了翻转课堂模式对协作能力、创新能力和任务导向方面的实践研究。通过实验组和对照组的对比证实，翻转课堂模式对协作能力、创新能力的培养都具有显著影响，是一种有助于培养学习者协作性、创新能力和凝聚力的有效手段[①]。

2．研究问题

钱学森之问，引起了许多教育专家的思考。笔者认为：导致国内学校教育难以培养出大师级人才的根源在于：当前的国内教育过多地注重了知识传递，而较少关注对学生自主学习能力和自主探究能力的培养，学习自主探究能力和协作能力的不足则直接阻滞了其未来在科学领域的发展与建树。而学生在自主探究能力方面的不足是与我国常年推行的"以教师为中心"的教学模式有密切关系的。

由于传统的"以教师为中心"的教学模式强调教师在课堂中的绝对主体地位，纵观当前的中小学教育，大多数课堂仍然处于"教师一言堂"的状态，每一节课都是教师从开始讲到末尾，学生是这个过程中的被动者和听众。从知识传递的效率看，不能否定这一模式的积极作用。然而，由于处于这种模式中的学生，在知识的获取过程中处于被动学习的状态，学生们知识的成长是被"喂大的"。尽管此时他们的个体知识积累和知识水平并不低，但很多学生在知识的主动检索与获取、自主探究与归纳方面明显不足。

美国教育技术专家 Jeremy F. Strayer 认为：翻转课堂模式把原本属于学生主动学习的"主动权"交还给了学生，有利于学生根据自己的认知风格和学习习惯安排学习进度，有利于培养学生的自主学习能力，对学生协作、创新能力的培养也具有较好的促进作用。从这个角度来看，翻转课堂教学模式的推广，无疑对落实国家的创新型人才培养战略目标具有重要意义。

鉴于以上原因，本课题将聚焦以下几个方面展开研究。① 基于实证研究的方

---

① Jeremy F. Strayer. How Learning in an Inverted classroom influences cooperation，innovation and task orientation[J]. Learning Environ Res，2012（15）：171-193.

法，论证翻转课堂模式在人才素质（协作能力、自主探究能力和创新能力）培养方面的优势和局限性。② 基于教学实践，探索有效翻转课堂模式的流程和有效的组织策略。③ 基于实验研究，探索影响翻转课堂模式教学活动有效性的因素。④ 借助实证研究，探索翻转课堂模式教学活动中经常发生的不良问题及其有效解决策略。

6.4.2 翻转课堂模式的概念及其研究现状

1．翻转课堂模式的概念及特点

翻转课堂，是从英语"FlippedClass Model"（或 inverted classroom）翻译过来的术语，通常被翻译成"翻转课堂""反转课堂"或"颠倒课堂"，或者称为"翻转课堂教学模式"。其基本思路是：把传统的学习过程翻转过来，让学习者在课外时间完成针对知识点和概念的自主学习，课堂则变成了教师与学生之间互动的场所，主要用于解答疑惑、汇报讨论，从而达到更好的教学效果[①]。

翻转课堂模式，是一种以"学生为中心"的教学模式，符合建构主义关于"主动建构"和"有意义建构"的学习理论。在近几年中受到了许多学者和一线教师的关注，很多中小学也开展了基于翻转课堂模式的教学实践。

2．对翻转课堂模式的相关研究

自 21 世纪初翻转课堂模式的概念被提出，翻转课堂模式就不断地应用在美国课堂中，并产生了一系列的研究成果。翻转课堂模式的实践者之一——美国林地公园高中（Woodland Park High School）科学教师乔纳森·伯格曼（Jonathan Bergmann）和亚伦·萨姆斯（Aaron Sams）在 2006 年观察到，对于学习者来讲，很多概念性的知识点或操作方法并不需要老师在课内喋喋不休地讲解，学习者可以根据自己的个体经验开展学习和体会。真正需要教师在身边提供帮助的时候，是在他们做作业或设计案例并被卡住时。然而，这个时候教师往往并不在现场。为此，乔纳森和亚伦认为：如果把课堂传授知识和课外内化知识的结构翻转过来，形成"学习知识在课外，内化知识在课堂"的新教学结构，学习的有效性也随之改变[②]。

意大利学者 Marco Ronchetti 基于"技术可以改变传统教学模式，为教学提供更好的策略和模式"的理念，重点探索了"在线视频代替传统模式的教学实践"（Video On-Line As Replacement of Old tEaching practice）所应采取的方法、策略，以及产生的效果。在他的研究中，探讨了教学视频在学生的知识建构中的作用，分析了基于在线视频的翻转课堂模式对学习者自主学习、发现学习的价值，并为翻转课堂模式的开展提供了一定的方法与实践经验[③]。

---

① 马秀麟，赵国庆，邬彤. 大学信息技术公共课翻转课堂教学的实证研究[J]. 远程教育杂志，2013（1）：79-85.
② 金陵. "翻转课堂"，翻转了什么?[J]. 中国信息技术教育，2012（9）：18.
③ Marco Renchetti. The VOLARE Methodology： Using Technology to Help Changing the Traditional Lecture Model[J]. TECH-EDUCATION，2010：134-140.

当前，国内的学者也开始注重将翻转课堂模式的教学模式引进实际的教学工作中。2011 年，重庆的聚奎中学引进"翻转课堂模式"教学模式，他们借助"校园云"网络平台，实现老师们的视频教学，实现了教学模式的局部"翻转"。2011 年前后出现的可汗学院、博爱教育集团推行"博爱微课程学院"，都在原有的教学清单基础上对教学模式进行了改造和实践，也是翻转课堂模式的有益尝试。昌乐一中则在翻转课堂模式教学方面进行了比较全面的尝试，并提出了"二段四步十环节"教学法[①]。另外，自 2010 年开始，笔者带领教学团队，在大学计算机基础课程的教学中开展了针对翻转课堂模式的一系列教学实践和理论研究，针对翻转课堂模式中存在的一系列问题和未来发展的优势进行了系统化的分析。

然而，随着教学实践的深入，对翻转课堂教学模式的认识也出现了一些反复和争论：多数研究者对翻转课堂模式的效用给予了肯定，学生家长却对这种模式质疑较多，"老师没有备课、不负责""老师让学生纯自学""放羊式教学"等言论反映了家长们对翻转课堂教学模式的态度。鉴于此，一线教师则比较纠结，有的教师想在自己的教学中尝试翻转课堂教学模式，却担心不被学校和家长认可，有的老师已经在教学中尝试了翻转课堂教学模式，但效果并不理想。

6.4.3　研究方案设计

1．研究流程设计

本研究借助计算机基础课教学，尝试对不同层次、不同年级的学习者使用翻转课堂模式，检验在计算机课程教学中应用翻转课堂模式的教学效果，以及对人才培养的意义、作用和局限性。因此，研究的主要流程及其目标如图 6-13 所示。

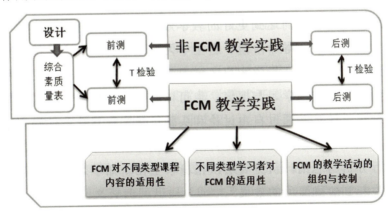

图 6-13　研究的主要流程及其目标

首先，严格遵循翻转课堂模式教学活动的一般流程和规律，设计并组织教学活

[①] 吴丽娜. 基于翻转课堂模式的高中信息技术课教学的研究[D]. 北京师范大学，2014.

于拓展性任务，要有利于学生拓展与拔高。

（3）翻转课堂模式教学活动的组织及其控制策略

在翻转课堂模式下，对新知的学习发生在课堂之外，对知识的分享与社会性建构则发生在课堂分组讨论阶段，由于这些阶段的知识建构都是由学生自主完成的，教师很难在现场对每个学生的学习过程一一地监控。因此，在这种模式下，部分知识基础较差的学生很容易成为讨论过程中的"旁观者"、小组协作中的"搭车者"。为了保证翻转课堂模式的教学质量，教师必须拿出一套有效的策略，监控学生自主学习的效果，尽量使每一个学习者都能取得最大程度的发展。

6.4.4　利用量表采集数据并开展数据分析

为了分析翻转课堂教学模式的适用性及其对人才培养的价值，笔者带领北京师范大学计算机基础课教学团队，在这方面开展了一系列的定量研究。

1. 翻转课堂模式在培养学生创新能力和协作能力方面的效果

为持续研究新入学大学生的自主学习能力和入学后其自主学习能力的发展情况，在每个学期初，笔者都会采用 5 级量表对教学班内的学生进行学习策略、态度和学习动机方面的测量，以便获取能反映大学生创新能力、自主探究能力和协作能力的发展状况的第一手数据。

（1）测量量表与被试选择

测试所采用的量表以 LASSI 量表为主，但根据测量要求新补充了部分测量项，补充项主要用于测试学习者的创新能力、协作能力和任务导向性，对补充选项的设计主要参考了 CUCEI 量表[①]。

在本研究中，笔者决定选择 2012 级的两个班级作为实验班开展试点研究。即从 2012 级的 32 个计算机基础课教学班中选出两个班级试点翻转课堂模式方式的教学，通过与采用传统教学模式的 2011 级同院系教学班进行教学效果对照，分析翻转课堂模式的优势与局限性。经过筛选，笔者最终选择了 2012 级 A 班和 2012 级拔尖人才实验班作为研究试点。在参与翻转课堂模式试点的两个班级中，2012 级 A 班以普通教学班身份参与，而 2012 级拔尖人才实验班则以特殊班级的身份参与。

（2）数据分析

利用改进后的量表分别于入学初和期末收集数据，并对两个教学班的被试（2011级有 89 名学生、2012 级有 100 名学生）在 LASSI 量表的 10 个维度及附加测量值方面的原始数据计算均值和方差，然后进行独立样本的 t 检验。

---

① 马秀麟，赵国庆，邬彤. 大学信息技术公共课翻转课堂教学的实证研究[J]. 远程教育杂志，2013（1）：79-85.

从入学之初收集到的数据看，在各个维度上两个班级的学生都不存在显著性差异。而从期末收集到的数据看，采用翻转课堂模式的 2012 级学生与未采用翻转课堂模式的 2011 级学生在部分维度上出现了显著性差异。表 6-21 列出了针对这两批数据的分析结果。

表 6-21　实验组与对照组在个人素质方面的测量结果

类别	传统模式（2011）（期末）		翻转课堂模式（2012）（期末）		差异性（t-test）（sig 值）	说明
	均值	标准差	均值	标准差		
态度	2.72	1.61	2.91	1.23	0.29	无差异
动机	2.64	1.83	2.90	1.51	0.32	无差异
焦虑控制	2.31	1.78	3.92	1.81	0.02*	上升
专心	3.42	1.31	3.27	1.89	0.08	无差异
时间管理	2.48	1.57	4.31	1.59	0.01*	上升
学习辅助	2.32	1.46	4.29	1.39	0.02*	上升
自我测试	2.13	1.61	4.11	1.32	0.03*	上升
信息加工	3.21	0.97	2.38	1.12	0.05	降低
选择要点	3.22	0.95	3.92	1.12	0.04*	上升
考试策略	3.34	2.42	3.51	1.92	0.31	无差异
创新性	2.82	0.97	4.21	0.91	0.00**	上升
凝聚力	2.81	1.64	3.14	2.81	0.32	无差异
任务导向	3.98	0.97	3.22	0.91	0.04*	降低
协作能力	2.32	0.73	4.23	0.63	0.03*	上升

（3）研究结论

从表 6-21 可以看出，采用翻转课堂模式后，学生在焦虑控制、时间管理、学习辅助、自我测试、选择要点方面都有提升，而且具有显著性差异，但在信息加工能力方面却有所降低。这说明，采用翻转课堂模式，能够锻炼学习者的时间管理能力、应用学习辅助手段的能力，对自我测试能力和选择要点能力也有显著改善，但基于翻转课堂教学模式的信息加工效率反倒不如传统的教学模式。在 LASSI 量表的其他维度上，翻转课堂模式则没有产生显著性差异，特别是对于学习态度，是否采用翻转课堂模式，都没有太大的影响。综上所述，翻转课堂模式对于促进学习者的自主学习能力发展有重要意义。

从表 6-21 的后 4 项可以看出，在传统模式下，学生的创新性、凝聚力、协作能力都不强，但任务导向性较强。而在使用翻转课堂教学模式后，学生在创新性、凝聚力方面都有一定的提高，特别是在协作能力方面，有较大的提升；而在任务导向方面则较传统的教学模式有所降低。因此，翻转课堂模式对于学生协作能力、创新能力的培养，具有重要的价值。这一点，与 Jeremy F. Strayer 的研究结论相同[①]。

另外，采用翻转课堂模式后，提升了大部分学生的焦虑控制能力。在采用翻转课堂模式初期，有较多的学习者感到焦虑，反映"不知道如何利用学习平台""抓不住学习要点""即便是学习了，也觉得心里没有底"，需要教师在各方面给与充分地引导。然而，随着翻转课堂模式的深入，绝大多数学生逐步消除了自己的焦虑感，在学习进度控制、学习资源选择、自主随意地参与班级讨论等方面都有了非常大的提升，他们在面对复杂社会问题时的焦虑控制能力有了很大的提升。

2．翻转课堂模式对课程内容的适用性

为了研究不同类型的课程内容与翻转课堂教学模式是否存在一定的适应性关系，笔者选择北京师范大学 2013 级和 2014 级的 200 名学生，组成了实验班和对照班，借助大学计算机公共课课程的《多媒体技术与网页设计》的教学，分别就概念性内容、简单操作步骤与技巧类内容、原理和规律性内容、问题解决策略类内容共4 种类型的学习内容进行了不同方式的教学（"课堂讲授+演示模式"和翻转课堂模式），通过课堂提问和阶段性作业获得了学生们的学习效果数据，从而推断课程内容的类型与翻转课堂教学模式是否存在着一定的适应性关系。

（1）数据分析

由于对 2013 级学生主要采用传统的"课堂讲授+演示"教学模式，而对 2014级学生则局部采取了翻转课堂教学模式。基于课堂提问和阶段性作业情况，对 200名学生的学习情况开展调查，获得的研究数据如表 6-22 所示。

表 6-22　实验组与对照组在课程内容适应性方面的测量结果

类别	传统教学模式（2014）（期末）		翻转课堂模式（2015）（期末）		差异性（t-test）（sig 值）
	均值	标准差	均值	标准差	
概念性内容	87.2	10.81	83.1	15.54	0.04*
简单操作步骤类	82.5	11.83	87.9	11.53	0.02*
原理与规律性内容	89.7	9.72	77.2	11.32	0.02*
问题解决策略类内容	83.4	8.41	96.6	10.87	0.01*

从表 6-22 可以看出，在 2013 级和 2014 级的教学中，4 个方面的学习成绩均呈现为显著性差异，而且比较有意思的是：传统教学模式下，学生对"概念性内容"和"原理与规律性内容"的掌握较好。而在翻转课堂模式的教学模式下，学生对"简单操作步骤类内容"和"问题解决策略类内容"的掌握情况较好。

① Jeremy F. Strayer. How Learning in an Inverted classroom influences cooperation，innovation and task orientation[J]. Learning Environ Res，2012（15）：171-193.

由于表 6-22 中的"问题解决策略类内容"在翻转课堂模式的教学中具有非常突出的表现，其成绩达到了 96.6 分，为此对这一部分内容进行了跟踪研究。"问题解决策略类内容"属于计算机基础课程中的综合型任务，例如利用 Flash 技术制作一套精美古诗词教学课件。这类任务主要用于培养学生在面临实际的社会问题时，利用信息技术的手段解决现实问题的综合应用能力，包括了如何形成解题思路、解题流程的设计、解题策略和解题技术方案的选择、如何实施解题过程等内容。由于这类学习内容强调学习者对问题解决策略的掌握能力，通常要求学生结合社会中的实际问题利用信息技术手段提出一套完整的解决方案，因此题目的难度较大，它需要学生认真地分析题目的需求，综合运用几个章节的知识点和操作技巧，整合大量的资源，最终完成一个复杂作品的制作。通过跟踪这两个年级的学习者在这一领域的表现，掌握了两个非常重要的信息：① 基于翻转课堂教学模式形成的作品质量很高，其水平明显高于传统教学模式下，有些作品的水平甚至接近于专业级水准。② 在翻转课堂教学模式下，知识基础比较差的学生两极分化严重，部分同学的成长很快，而另外一些学生则几乎停滞不前。

（2）研究结论

从最终的学习效果分析，翻转课堂模式不适应于推理性较强、系统性很强的课程内容。因此，对于计算机基础学科中的基本规律、逻辑性很强的知识，翻转课堂模式的教学效果不佳。对数学、物理课程中的复杂推理、复杂原理等教学内容，采用传统的课堂讲授和演示，其效果可能更好。而对于那些便于任务驱动、适于项目教学的学习内容和理工科中的实验课，翻转课堂模式则有较突出的表现。对于技能任务型为主的课程，翻转课堂模式也有较突出的表现。在以翻转课堂模式开展针对这类内容的学习活动时，还要注意避免学习者的两极分化，尽最大可能地推动知识基础较差学生的学习积极性和主动性。

3. 翻转课堂模式对学习者类型的适用性

为了了解翻转课堂教学模式对不同类型的学习者的影响，笔者以北京师范大学计算机基础课的入校分级考试成绩为基准，分别调查了文科普通班（102 人）、理科普通班（64 人）、拔尖人才培养班（82 人）学生对翻转课堂教学模式的看法，并借助不同类型的学生在计算机应用能力方面的提升程度分析他们对翻转课堂模式的适应性。

（1）不同类型的学习者对翻转课堂模式的看法

首先，通过调查问卷分析不同类型的学习者对翻转课堂模式的看法，如表 6-23 所示。

表 6-23　学习者对翻转课堂模式的看法

班级	非常喜欢（%）	喜欢（%）	无所谓（%）	不喜欢（%）	非常不喜欢（%）
文科班	15.7	31.4	27.5	20.6	4.9
理科班	3.1	9.4	17.2	37.5	32.8
拔尖班	12.2	39.0	25.6	19.5	3.7

其次，通过调查问卷分析不同类型的学习者对翻转课堂模式下课业负担的看法，如表 6-24 所示。

表 6-24　翻转课堂模式下学习者对课业负担的看法

班级	很重（%）	较重（%）	适当（%）	轻松（%）	很轻松（%）
文科班	24.5	40.2	20.6	14.7	0.0
理科班	28.1	46.9	23.4	1.6	0.0
拔尖班	23.2	25.6	23.2	18.3	9.8

第三，通过调查问卷分析不同类型的学习者对翻转课堂模式课堂中安排大量讨论环节的看法，如表 6-25 所示。

表 6-25　翻转课堂模式下学习者对课堂讨论的看法

班级	很大帮助（%）	有帮助（%）	没有帮助（%）	不能适应（%）	很难适应（%）
文科班	30.4	39.2	21.6	8.8	0.0
理科班	10.9	37.5	15.6	9.4	26.6
拔尖班	37.8	39.0	13.4	9.8	0.00

第四，利用主观性问题整合不同类型的学习者对翻转课堂模式的建议。

对需要学习者以文本方式回答的两个主观性问题，比较集中的建议有："当前的学习系统，提供了比较充足的学习资源，很好。""翻转课堂模式有比较高的自由度，可以自己掌握学习进度""希望老师多讲一些，不要老是让我们自学""更喜欢听老师讲！""如果有这样的网络学习平台，老师还能每节课都认真地讲就更好了""课余负担太重"。

基于翻转课堂模式的"课余负担太重"是多数学生反馈的问题。部分学生反映，在翻转课堂模式下，由于开放性的学习任务较多，为了完成老师布置的作业并制作出尽善尽美的作品，有时甚至需要连续奋斗七八个小时，一直加班到凌晨 3 点。

（2）从学习效果的视角看不同类型的学习者对翻转课堂模式的适应性

对学习者对翻转课堂模式适应性的研究主要从以下两个方面展开。首先，对同一个学院两个不同年级的学生（2013 级未使用翻转课堂模式、2014 级使用翻转课堂模式）在大学计算机基础课程上的期末总评成绩进行对比，分析不同类型的教学模式对教学总体效果的影响；然后，从 2014 级翻转课堂模式班中选取了入校分级考试最低的 30 名学生作为研究对象，以期末成绩与入校分级考试成绩的差值为基准分析他们在计算机应用能力方面的成长。

基于学生的期末总评成绩和学生提交的作品，获得了以下结论：① 从总体上看，两年的成绩没有显著性差异，这说明采用翻转课堂模式的教学模式没有导致学习成绩的滑坡。② 翻转课堂模式班级学生的期末成绩两极分化比较严重，即高分学生与低分学生的比例都远高于 2013 级。③ 跟踪低分学生的学习成绩之后发现，翻转课堂模式班中大多数低分学生的成长比较缓慢。在 30 名低分学生中，期末能获得较高成绩的不足两成，远低于 2013 级的传统授课模式。④ 翻转课堂模式班级的小组作品质量普遍高于传统教学模式的班级，但在翻转课堂模式班级的某些小组中，小组成员的个人成长却很少。在小组协作的过程中，部分小组成员为了作品的成功而充分地发挥出了自己的特长却较少关注自己知识体系中的不足之处，导致"长处更强、短处更弱"的不良现象。

（3）研究结论

在普通教学班中有较多的学习者不适应翻转课堂模式，理科学生的反对声更强，但多数学习者都承认"课堂讨论对知识内化有帮助"。相比来看，拔尖人才实验班的学生更适应翻转课堂模式，对翻转课堂教学模式的抵触情绪更少。总之，与翻转课堂模式相比，有更多的学习者较喜欢传统的教学模式。

从学习者分析的视角看，知识基础较好的学生能够较快地适应翻转课堂教学模式，而且能借助这一模式取得较好的成绩。而知识基础较差的学生则容易出现"搭便车"现象，在课堂讨论阶段，他们可能会因为不自信而不愿意发言讨论；在基于小组协作的作品制作阶段，多数知识基础较差的学习者沦为"观察员""旁观者"。基于这些现象，最终导致"强者更强、弱者更弱"的两极分化现象。这种情况在"异质分组"的课外协作学习过程中也很容易出现。

6.4.5　讨论与思考

1. 翻转课堂模式的教育价值

首先，翻转课堂模式把原本属于学生主动学习的"主动权"交还给了学生，尊重了学习者自主地组织学习过程的权力，促使学习者在学习过程中自主地"觅食"而不是全程"喂食"，能够很好地解决"因材施教"的问题，有利于学生根据自己的认知风格和学习习惯安排学习进度，有利于培养学生的自主学习能力，对学生协作、创新能力的培养也具有较好的促进作用。

其次，翻转课堂教学模式是一种典型的"以学生为中心"教学模式，鼓励学生

在这个指标体系中，要鼓励小组内部的相互帮助，以小组成员的进步作为小组协作效益的评价标准。③ 制定"随机抽查提问""以小组最低成绩作为小组最终成绩""组间挑战""按序回答教师提问"等规则，给处于小组学习中的每个成员施加外在压力，减少小组成员的"搭便车"行为。④ 要求每个小组都必须按时向教师提交小组分工表、小组互评表。⑤ 要求每个小组成员及时向教师提交工作任务单，说明自己在小组协作中所承担的角色、自己对角色的认知，以及自己在这轮协作学习中所获得的最大进步。⑥ 组织课堂讨论，通过挑战赛、随机提问等方式检查学生的学习效果，并给予客观评价①。

通过这些手段，既减少甚至杜绝了小组协作中的"搭便车"现象，也保证了翻转课堂模式的严谨性和持续性。

6.4.6　研究结论

作为一种新型的教学模式，翻转课堂模式不仅创新了教学方式，而且翻转了传统的教学结构、教学方式和教学模式，建立起比较彻底的"以学生为中心"的教学方式。在这种模式下，学生真正地成为学习的主体，而教师则是学生学习的组织者、帮助者和指导者。

翻转课堂模式是典型的"以学生为中心"的学习模式，有利于学习者根据自己的认知风格和学习习惯安排学习进度，为"因材施教"的实施提供了很好的支撑，减少了不存在传统课堂中教师"一言堂"和"一刀切"的问题。翻转课堂模式撼动了"以教师为中心"的传统教学方式的根基，充分发挥了学习者的主观能动性，有利于学习者自主探索并开展发现式学习，对锻炼和培养学习者的自主学习能力有重要作用，有利于探究能力、创新能力的培养；与传统的课堂相比，翻转课堂模式以交流和分享取代了传统的"填鸭式"教学模式，无疑对学习者的交流能力、沟通能力和协作能力都有裨益。因此，翻转课堂模式教学对于培养学生的协作能力、创新能力、班级凝聚力，都有一定的实用价值。

尽管翻转课堂模式有很多优势，但在翻转课堂模式的实施过程中，仍然在课程内容适用性、学习者适应性等方面存在着诸多问题，对教师和教学环境的设计都有很多要求，需要教师进行更加系统化的教学设计并对教学活动施加更有效的管理和控制。

---

① 黄荣怀. 计算机支持的协作学习：理论与方法[M]. 北京：人民教育出版社，2003：32-35.

附录 A　LASSI 量表

亲爱的同学，您好！感谢您阅读我们的问卷。本次调查主要用于研究，我们对您的答卷绝对保密，并且保证您的回答不会对您和他人带来任何不利的影响。请您如实填写这份问卷，不需要考虑应该如何回答，或其他人怎么回答，回答没有对错之分。请在代表您实际情况对应的数字上打"√"。

1．性　别：　（1）男　　　（2）女

2．年　龄：＿＿＿＿＿＿＿＿＿＿＿＿＿

3．学　号：＿＿＿＿＿＿＿＿＿＿＿＿＿

下列每个题目的选项均为：

1．完全不一致　2．基本不一致　3．大约一半一致，一半不一致　4．相当一致　5．完全一致

编号	题　目	1	2	3	4	5
1	学习时我全神贯注。					
2	我不能概括刚刚听讲的或读的内容。					
3	我总设法把正在学的内容与自己的经历联系起来。					
4	我觉得很难坚持自己的学习计划。					
5	在参加考试、写学习论文等过程时，我发现自己总会误解题意并由此丢分。					
6	我能够学习我不感兴趣的科目。					
7	我决定学习时，总划出一块特定学习时间并坚持到底。					
8	因为我上课不仔细听讲，所以对某些学习内容我不理解。					
9	当我复习课程内容时，我总设法找出那些可能的考题。					
10	在课程讨论时，我很难发现哪些是值得记录下的重要信息。					
	题　目	1	2	3	4	5
11	为了记住上课学的新原理，我练习使用它。					
12	当我复习时，我在课文中划的线对我很有帮助。					
13	要学习时，拖拉是我的一个问题。					
14	我对自己设立了在学期间的高标准。					
15	当我学习一个主题时，我努力把所有与之有关的所有事情有逻辑地联系在一起。					
16	做作业时我觉得难以集中注意力。					
17	我只学喜欢的课程。					
18	准备考试时，我总猜题。					
19	到参加考试时，我才意识到我看的材料不对。					
20	如果有一个关于课程的网站，我会使用上面提到的信息来帮助我学习。					

编号	题　目	1	2	3	4	5
21	阅读时我难以发现重点。					
22	当所学的内容困难时，我要么放弃，要么只学简单的部分。					
23	当我学习某一内容时，我总设法把所学内容在逻辑上结合在一起。					
24	教材中有太多的细节以至于我很难找到要点。					
25	上课前我总复习笔记。					
26	我发现难以使自己的学习方式适应不同的课程。					
27	我总是用我自己的话解释我在学的东西。					
28	我总是将学习延后过长时间。					
29	我因为考试不好而感到泄气。					
30	即使我在课程中遇到了困难，我也会激励自己学完。					
	题　目	1	2	3	4	5
31	我分散了我的学习时间以至于我不得临时应考。					
32	学习时我经常心神不定。					
33	阅读过程中我总会不时地停下来并在脑子里回顾读过的东西。					
34	当我在课程学习中遇到困难时，我会去学校寻找帮助。					
35	当我参加一次重要的考试时，我感到非常慌乱。					
36	上课时我有积极的学习态度。					
37	我会做一些自测以确定自己是否理解了已学的内容。					
38	当我为了考试而学习时，我很难找出要学什么。					
39	即使我不喜欢分配给我的任务我也能设法完成它。					
40	如有可能，我会参加小组复习活动。					
	题　目	1	2	3	4	5
41	我真不想上学。					
42	我设定了我想在课程中得到的成绩。					
43	担心考不好总会影响我考试时的集中注意力。					
44	我总设法搞明白我所学内容将如何应用到日常生活中。					
45	我对于理解试题所问的东西有困难。					
46	我担心我会因不及格而退学。					
47	为了帮助确认我理解了所学内容，我在下节课前会复习笔记。					
48	只要将来能找到好工作，我不在乎是否完成学业。					
49	听讲时我很难集中注意力。					
50	我总设法把正在学的内容与自己的经历联系起来。					
	题　目	1	2	3	4	5
51	课堂中的大部分内容我都不喜欢。					
52	在论文考试时我会检查我的答案以确定我写的支持了我的主要论点。					
53	学习的时候，我总是会迷失于细节而忽略那些重要信息。					
54	我会用课本中的一些特殊学习辅助记号，如斜体与标题。					
55	我很容易在学习时分心。					
56	即使我不喜欢的课程，我也会努力学习，以得到一个好成绩。					

续表

编号	题　目	1	2	3	4	5
57	看文章时，我很难确定哪些是该做记号的重要内容。					
58	为了帮助我更好地理解所学内容，我至少会完成课本上的练习题。					
59	我常常会花很长时间与朋友们在一起，以至于完成不了功课。					
60	为了检测我对课程内容的理解，我会出些可能的考题并试着回答它们。					
	题　目	1	2	3	4	5
61	即便我考前准备得很充分，我还感到很焦虑。					
62	当所学内容较难时，我会多安排些时间来学习。					
63	我考试考得不好是因为我很难安排好自己在某一短时期内的各项活动。					
64	在课上时，我能区分重要和不重要的信息。					
65	我总按时交课堂作业。					
66	课业上遇到问题时，我不向老师求助。					
67	我每次考试都突击应考。					
68	听讲时，我总会试图找出重点。					
69	担心学习不好总是妨碍我的注意力。					
70	只要我过的开心，我并不在意是否完成大学学业。					
	题　目	1	2	3	4	5
71	我试图在我的每一门课上找到学习伙伴或小组。					
72	像数学、科学、外语这些课程通常会让我很头疼。					
73	解决问题时我难以找出重点。					
74	课后，我总会复习笔记，以帮助我理解所学内容。					
75	如果在课堂上走神了我还能够重新集中注意力。					
76	在我看来，课堂上所教内容不值得学习。					
77	如果我在学习中遇到困难，我会向其他同学或老师寻求帮助。					
78	考试时，我非常紧张，不知所措，以至于回答问题时不能很好地发挥我的水平。					
79	我发现自己在上课时，总是想些别的事儿，没有真正听老师讲的东西。					
80	即使学习内容枯燥乏味，我也设法坚持学完。					

谢谢您的支持与合作！

附录 B 自我效能感量表（一般性）

（General Self-Efficacy Scale，GSES）

以下 10 个句子是关于你对自己的一般看法，没有正确和错误之分，请你根据自己的实际情况（实际感受）选择填写。对于每道题目无须仔细考据，直接根据直观感受填写即可。

（1）如果我尽力去做的话，我总是能够解决问题的。

    A. 完全正确　　B. 基本正确　　C. 基本不正确　　D. 完全不正确

（2）即使别人反对我，我仍有办法取得我所要的。

    A. 完全正确　　B. 基本正确　　C. 基本不正确　　D. 完全不正确

（3）对我来说，坚持理想和达成目标是轻而易举的。

    A. 完全正确　　B. 基本正确　　C. 基本不正确　　D. 完全不正确

（4）我自信能有效地应付任何突如其来的事情。

    A. 完全正确　　B. 基本正确　　C. 基本不正确　　D. 完全不正确

（5）以我的才智，我定能应付意料之外的情况。

    A. 完全正确　　B. 基本正确　　C. 基本不正确　　D. 完全不正确

（6）如果我付出必要的努力，我一定能解决大多数的难题。

    A. 完全正确　　B. 基本正确　　C. 基本不正确　　D. 完全不正确

（7）我能冷静地面对困难，因为我可信赖自己处理问题的能力。

    A. 完全正确　　B. 基本正确　　C. 基本不正确　　D. 完全不正确

（8）面对一个难题时，我通常能找到几个解决方法。

    A. 完全正确　　B. 基本正确　　C. 基本不正确　　D. 完全不正确

（9）有麻烦的时候，我通常能想到一些应付的方法。

    A. 完全正确　　B. 基本正确　　C. 基本不正确　　D. 完全不正确

（10）无论什么事在我身上发生，我都能够应付自如。

    A. 完全正确　　B. 基本正确　　C. 基本不正确　　D. 完全不正确

补充说明：若需针对特定学科自我效能感测量，可适当修正上述问题，使问题能够面向该学科。

附录 C 计算机公共课
学习力调查问卷

（面向网页设计模块）

亲爱的同学，为了调查大家在网页设计模块的学习力，更好地组织网页设计模块的教学，特设置此调查问卷。本问卷将从已具备的知识基础、学习态度、学习动机、自信心、自我效能感、协作意识、自主探究意识、班级认可度、学习策略等维度展开。请大家认真、如实地填写此问卷，此问卷采集的数据仅仅用于辅助教学，不作为学生成绩考评的依据。

（注意：请在正式使用问卷前删除题干中的测评维度说明信息，以免测评维度信息造成不必要的干扰。例如在"客观性问题"的第 1 题中，请把"（知识基础）"删除，其他同。）

学号：（   ）

性别：男（   ）   女（   ）

客观性问题

1．（知识基础）你了解网页的内部结构吗？

    A．很清楚

    B．知道一些

    C．略微知道

    D．听说过

    E．从未听说过

2．（知识基础）你知道 CSS 文档是什么吗？有什么用途吗？

    A．非常清楚

    B．基本知道

    C．略微知道一点

    D．听说过

    E．从未听说过

3．（知识基础）对网页设计工具软件，你知道几种？（知道名字就算数）

    A．4 种及以上

B．3 种

C．2 种

D．1 种

E．不知道

4．（态度）对于信息技术课程，你认为（　　　）。

A．大学信息技术课很有用，需要好好学

B．信息技术课虽不是专业课，但很有用

C．对于信息技术课，可以"寓学与玩"

D．信息技术课不是专业课，姑且学学

E．我不喜欢信息技术课，没有用处

5．（态度）对于网页制作模块，你认为（　　　）。

A．网页制作技术很有用处，需要好好学

B．网页制作虽不属专业课内容，但很有用

C．用网页制作可制作个人网站，可以"寓学与玩"

D．网页制作很难，也没有用处，姑且学学吧

E．网页制作很难，也没有用处，真是不想学

6．（动机）你想学习网页设计这个模块吗？

A．非常想学

B．想学

C．如果有要求，可以学学

D．无所谓

E．很不喜欢

7．（动机）你认为网页设计对你的学业、专业发展用处大吗？

A．很有用

B．应该有用

C．不清楚

D．大概没有用

E．根本就没用

8．（学习辅助）在阅读学习材料的过程中，我总会不时地停下来并在脑子里回顾读过的东西。

A．完全符合

B．符合

C．一半符合，一半不符合

D．基本不符合

E．完全不符合

9．（学习辅助）当我学习一个主题时，我努力把所有与之有关的所有事情有逻辑地联系在一起。

A．完全符合

B．符合

C．一半符合，一半不符合

D．基本不符合

E．完全不符合

10．（学习辅助）在信息技术课程的学习中，除了学习课本，我还经常到学习平台上看微视频，或者到百度上查找与学习内容相关的资源。

A．完全符合

B．符合

C．一半符合，一半不符合

D．基本不符合

E．完全不符合

11．（自我测试）当我复习课程内容时，我总设法找出那些可能的考题。

A．完全符合

B．符合

C．一半符合，一半不符合

D．基本不符合

E．完全不符合

12．（自我测试）对于信息技术课程，我经常访问学校提供的"北师大计算机基础课测评系统"平台，通过在平台上做题，以实现自主测评、自主诊断。

A．完全符合

B．符合

C．一半符合，一半不符合

D．基本不符合

E．完全不符合

13．（选择要点）在参加考试或撰写课程的论文时，我发现自己总会因误解题意而丢分，老是抓不住重点。

A．完全符合

B．符合

C．一半符合，一半不符合

D．基本不符合

E．完全不符合

14．（选择要点）在计算机课上，我喜欢在课本边缘或笔记上标注并记录，以便在复习时参考。在上课中，我能够跟上教师的思路，抓住教师话语中的要点。

A．完全符合

B．符合

C．一半符合，一半不符合

D．基本不符合

E．完全不符合

15．（考试策略）在计算机课类的各次考试中，我都能合理地安排时间，保证在限定时间内完成所有题目。

A．完全符合

B．符合

C．一半符合，一半不符合

D．基本不符合

E．完全不符合

16．（考试策略）我对计算机考试感到畏惧，即使考前准备得很充分，在考试时依然会感到紧张且慌乱。

A．完全符合

B．符合

C．一半符合，一半不符合

D．基本不符合

E．完全不符合

17．（自信心）在学业中，如果我尽力去做的话，我总是能够解决。

A．非常不符合

B．不符合

C．一般

D．符合

E．非常符合

18．（自信心）无论在我身上发生什么事情，我都能应付自如。

A．非常不符合

B．不符合

C. 一般

D. 符合

E. 非常符合

19.（效能感）我坚信肯定能够掌握"网页设计"模块的学习内容。

A. 非常符合

B. 符合

C. 一般

D. 不符合

E. 非常不符合

20.（效能感）只要我努力，我坚信一定能把网页设计学好。

A. 非常符合

B. 符合

C. 一般

D. 不符合

E. 非常不符合

21.（探究意识）在日常学习中，你比较习惯于（　　　）。

A. 非常喜欢自己独立思考、发现式学习

B. 多数独立思考，偶尔与他人讨论

C. 喜欢与同伴探讨，偶尔独立冥想

D. 非常习惯"教师讲-学生听"的学习模式

E. 非常喜欢听老师讲课，直接掌握问题的答案

22.（探究意识）在网页设计模块，如果老师不讲授，直接提供线上视频，让大家分组线上自主学习并完成作业。对此学习模式，你认为（　　　）。

A. 非常喜欢

B. 喜欢

C. 无所谓

D. 不喜欢

E. 强烈反对，强烈要求"先讲后练"

23.（协作意识）如有可能，我会参加小组复习活动。

A. 非常符合

B. 符合

C. 一般

D. 不符合

E．非常不符合

24．（协作意识）在日常学习中，我通常愿意一个人安静地独立学习而不受别人打扰，而很不喜欢小组协作、小组讨论等形式的学习模式。

A．非常符合

B．符合

C．一般

D．不符合

E．非常不符合

25．（协作意识）在教师组织的以小组为单位的项目学习中，我感到（　　　）。

A．如鱼得水，能够充分地发挥出自己的能力

B．努力配合组长要求，积极地承担应担负的任务

C．做一个安静的旁观者，认真地吸纳同学的经验

D．做安静的旁观者，偶尔介入一下

E．很不喜欢这种模式，在小组中感到手足无措

26．（班级认可度）我们的班集体非常棒，对于促进我的成长很有帮助。

A．非常符合

B．符合

C．一般

D．不符合

E．非常不符合

参 考 文 献

[1] 何克抗，李克东．教育技术学[M]．北京：北京师范大学出版社，2006．

[2] 何克抗，李克东，等．教学系统设计[M]．北京：北京师范大学出版社，2002．

[3] 黄荣怀．计算机支持的协作学习理论和方法[M]．北京：人民教育出版社，2003．

[4] 兰绍芳．基于任务设计的小学信息技术课教学实践研究[D]．北京师范大硕士学位论文，2011．

[5] 马秀麟．信息化时代教师的专业发展[M]．北京：北京师范大学出版社，2017．

[6] 马秀麟，赵国庆，邬彤．翻转课堂促进大学生自主学习能力发展的实证研究[J]．中国电化教育，2016（7）．

[7] 马秀麟，毛荷，王翠霞．视频资源类型对学习者在线学习体验的实证研究[J]．中国远程教育，2016（5）:32-39．

[8] 马秀麟，吴丽娜，毛荷．翻转课堂教学活动的组织及其教学策略的研究[J]．中国教育信息化，2015（11）:3-7．

[9] 马秀麟．信息技术课程教学法[M]．北京：北京师范大学出版社，2014．

[10] 马秀麟等．大学信息技术公共课翻转式课堂教学的实证研究[J]．远程教育杂志，2013（1）．

[11] 马秀麟等．知识可视化与学习进度可视化在 LMS 中的技术实现[J]．中国电化教育，2013（1）．

[12] 马秀麟等．基于关键词标注的教学论坛组织方法研究[J]．现代教育技术，2009（6）．

[13] 马秀麟等．对协作学习中小组互评成绩偏差问题的思考[J]．现代教育技术，2008（6）．

[14] 宋士俊．基于项目教学理论的信息技术课教学研究与实践[D]．北京师范大硕士学位论文，2010．

[15] 吴晓丹．基于问题解决的高中信息技术课教学设计和实践的研究[D]．北京师范大硕士学位论文，2010．

[16] 吴丽娜．基于翻转课堂模式的高中信息技术课教学的研究[D]．北京师范大硕士学位论文，2015．

[17] 岳超群．基于主体意识培养的翻转课堂教学设计研究[D]．北京师范大硕士学位论文，2016．

[18] 赵兴龙．翻转课堂中知识内化过程及教学模式设计[J]．现代远程教育研究，2014，（3）：55-61．

后 记

时光荏苒、岁月匆匆。自决定撰写《翻转课堂教学实践及教育价值》一书，已经快一年的时光了。说句实在话，作为一本探索信息化环境下教学模式的书籍，一线教师最有发言权。对于翻转课堂，每一位从事翻转课堂教学实践的一线教师都有自己的经验和看法，这些看法对翻转课堂的发展都至关重要。因此，在书稿成形的过程中，笔者一直战战兢兢、如履薄冰，一直担忧书稿的内容和观点是否会出现偏颇或者失误，能否得到老师们的认可。然而，既然已经应教师们的需求做出了出版计划，即便存在着再多的困难，存在被同行责骂的风险，也仍需一往直前，尽力做好这本书，以免对笔者充满鼓励和期望的老师们失望！

对信息化时代教学模式的探索，永无止境；对教师信息技术能力、资源获取能力和教育技术能力的培养，任重道远。在翻转课堂的教学实践中，如何才能充分发挥出翻转课堂的教育价值？以何种方式提供学习支持和组织教学活动才能使教学质量和教学效率有较大程度的提升？这是两个需要永远探索的问题。故而本书的出版只能说是抛砖引玉，只是一名任教多年的一线教师从北师大计算机公共课教学的视角，对翻转课堂教学模式的一份思考和总结，是教学过程中逐渐形成的一些尚未成体系的管窥之见，希望得到同行与老师们的理解与支持。

在本书的撰写过程中，从书稿结构规划、章节结构形成，到内容选择、案例组织，直至形成比较完备的内容体系，中间经历了多次反复与修正，其最终目标是尽量减少书稿中的谬误，提升其可读性和"落地性"，并尽力满足一线教师们提出的"研究要符合中小学教学的实际""研究要落地"等迫切要求，以期本书所提供的观点和方法能对一线教师的专业成长有所帮助。

北京师范大学 马秀麟

2018 年 9 月于京师园